概率论与数理统计

（第二版）

刘剑平　朱坤平　陆元鸿　主编

华东理工大学出版社
EAST CHINA UNIVERSITY OF SCIENCE AND TECHNOLOGY PRESS

·上海·

图书在版编目(CIP)数据

概率论与数理统计 / 刘剑平,朱坤平,陆元鸿主编. 2 版.
—上海:华东理工大学出版社,2015.5
　高等院校网络教育系列教材
　ISBN 978-7-5628-4215-6

　Ⅰ. ①概… Ⅱ. ①刘… ②朱… ③陆… Ⅲ. ①概率论—
高等学校—教材 ②数理统计—高等学校—教材 Ⅳ. ①O21

中国版本图书馆 CIP 数据核字(2015)第 059572 号

高等院校网络教育系列教材

概率论与数理统计(第二版)

主　　编 / 刘剑平　朱坤平　陆元鸿
责任编辑 / 焦婧茹
责任校对 / 金慧娟
封面设计 / 戚亮轩
出版发行 / 华东理工大学出版社有限公司
　　　　　地　址：上海市梅陇路 130 号,200237
　　　　　电　话：(021)64250306(营销部)
　　　　　　　　　(021)64252344(编辑室)
　　　　　传　真：(021)64252707
　　　　　网　址：press.ecust.edu.cn
印　　刷 / 常熟市华顺印刷有限公司
开　　本 / 787mm×1092mm　1/16
印　　张 / 14.75
字　　数 / 319 千字
版　　次 / 2015 年 5 月第 2 版
印　　次 / 2015 年 5 月第 1 次
书　　号 / ISBN 978-7-5628-4215-6
定　　价 / 38.00 元

联系我们：电子邮箱 press@ecust.edu.cn
　　　　　官方微博 e.weibo.com/ecustpress
　　　　　天猫旗舰店 http://hdlgdxcbs.tmall.com

序

    网络教育是依托现代信息技术进行教育资源传播、组织教学的一种崭新形式,它突破了传统教育传递媒介上的局限性,实现了时空有限分离条件下的教与学,拓展了教育活动发生的时空范围. 从 1998 年 9 月教育部正式批准清华大学等 4 所高校为国家现代远程教育第一批试点学校以来,我国网络教育历经了 8 年发展期,目前全国已有 67 所普通高等学校和中央广播电视大学开展现代远程教育,注册学生超过 300 万人,毕业学生 100 万人. 网络教育的实施大大加快了我国高等教育的大众化进程,使之成为高等教育的一个重要组成部分;随着它的不断发展,也必将对我国终身教育体系的形成和学习型社会的构建起到极其重要的作用.

    华东理工大学是国家"211 工程"重点建设高校,是教育部批准成立的现代远程教育试点院校之一. 华东理工大学网络教育学院凭借其优质的教育教学资源、良好的师资条件和社会声望,自创建以来得到了迅速的发展. 但网络教育作为一种不同于传统教育的新型教育组织形式,如何有效地实现教育资源的传递,进一步提高教育教学效果,认真探索其内在的规律,是摆在我们面前的一个新的、亟待解决的课题. 为此,我们与华东理工大学出版社合作,组织了一批多年来从事网络教育课程教学的教师,结合网络教育学习方式,陆续编撰出版一批包括图书、课程光盘等在内的远程教育系列教材,以期逐步建立以学科为先导的、适合网络教育学生使用的教材结构体系.

    掌握学科领域的基本知识和技能,把握学科的基本知识结构,培养学生在实践中独立地发现问题和解决问题的能力是我们组织教材编写的一个主要目的. 系列教材包括了计算机应用基础、大学英语等全国统考科目,也将涉及管理、法学、国际贸易、化工等多学科领域的专业教材.

    根据网络教育学习方式的特点编写教材,既是网络教育得以持续健康发展的基础,也是一次全新的尝试. 本套教材的编写凝聚了华东理工大学众多在学科研究和网络教育领域中有丰富实践经验的教师、教学策划人员的心血,希望它的出版能对广大网络教育学习者进一步提高学习效率予以帮助和启迪.

华东理工大学副校长

涂善东 教授

第二版前言

概率论与数理统计是高等院校理、工科和经济学科等专业的一门主要基础课程,也是研究生入学考试的必考内容.随着科学技术的高速发展,知识体系的不断更新,概率统计方法已渗透到各个领域,显示出其重要性和实用性.

本书是根据教育部 1998 年颁布的全国继续教育概率论与数理统计课程教育基本要求,结合作者多年的教学经验编写而成的,内容包括随机事件及其概率,一维随机变量,多维随机变量,随机变量的数字特征,极限定理初步,数理统计的基本概念,假设检验和区间估计.

全书内容需 48 学时,学时少的可略去打星号章节.本书可作为继续教育工科概率论与数理统计课程的教材,也可作为网络教育、函授教育、自学考试学生的概率论与数理统计教材.

工科及理科非数学专业的学生学习本课程的目的,主要在于加强基础及实际应用.考虑到继续教育的特点,我们着重讲清基本概念、原理和计算方法,避免烦琐的理论推导、证明,力求简明、准确;在内容安排上注重系统性、逻辑性,由浅入深、循序渐进.通过配以多领域的应用实例,开阔学生思路,理解所学概念.每章前有内容框图,每章后做一个小结,其中包括基本要求、内容概要,以帮助学生认识本章的重点、难点.每章还配有自测题(附答案或提示)以测试学生对重点内容、基本方法的掌握程度.另外书后还配有各章习题的详解供学生参考.

本书由刘剑平、朱坤平、陆元鸿主编.在编写过程中,得到了鲁习文教授、李建奎教授的支持和关心,在此表示衷心的感谢.同时,我们还要感谢教学组的曹宵临、钱夕元、林爱红、俞绍文、姬超、鲍亮、解惠青、邓淑芳、李继根、黄秋生、黄文亮等教师及闫中凤、孙叶、樊国号、雷倩倩、李平等同学.他们在本书的编写过程中提出了宝贵的建议.

限于编者的水平,疏漏差错之处仍恐难免,敬请读者多提意见,不吝赐教,以便改正并诚恳邀请您加盟修订工作.

作者的电子信箱是:liujianping60@163.com.

编 者

2015 年 2 月

前　言

概率论与数理统计是高等院校理、工科和经济学科等专业的一门主要基础课程,也是研究生入学考试的必考内容.随着科学技术的高速发展,知识体系的不断更新,概率统计方法已渗透到各个领域,显示出其重要性和实用性.

本书是根据教育部1998年颁布的全国继续教育概率论与数理统计课程教育基本要求,结合作者多年的教学经验编写而成的,可作为继续教育工科概率论与数理统计课程的教材,也可作为网络教育、函授教育、自学考试学生的概率论与数理统计教材.

工科及理科非数学专业的学生学习本课程的目的,主要在于加强基础及实际应用.考虑到继续教育的特点,我们着重讲清基本概念、原理和计算方法,避免烦琐的理论推导、证明,力求简明、准确;在内容安排上注重系统性、逻辑性,由浅入深、循序渐进.通过配以较多领域的例子,开阔学生思路,理解所学概念.每章后作一个小结,其中包括内容框图、基本要求、内容概要,以帮助学生认识本章的重点、难点.每章还配有自测题(附答案或提示)以测试学生对重点内容、基本方法的掌握程度.另外书后还配有各章习题的答案供学生参考.

本书由刘剑平、曹宵临、朱坤平、陆元鸿主编.在编写过程中,得到了鲁习文教授、李建奎教授的支持和关心,在此表示衷心的感谢.同时,我们还要感谢教学组的钱夕元、林爱红、李继根、黄秋生、黄文亮等教师,他们在本书的编写过程中提出了宝贵的建议.

限于编者的水平,疏漏差错仍恐难免,敬请读者多提意见,不吝赐教,以便改正并诚恳邀请您加盟修订工作.

作者的电子信箱是:liujianping60@163.com.

编　者

2009 年 5 月

目 录

随机事件及其概率

随机事件是概率论研究的基本对象,而事件发生的概率是刻画事件发生可能性大小的一种度量. 本章介绍随机事件的基本概念,事件的关系和运算,概率的几种定义和概率的计算方法. 重点要求掌握古典概型、几何概型,以及利用全概率公式和贝叶斯公式求解概率的方法. 各知识点关系图如下所示.

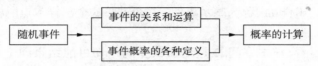

1.1 随机事件

1.1.1 随机试验

自然界和人类社会中存在着很多现象,我们把在一定条件下对某种现象进行的一次观测或实验统称为一个试验,记作 E. 其中有些试验的结果事先是完全可以确定的,比如,标准大气压下把水加热到 $100℃$,水一定会沸腾. 这类现象我们称之为**确定性现象**.

但在现实世界中,还存在着另一类非确定性现象.

例 1　考虑以下试验.

E_1:某足球队在主场进行一场足球比赛;

E_2:买一张设有四个等级的彩票;

E_3:某出租车公司电话订车中心一天内接到订车电话的次数;

E_4:从一批显像管中任取 1 只,测定它的使用寿命.

当分别重复进行这些试验时,出现的结果并非是唯一确定的.

E_1 的结果:有主队赢、主队败或平局三种可能;

E_2 的结果:有中一等奖、二等奖、三等奖、四等奖或不中奖五种可能;

E_3 的结果:可能有 0 次,1 次,2 次,… 一天内的订车电话数是自然数集 **N** 的某个元素;

E_4 的结果:每个显像管的使用寿命(即从开始使用直到损坏为止的小时数) 当然是个非负整数.

例 1 中的几个试验称为随机试验,简称为试验. 一般地,把具有下列三个特性的试验称

为随机试验:

(1) 试验可以在相同的条件下重复进行;

(2) 试验的可能结果不止一个,但所有可能结果事先是明确可知的;

(3) 在每次试验前,不能确定这次试验发生的结果是所有可能结果中的哪一个.

由随机试验观察到的现象称为**随机现象**.随机现象在实际生活中是经常遇到、大量存在的,表面上看来,随机现象的发生完全是随机的、偶然的,没有什么规律可循.但是,如果在相同的条件下将试验大量地重复进行,我们会发现,随机现象结果的出现是具有一定的规律性的.例如,投掷一枚质地均匀的硬币,只投掷一次时,结果是正面还是反面是无法确定的,但大量重复投掷硬币后,就可以发现出现正面的次数约占总试验次数的一半.这种在大量重复试验中随机现象所呈现的固有规律,通常称之为**统计规律**.

概率统计就是一门专门研究随机现象的统计规律性的学科.

1.1.2　样本空间

对于某个确定的随机试验,我们用 ω 表示它的一个可能的基本结果,也称之为**样本点**,由一个样本点构成的集合 $\{\omega\}$ 称为**基本事件**.一个试验的全部样本点所构成的集合,称为**样本空间**,记为 Ω.

从集合论的观点看,样本空间 Ω 是随机试验的一切可能结果即全体样本点所构成的集合.

例 2　抛掷一颗骰子,观察掷出的点数.

这个试验共有 6 个样本点,若用 ω_i 表示掷出 i 点($i=1,2,3,4,5,6$),则样本空间为

$$\Omega = \{\omega_1,\omega_2,\omega_3,\omega_4,\omega_5,\omega_6\},$$

也可写成 $\Omega = \{1,2,3,4,5,6\}$,其中 $1,2,3,4,5,6$ 分别表示出现的点数.

例 3　抛掷两枚均匀的硬币,观察它们向上的一面是正面还是反面.

对于这个试验,四个样本点分别为

$$\omega_1 = \text{"第一枚为正面,第二枚为正面"},$$
$$\omega_2 = \text{"第一枚为正面,第二枚为反面"},$$
$$\omega_3 = \text{"第一枚为反面,第二枚为正面"},$$
$$\omega_4 = \text{"第一枚为反面,第二枚为反面"},$$

于是样本空间 $\Omega = \{\omega_1,\omega_2,\omega_3,\omega_4\}$.

再看例 1 中的 4 个试验,它们的样本空间分别为

$\Omega_1 = \{$胜,负,平$\}$;

$\Omega_2 = \{\omega_0,\omega_1,\omega_2,\omega_3,\omega_4\}$,其中样本点 $\omega_i(i=1,2,3,4)$ 表示中第 i 等奖,ω_0 表示没中奖;

$\Omega_3 = \{0,1,2,\cdots\}$;

$\Omega_4 = \{t \mid 0 \leqslant t < +\infty\} = [0,+\infty)$.

以上各例说明随机试验的样本空间有 3 种情况:

(1) 有有限个可能的结果;

(2) 有可列的无穷个(即无穷多个,但可依某种次序编号排列) 可能的结果;

(3) 有不可列的无穷个(无穷多个,但不能编号排列) 可能的结果.

1.1.3　随机事件

在一次随机试验中,通常我们关心的是带有某些特征的基本事件是否发生. 比如在例 2 中,可以研究下列这些事件是否发生

$$A = \{出现 4 点\},\ B = \{出现点数为偶数\},\ C = \{出现点数小于等于 4\}.$$

其中,A 是一个基本事件,而 B 和 C 则由多个基本事件组成(事实上,$B = \{\omega_2,\omega_4,\omega_6\}$,$C = \{\omega_1,\omega_2,\omega_3,\omega_4\}$),相对于基本事件,就称它们为**复合事件**. 无论基本事件还是复合事件,它们在试验中发生与否,都带有随机性,所以都称作**随机事件**,简称**事件**. 习惯上,常用大写字母 A,B,C 等表示. 在试验中,如果事件 A 中包含的某一个样本点 ω 发生,则称 A 发生,记为 $\omega \in A$.

样本空间 Ω 包含了全体基本结果,而随机事件是由具有某些特征的基本结果组成的. 由此可见,**任一随机事件都是样本空间 Ω 的一个子集**.

在每次随机试验中一定会发生的事件,称为**必然事件**. 相反地,如果某事件一定不会发生,则称为**不可能事件**.

因为 Ω 是由所有基本结果组成的,而在每一次试验时,必有某个基本结果发生,所以在试验中 Ω 必然要发生,因此我们用 Ω 表示必然事件;空集 $\varnothing$ 是不含任何样本点的集合,它也是样本空间的子集. 这个子集作为事件,因为不含样本点,所以永远不可能发生. 因此,我们用 $\varnothing$ 表示不可能事件.

必然事件与不可能事件没有"不确定性",因而严格地说,它们已经不属于"随机"事件了. 但是,为了今后讨论方便起见,我们还是把它们包括在随机事件中,作为特殊的随机事件来处理.

例 4　一只袋中装有大小相同的 3 个白球和 2 个黑球,对球予以编号,1,2,3 号球是白球,4,5 号球是黑球. 现从中任取一球,考察球的号码,写出样本空间,并用样本空间的子集表示下列事件:

$A = \{取出的是白球\}$,$B = \{取出的是白球或黑球\}$,$C = \{取出的是红球\}$,$D = \{取出的是黑球\}$,$E = \{取出的球号小于 3\}$.

解　设 ω_i 表示取得的是 i 号球 $(i = 1,2,3,4,5)$,则 $\Omega = \{\omega_1,\omega_2,\omega_3,\omega_4,\omega_5\}$,$A = \{\omega_1,\omega_2,\omega_3\}$,$B = \{\omega_1,\omega_2,\omega_3,\omega_4,\omega_5\}$,$C = \varnothing$,$D = \{\omega_4,\omega_5\}$,$E = \{\omega_1,\omega_2\}$.

1.2　事件的关系和运算

一个样本空间 Ω 中,可以有很多随机事件. 人们通常需要研究这些事件间的关系和运算,以便通过较简单的事件的统计规律去探求较复杂的事件的统计规律.

在以下讨论事件的关系和运算时,我们总是假定它们是同一个随机试验的事件,即它们是同一个样本空间 Ω 的子集. 因为只有在这样的假定下,讨论它们之间的关系和运算才有意义.

1.2.1 事件间的关系

1. 事件的包含

如果事件 A 发生必然导致事件 B 发生,即属于 A 的每一个样本点也都属于 B,则称事件 A 包含于事件 B,或称事件 B 包含事件 A,记作 $A \subset B$,或 $B \supset A$.

在 1.1.3 节例 4 的取球试验中,若事件 E 发生,即取出的一球编号小于 3,也即取出的是 1 号或 2 号球,从而可以肯定取出的是白球,所以事件 A 必发生,故有 $E \subset A$,这一结果用集合论的观点来看是显而易见的.

显然对于任何事件 A,总有 $\varnothing \subset A \subset \Omega$.

2. 事件的相等

如果事件 A 包含事件 B,而且事件 B 又包含事件 A,则称 A 与 B **相等**,记为 $A = B$.

英国逻辑学家约翰·文(John Venn,1834—1923) 发明了一种"文氏图",可以将事件(集合) 间的关系用图形形式直观地表示出来. 在"文氏图" 中,用一个矩形表示样本空间(全集),矩形中的部分区域表示事件(全集的子集).

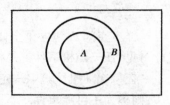

图 1-1

用"文氏图" 表示 $A \subset B$,就是表示事件 A 的区域完全包含在事件 B 的区域中(图1-1).

两事件相等,即它们应是样本空间的同一个子集,只不过在形式上是对同一事件用不同的说法来表示. 如对 1.1.3 节例 4 的取球试验,若记 F 为"取出球的号码不超过 3",则有 $F = A$.

3. 事件的互不相容(互斥)

如果事件 A、B 在同一个试验中不可能同时发生,则称事件 A 与 B **互不相容**或**互斥**.

从"文氏图" 来看,事件 A 与 B 互不相容,就是事件 A 的区域与事件 B 的区域没有公共部分(图1-2).

对 1.1.3 节例 4 的取球试验,事件 A 与 D、事件 E 与 D 显然都是互不相容的.

如果一组事件 $A_1, A_2, \cdots, A_n$ 中任意两个都互不相容,则称这组事件是互不相容的. 显然任一个随机试验的所有基本事件是互不相容的.

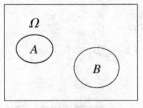

图 1-2

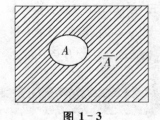

图 1-3

4. 事件的对立(互逆)

如果事件 A、B 有且仅有一个发生,即 A、B 至少有一个发生但又不会同时发生,则称 A 与 B **互相对立**或**互逆**,称 B 为 A 的**对立事件(或逆事件)**,记作 $B = \overline{A}$.

从"文氏图" 来看,逆事件 $\overline{A}$ 的区域就是 Ω 中除去事件 A 的区域后剩下的部分(图1-3),

即作为集合的 $\overline{A}$ 与 A 是互为补集的关系.

对 1.1.3 节例 4 的取球试验,事件 A 与 D 不仅是互不相容的,而且是互相对立的,即 $D = \overline{A}$,且 $A = \overline{D}$. 而 E 虽然也与 D 互不相容,但 E 不是 D 的逆事件.

事件的对立关系具有下列性质:

(1) $\overline{\Omega} = \varnothing, \overline{\varnothing} = \Omega$;

(2) $\overline{\overline{A}} = A$;

(3) $A \subset B \Leftrightarrow \overline{A} \supset \overline{B}$;

(4) A 与 B 互不相容 $\Rightarrow A \subset \overline{B}, B \subset \overline{A}$.

1.2.2　事件间的运算

1. 事件的和(或并)

"事件 A 与 B 至少有一个发生"这一事件称为事件 A 与 B 的和(或并),记作 $A + B$ 或 $A \cup B$.

图 1-4 中的阴影部分就是事件 A 与 B 的和事件 $A + B$.

例 1　设 $A_i = \{$第 i 号同学没来上课$\}(i = 1, 2, \cdots)$,则

$$A_1 + A_2 = \{1 \text{ 号和 } 2 \text{ 号同学至少有一个没来上课}\}$$
$$= \{1 \text{ 号同学或 } 2 \text{ 号同学没来上课}\}.$$

两个事件的和可自然推广到多个事件的情形:

(1) $\bigcup\limits_{i=1}^{n} A_i$(或 $\sum\limits_{i=1}^{n} A_i$)$= A_1 \cup A_2 \cup \cdots \cup A_n = \{n$ 个事件 $A_1, A_2, \cdots, A_n$ 中至少有一个发生$\}$;

(2) $\bigcup\limits_{i=1}^{\infty} A_i$(或 $\sum\limits_{i=1}^{\infty} A_i$)$= A_1 \cup A_2 \cup \cdots \cup A_n \cup \cdots = \{$一系列事件 $A_1, A_2, \cdots, A_n, \cdots$ 中至少有一个发生$\}$.

比如,例 1 中 $\bigcup\limits_{i=1}^{100} A_i$ 表示"前 100 号同学中至少有一个没来上课"这一事件.

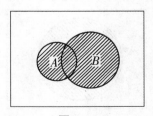

图 1-4

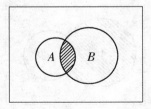

图 1-5

2. 事件的积(或交)

"事件 A 与 B 同时发生"这一事件称为事件 A 与 B 的积(或交),记作 AB 或 $A \cap B$.

图 1-5 中的阴影部分就是事件 A 与 B 的积事件 AB.

比如,例 1 中,$A_1 A_2 = \{1 \text{ 号和 } 2 \text{ 号同学都没来上课}\}$.

两个事件的积可自然推广到多个事件的情形:

(1) $\bigcap\limits_{i=1}^{n} A_i$ (或 $\prod\limits_{i=1}^{n} A_i$) $= A_1 A_2 \cdots A_n = \{n$ 个事件 $A_1, A_2, \cdots, A_n$ 同时发生$\}$;

(2) $\bigcap\limits_{i=1}^{\infty} A_i$ (或 $\prod\limits_{i=1}^{\infty} A_i$) $= A_1 A_2 \cdots A_n \cdots = \{$一系列事件 $A_1, A_2, \cdots, A_n, \cdots$ 同时发生$\}$.

比如,例 1 中, $\bigcap\limits_{i=1}^{10} A_i$ 表示"前 10 号同学都没来上课"这一事件.

由事件和与积的运算可得如下结论.

(1) 事件 A 与 B 互不相容,则满足 $AB = \varnothing$.

推广: 事件 $A_1, A_2, \cdots, A_n$ 互不相容,则满足 $A_i A_j = \varnothing (1 \leqslant i < j \leqslant n)$.

(2) 事件 A 与 B 互相对立,则满足 $AB = \varnothing$ 且 $A + B = \Omega$,也即 $A\overline{A} = \varnothing$ 且 $A + \overline{A} = \Omega$.

(3) 当 $A \subset B$ 时,必有 $AB = A, A + B = B$.

从而有 $\varnothing A = \varnothing, \varnothing + A = A, A\Omega = A, A + \Omega = \Omega, A + A = A, AA = A$.

例 2　设一个工人生产了 3 个零件,A_i 表示他生产的第 i 个零件是正品($i = 1, 2, 3$),试用 A_i 表示下列事件:

(1) 没有一个是次品;(2) 至少有一个是次品;(3) 只有一个是次品.

解　(1) "没有一个是次品" = "A_1, A_2, A_3 同时发生" = $A_1 A_2 A_3$;

(2) "至少有一个是次品" = "$\overline{A_1}, \overline{A_2}, \overline{A_3}$ 中至少有一个发生" = $\overline{A_1} + \overline{A_2} + \overline{A_3}$;

(3) "只有一个是次品" = "A_1, A_2, A_3 中有两个发生而另一个不发生".

事件"A_1, A_2, A_3 中两个发生而另一个不发生"有三种可能:"A_1, A_2 发生而 A_3 不发生" 或"A_1, A_3 发生而 A_2 不发生"或"A_2, A_3 发生而 A_1 不发生",而 A_i 不发生意味着 $\overline{A_i}$ 发生,故

$$\text{"只有一个是次品"} = A_1 A_2 \overline{A_3} + A_1 \overline{A_2} A_3 + \overline{A_1} A_2 A_3.$$

3. 事件的差

"事件 A 发生而事件 B 不发生"这一事件称为事件 A 与 B 的**差**,记作 $A - B$.

图 1-6(a) 和 (b) 中的阴影部分都表示事件 A 与 B 的差事件 $A - B$.

$$A - B = \{A \text{ 发生而 } B \text{ 不发生}\} = \{A \text{ 发生且 } \overline{B} \text{ 发生}\},$$

所以有 $A - B = A\overline{B}$.

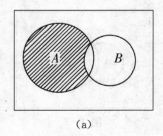

(a)　　　　　　　　　　　　(b)

图 1-6

1.2.3　事件运算的法则

事件的运算具有集合运算的特征,因而成立着类同的运算法则,下列事件运算的法则,如果画出相应的"文氏图",则不难理解它们都是成立的,所以不再详细证明.

(1) **交换律**　$A + B = B + A, \quad AB = BA$;

(2) **结合律** $(A+B)+C=A+(B+C), \quad (AB)C=A(BC)$;

(3) **分配律** $(A+B)C=AC+BC, \quad AB+C=(A+C)(B+C)$;

(4) **德摩根(De Morgan)定律** $\overline{A+B}=\overline{A}\,\overline{B}, \quad \overline{AB}=\overline{A}+\overline{B}$.

德摩根定律还可以推广到多个事件的情形:

$$\overline{A_1+A_2+\cdots+A_n}=\overline{A_1}\,\overline{A_2}\cdots\overline{A_n}, \quad \overline{A_1A_2\cdots A_n}=\overline{A_1}+\overline{A_2}+\cdots+\overline{A_n},$$

即

$$\overline{\bigcup_{i=1}^{n}A_i}=\bigcap_{i=1}^{n}\overline{A_i}, \quad \overline{\bigcap_{i=1}^{n}A_i}=\bigcup_{i=1}^{n}\overline{A_i}.$$

例 3   设 $\Omega=\{1,2,3,4,5,6\}, A=\{1,2,3\}, B=\{2,3,4\}, C=\{4,5,6\}$, 试用 Ω 的子集表示下列事件: (1) $\overline{AB}$; (2) $\overline{A}+B$; (3) $\overline{B-A}$; (4) $\overline{A\,\overline{BC}}$; (5) $\overline{A(B+C)}$.

解   因为 $\overline{A}=C, \overline{B}=\{1,5,6\}, \overline{C}=A$,

所以 (1) $\overline{AB}=\{4\}$;

(2) $\overline{A}+B=\{2,3,4,5,6\}=\Omega-\{1\}$;

(3) $\overline{B-A}=\overline{B\overline{A}}=\overline{B}+A=\{1,2,3,5,6\}$;

(4) $\overline{A\,\overline{BC}}=\overline{A}+BC=\{4,5,6\}$;

(5) $\overline{A(B+C)}=\overline{A}+\overline{B+C}=\overline{A}+\overline{B}\,\overline{C}=C+\overline{B}A=\{1,4,5,6\}$.

例 4   在射击比赛时, 一选手连续向目标射击三次, 若令 $A_i=\{$第 i 次射击命中目标$\}(i=1,2,3)$, 试用 A_1, A_2, A_3 表示下面的事件:

(1) $B=\{$三次射击都命中目标$\}$;

(2) $C=\{$三次射击至少有两次命中目标$\}$;

(3) $D=\{$三次射击至少有一次未命中目标$\}$.

解   (1) $B=A_1A_2A_3$;

(2) $C=$ "三次射击恰好有两次命中目标" + "三次射击都命中目标"

$$=A_1A_2\overline{A_3}+A_1\overline{A_2}A_3+\overline{A_1}A_2A_3+A_1A_2A_3,$$

容易看出上式中的 4 个 "加项" 是互不相容的.

当然 C 也可表示为 $C=A_1A_2+A_2A_3+A_1A_3$, 但这里各个 "加项" 是相容的.

由此可见, 将一个 "复杂事件" 表示成若干简单事件的运算结果, 其途径并不是唯一的, 在讨论问题时就要选择有利于解决具体问题的途径去处理.

(3) "至少有一次未命中目标" = "恰有一次未命中" + "恰有两次未命中" + "三次皆不中",

$$D=A_1A_2\overline{A_3}+A_1\overline{A_2}A_3+\overline{A_1}A_2A_3+A_1\overline{A_2}\,\overline{A_3}+\overline{A_1}A_2\overline{A_3}+\overline{A_1}\,\overline{A_2}A_3+\overline{A_1}\,\overline{A_2}\,\overline{A_3},$$

更简单地由 "至少" 这一陈述可利用对立事件来表示

$$D=\overline{B}=\overline{A_1A_2A_3}=\overline{A_1}+\overline{A_2}+\overline{A_3}.$$

1.3   频率与概率

前面已经讲过, 随机现象既具有偶然性, 也呈现出一定的规律性. 在一次试验中, 某个随机事件可能发生, 也可能不发生, 是无法预料的. 但如果在相同的条件下将试验大数次重复进行,则会发现随机现象结果的出现具有一定的规律性,因而在某种程度上也是可以预言的.

我们首先从事件发生的频率讲起.

定义 1.1　对于随机事件 A,若在 n 次试验中发生了 μ_n 次,则称比值 $\frac{\mu_n}{n}$ 为随机事件 A 在 n 次试验中发生的**频率**,记为 $f_n(A)$,即

$$f_n(A) = \frac{\mu_n}{n}, \tag{1.3.1}$$

其中 μ_n 称为**频数**.易知频率 $f_n(A)$ 具有下述性质:

(1) **非负性**　$0 \leqslant f_n(A) \leqslant 1$;

(2) **规范性**　$f_n(\Omega) = 1$;

(3) **有限可加性**　若事件 A,B 互不相容(即 $AB = \varnothing$),则

$$f_n(A + B) = f_n(A) + f_n(B).$$

例 1　抛掷一枚质地均匀的硬币,记 $A = \{$出现正面$\}$.若抛掷 20 次出现 11 次正面,即 $n = 20, \mu_n = 11$,则

$$f_{20}(A) = \frac{11}{20} = 0.55,$$

若抛掷 40 次出现 18 次正面,即 $n = 40, \mu_n = 18$,则 $f_{40}(A) = \frac{18}{20} = 0.45$.

可见,当试验次数 n 不大时,事件 A 发生的频率具有很大的波动性,这不仅表现在当 n 取不同值时,$f_n(A)$ 可以有很大的不同;而且,即使对同样的 n,在这一批 n 次试验与另一批 n 次试验中,算出的频率也可能是大不相同的.但是,如果我们将试验大量重复进行,亦即在 n 很大时,就会看到,频率将会在某个固定的常数值附近稳定地变化.也就是说,频率还有其稳定性的一面,并且随着 n 的增大,频率的波动会越来越小,即稳定性会越来越明显.

历史上有不少统计学家曾做过上述"掷硬币"的试验,结果如表 1-1 所示.

表 1-1

试验者	掷硬币次数 n	出现正面次数 μ_n	频率 $f_n(A)$
德摩根	2048	1061	0.5181
蒲丰	4040	2048	0.5069
皮尔逊	12000	6019	0.5016
皮尔逊	24000	12012	0.5005
维尼	30000	14994	0.4998

从表 1-1 的试验结果可以看出,随着试验次数越来越多,出现正面的频率越来越明显地稳定在常数 0.5 左右.

例 2　在英语中,某些字母出现的频率远远高于另外一些字母,在进行了更深入的研究之后,人们还发现每个字母被使用的频率相当稳定,表 1-2 即为一份英文字母使用频率的

统计表.

表 1 - 2

字母	空格	E	T	O	A	N	I	R	S
频率	0.2	0.105	0.072	0.0654	0.063	0.055	0.055	0.054	0.052
字母	H	D	L	C	F	U	M	P	Y
频率	0.047	0.035	0.029	0.023	0.0225	0.0225	0.021	0.0175	0.012
字母	W	G	B	V	K	X	J	Q	Z
频率	0.012	0.011	0.0105	0.008	0.003	0.002	0.001	0.001	0.001

字母使用频率的研究,对于打字机键盘的设计、印刷铅字的铸造、信息编码、密码破译等是十分有用的.

类似的例子可以举出很多. 从这些例子可以看出,当试验次数 n 充分大时,随机事件 A 的频率会稳定在某一常数值附近,即具有频率稳定性. 频率的稳定值的大小,反映了事件 A 发生的可能性的大小. 因为随机事件发生的可能性的大小,是由事件本身决定的,不随人的意志而改变,是一种可以度量的客观属性. 因此,可以给出下列定义.

定义 1.2 在大量重复进行同一试验时,随着试验次数 n 的无限增大,事件 A 发生的频率 $f_n(A) = \dfrac{\mu_n}{n}$ 会稳定在某一常数值附近. 这个常数值是随机事件 A 发生的可能性大小的度量,称为事件 A 的**概率**,记作 $P(A)$.

上面给出的概率定义,由于是通过对频率的大量统计观测得到的,通常称为概率的统计定义. 这个定义虽然比较直观,但是,实际上我们不可能用它来计算事件的概率. 因为按照定义,要真正得到频率的稳定值,必须进行无穷多次试验,显然这是做不到的. 实际上,我们只能进行有限次试验,而有限次试验后得到的频率并不是一个确定的常数,不同的人在不同的时候做试验,得到的频率都不一样. 而事件发生的概率是一个客观存在的确定的常数,只要试验已被完全描述并且事件 A 已被指定,那么事件 A 发生的概率就被完全确定下来了,与做试验的人及其做试验时碰上的特殊运气无关. 因此,我们还要另外寻找一些不用凭借试验就可以计算事件发生的概率的方法.

 思考题1

事件发生可能性的大小用频率表示有何不妥?

1.4 概率的古典定义

1.4.1 古典概型

概率论的基本研究课题之一就是寻求随机事件的概率. 我们先讨论一类最早被研究,也是最常见的概率模型 —— 古典概型.

定义 1.3　如果一个随机试验具有下述特征:

(1) 全部样本点只有有限个,即 $\Omega = \{\omega_1, \omega_2, \cdots, \omega_n\}$;

(2) 每个样本点发生的可能性相等,即 $P(\omega_1) = P(\omega_2) = \cdots = P(\omega_n) = \dfrac{1}{n}$,

称这种"等可能"的数学模型为**古典概型**. 对古典概型中的任一事件 A, 若其包含 k 个样本点,则 A 的概率为

$$P(A) = \frac{k}{n} = \frac{A \text{ 包含的样本点数}}{\Omega \text{ 中的样本点总数}}. \tag{1.4.1}$$

式(1.4.1) 称为**概率的古典定义**. A 所包含的样本点数也称为 A 的有利场合数.

例 1　掷一颗均匀的骰子,求出现偶数点的概率.

解　设 $\omega_i = \{\text{出现 } i \text{ 点}\}(i = 1, 2, \cdots, 6)$,则样本空间

$$\Omega = \{\omega_1, \omega_2, \cdots, \omega_6\}.$$

即样本点总数为 6,令

$$A = \{\text{出现偶数点}\},$$

显然 $A = \{\omega_2, \omega_4, \omega_6\}$. 所以 A 所包含的样本点数为 3,从而

$$P(A) = \frac{3}{6} = \frac{1}{2}.$$

例 2　某种福利彩票的中奖号码由 3 位数字组成,每一位数字都可以是 $0 \sim 9$ 中的任何一个数字,求中奖号码的 3 位数字全不相同的概率.

解　设事件 $A = \{\text{中奖号码的 3 位数字全不相同}\}$.

由于每一位数有 10 种选择,因此 3 位数共有 10^3 种选择,即样本点总数为 10^3 个. 要 3 位数各不相同,相当于要从 10 个数字中任选 3 个做无重复的排列,共有 P_{10}^3 种选择,即 A 包含的样本点数为 P_{10}^3 个. 因此

$$P(A) = \frac{P_{10}^3}{10^3} = \frac{10 \times 9 \times 8}{1000} = \frac{18}{25}.$$

由例 2 可见,古典概型的计算往往归结到"计数"问题,经常会用到排列组合的技巧.

例 3　已知在一批 100 件产品中有 5 件是次品,今从中任意抽出 3 件,求其中恰有 2 件是次品的概率.

解　从 100 件产品中任取 3 件,共有 C_{100}^3 种不同的取法,所以样本点总数为 C_{100}^3.

设 $A = \{\text{取出的 3 件产品中恰有 2 件次品}\}$,这相当于要从 5 件次品中抽出 2 件,而从 95 件正品中抽出 1 件,故共有 $C_5^2 C_{95}^1$ 种不同取法,即 A 包含样本点数为 $C_5^2 C_{95}^1$,所以

$$P(A) = \frac{C_5^2 C_{95}^1}{C_{100}^3} = \frac{19}{3234}.$$

一般地,在一批总量为 N 件的产品中有 M 个次品,今从中取出 n 件,则其中恰有 k 件次品的概率为

$$P_k = \frac{C_M^k C_{N-M}^{n-k}}{C_N^n}.$$

例 4 （分房问题） 设有 3 个人,每个人都等可能地被分配到 4 个房间中的任意一间去住,求下列事件的概率:

(1) 指定的 3 个房间各有一个人住;

(2) 恰好有 3 个房间,其中各有一个人住;

(3) 某个指定的房间中有 2 人住.

解 因为每个人有 4 个房间可供选择,所以 3 个人住的方式共有 4^3 种.

(1) 指定的 3 个房间各有一人住,其可能的选择方式为 3 个人的全排列 3!,于是

$$P_1 = \frac{3!}{4^3} = \frac{3}{32};$$

(2) 3 个房间可以在 4 个房间中任意选取,共有 C_4^3 种方式,对选定的 3 个房间,由前述可知共有 3!种分配方式,所以恰有 3 个房间其中各有一个人住的概率为

$$P_2 = \frac{C_4^3 \times 3!}{4^3} = \frac{3}{8};$$

(3) 2 个人可以在 3 个人中任意选择,共有 C_3^2 种方式,另外一个人可以在其他房间中任意入住,共有 3 种方式,所以某指定的房间有 2 个人住的概率为

$$P_3 = \frac{C_3^2 \times 3}{4^3} = \frac{9}{64}.$$

例 5 （摸球问题） 箱中装有 a 个白球和 b 个黑球,将球一个个摸出,求第 k 次摸出的是白球的概率.

解 设 $A = \{第 k 次摸出一球是白球\}$.

把 a 个白球和 b 个黑球看作是有编号可以区别的,按照摸出的次序将 $a+b$ 个球排成一列,不同的排列方法共有 $(a+b)!$ 种.

要求第 k 个位置上是白球,可以看作首先在第 k 个位置上放 1 个白球,有 a 种不同的放法,再在其余 $a+b-1$ 个位置上放其余 $a+b-1$ 个球,有 $(a+b-1)!$ 种不同的放法. 故

$$P(A) = \frac{a(a+b-1)!}{(a+b)!} = \frac{a}{a+b}.$$

思考题2

小红想报名参加歌唱比赛,她认为只有两种可能,要么得冠军,要么不得冠军. 所以,自己能得冠军的概率是 50%,你认为她的观点正确吗?为什么?

1.4.2 几何概型*

在古典概型中,样本点总数必须是有限个,这在实际应用中有很大的局限性.

例如,在一块面积为 5 平方千米的区域 Ω 内有一座面积为 1 平方千米的油库,现向这块区域发射一枚导弹,若导弹必定落在区域 Ω 内,而且落在 Ω 内任何一点处是等可能的,求这枚导弹击中油库的概率.

在这个问题中,导弹可击中 Ω 内任何一点,但 Ω 内有无穷多个点,即样本点数为无穷大,

因而无法用古典概率来计算. 不过,已知导弹落在 Ω 内任何一点处是等可能的,这里"等可能"的含义是:导弹落入区域 $A(\subset\Omega)$ 内的可能性即概率大小与 A 的面积成正比,而与 A 的位置和形状无关. 所以"导弹击中油库"这一事件的概率可按下式求出

$$P = \frac{\text{油库面积}}{\text{区域 }\Omega\text{ 的面积}} = \frac{1}{5} = 0.2.$$

可见,一个试验的样本空间如果能够表示为一个可度量的,在其中投点具有等可能性的几何区域,尽管样本点数为无穷大,仍然可以求出其中事件发生的概率.

定义 1.4　如果一个随机试验的样本空间 Ω 可以表示为一个几何区域,它的几何度量(长度,面积,体积,…)为 μ_Ω,Ω 中每一点发生的可能性都相等,事件 A 可以表示为 Ω 中一个几何度量为 μ_A 的子区域,则事件 A 发生的概率为

$$P(A) = \frac{\mu_A}{\mu_\Omega} = \frac{\text{区域 }A\text{ 的几何度量}}{\text{区域 }\Omega\text{ 的几何度量}}. \tag{1.4.2}$$

式(1.4.2)称为概率的几何定义,相应的数学模型称为几何概型.

例 6　(会面问题)　甲、乙两人相约 7 时到 8 时在某地会面,先到者等候另一人 20 min,如果超过 20 min 对方仍未到达就离去不再等候,试求这两人能会面的概率.

解　设甲于 7 时 x 分到达会面地点,乙于 7 时 y 分到达会面地点,则由已知可得 $0\leqslant x\leqslant 60,0\leqslant y\leqslant 60$. 所有可能的结果,即样本空间

$$\Omega = \{(x,y)\,|\,0\leqslant x\leqslant 60,0\leqslant y\leqslant 60\}.$$

它在平面直角坐标系中对应于一个边长为 60 的正方形,面积为 $S_\Omega = 60^2$.

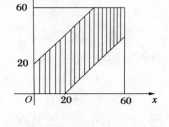

图 1-7

设 A 是甲、乙两人能会面的事件,两人能会面的充分必要条件为 $|x-y|\leqslant 20$,所以它可表示为

$$A = \{(x,y)\,|\,|x-y|\leqslant 20,0\leqslant x\leqslant 60,0\leqslant y\leqslant 60\}.$$

与 A 对应的区域即图 1-7 中用阴影标出的部分,它的面积 $S_A = 60^2 - 40^2$.

根据几何概率的定义,所求概率为

$$P(A) = \frac{S_A}{S_\Omega} = \frac{60^2 - 40^2}{60^2} = \frac{5}{9}.$$

思考题3

你能否根据概率的几何定义来解释概率为零的事件也是可能发生的?

1.5　概率的性质

前面我们介绍了古典概型和几何概型,并利用概率的古典定义和几何定义解决了一些概率的计算问题. 为了能够在更一般的情形下计算一些更复杂的概率,还必须讨论概率的性质,而这些性质都可由概率的公理化定义推导出来.

1.5.1 概率的公理化定义 *

在前几节中我们给出概率的统计定义和古典定义,但是这些定义都具有很大的局限性. 20 世纪 30 年代,数学家提出了概率论的公理化结构,把概率性质中最基本和核心的东西提取出来作为公理;在此基础上,给出了一般的概率的定义. 概率的公理化定义,为概率论建立了严格的理论基础,推动了概率论的发展.

定义 1.5(概率的公理化定义) 设试验的样本空间为 Ω,对试验的任一事件 A,定义实值函数 $P(A)$,如果它满足下列三条公理:

公理 1(非负性) $P(A) \geqslant 0$;

公理 2(规范性) $P(\Omega) = 1$;

公理 3(可列可加性) 对可列无穷多个互不相容的随机事件 $A_1, A_2, \cdots, A_n, \cdots$,有

$$P\left(\sum_{i=1}^{\infty} A_i\right) = \sum_{i=1}^{\infty} P(A_i),$$

则称 $P(A)$ 为事件 A 发生的概率.

概率的公理化定义既概括了概率的其他定义,又克服了它们的局限性. 虽然据此定义不能直接计算随机事件的概率,但可以推出一系列的概率性质.

1.5.2 概率的性质

性质 1 不可能事件 $\varnothing$ 的概率为 0,即 $P(\varnothing) = 0$.

性质 2 任一事件 A 的概率都在 0 与 1 之间,即 $0 \leqslant P(A) \leqslant 1$.

性质 3 如果事件 A 与 B 互不相容,则 $P(A+B) = P(A) + P(B)$.

推广:如果 n 个事件 $A_1, A_2, \cdots, A_n$ 互不相容,则

$$P\left(\sum_{i=1}^{n} A_i\right) = \sum_{i=1}^{n} P(A_i). \tag{1.5.1}$$

性质 4 对任一事件 A,有 $P(A) = 1 - P(\overline{A})$. $\qquad(1.5.2)$

证 因为 $A + \overline{A} = \Omega$ 所以 $P(A + \overline{A}) = P(\Omega) = 1$,

因为 $A\overline{A} = \varnothing$,即 A 与 $\overline{A}$ 互不相容,所以 $P(A + \overline{A}) = P(A) + P(\overline{A})$.

故有 $P(A) + P(\overline{A}) = 1$,即 $P(A) = 1 - P(\overline{A})$.

例 1 一批电子元件共有 100 件,其中 5 件次品. 现从中任取 5 件,求其中至少有一件次品的概率.

解法一 设 $A = \{$任取 5 件中至少有一件次品$\}$. 我们假设 $A_i = \{$取出的 5 件中恰有 i 件次品$\}$ $(i = 1, 2, \cdots, 5)$,则 $A = A_1 + A_2 + A_3 + A_4 + A_5$,而且 $A_1, A_2, \cdots, A_5$ 互不相容

$$P(A_i) = \frac{C_5^i C_{95}^{5-i}}{C_{100}^5} \qquad (i = 1, 2, \cdots, 5),$$

于是

$$P(A) = \sum_{i=1}^{5} \frac{C_5^i C_{95}^{5-i}}{C_{100}^5} = \frac{17347001}{75287520} \approx 0.2304.$$

解法二 令 $\overline{A}$ 表示"取出的 5 件中没有次品",则

$$P(\overline{A}) = \frac{C_{95}^5}{C_{100}^5} = \frac{57940519}{75287520} \approx 0.7696,$$

所以

$$P(A) = 1 - P(\overline{A}) \approx 0.2304.$$

由例 1 可知,求"若干事件之中至少出现其中一件"的概率,用对立事件求解比较简便. 在很多实际问题中,巧妙地运用对立事件的特性,往往可收到事半功倍的效果.

例 2　已知 $P(A) = 0.4, P(AB) = 0.1$,求 $P(A\overline{B})$.

解　参照图 1-6(a),因为 $A = A\Omega = A(B + \overline{B}) = AB + A\overline{B}$,且 AB 与 $A\overline{B}$ 互不相容,故有

$$P(A) = P(AB) + P(A\overline{B}).$$

所以 $P(A\overline{B}) = P(A) - P(AB) = 0.4 - 0.1 = 0.3$.

本例中关系式 $A = AB + A\overline{B}$ 在复杂事件分解为简单事件的场合会经常使用,应熟练掌握之. 另外,由 $A\overline{B} = A - B$ 可得如下结论.

性质 5　对任意两个事件 A、B,有 $P(A - B) = P(A) - P(AB)$.　　　(1.5.3)

特别当 $B \subset A$ 时,有 $P(A - B) = P(A) - P(B)$.

从而可推得当 $B \subset A$ 时,有 $P(B) \leqslant P(A)$.

性质 6　(加法公式) 对任意两个事件 A、B,有

$$P(A + B) = P(A) + P(B) - P(AB).　　　(1.5.4)$$

证　$A + B$ 即 A、B 至少有一个发生,参照图 1-4 可见,它有三种可能:(1) A 发生,B 不发生;(2) A 不发生,B 发生;(3) A、B 同时发生. 所以

$$A + B = A\overline{B} + \overline{A}B + AB,$$

从而 $P(A + B) = P(A\overline{B}) + P(\overline{A}B) + P(AB)$.

由公式(1.5.3) 知 $P(A\overline{B}) = P(A) - P(AB), P(\overline{A}B) = P(B) - P(AB)$,所以

$$P(A + B) = P(A) + P(B) - P(AB).$$

特别地,A、B 互不相容时,有 $P(A + B) = P(A) + P(B)$.

利用数学归纳法,可以将性质 6 推广到任意有限个事件的情形.

推论　对任意 n 个事件 $A_1, A_2, \cdots, A_n$,有

$$P(A_1 + A_2 + \cdots + A_n) = \sum_{i=1}^n P(A_i) - \sum_{1 \leqslant i < j \leqslant n} P(A_i A_j) + \cdots + (-1)^{n-1} P\left(\prod_{i=1}^n A_i\right).$$

经常使用 $n = 3$ 时的公式

$$P(A + B + C) = P(A) + P(B) + P(C) - P(AB) - P(BC) - P(AC) + P(ABC).$$

$$(1.5.5)$$

例 3　在所有的两位数 $10 \sim 99$ 中任取一个数,求: (1) 这个数能被 2 但不能被 3 整除的概率; (2) 这个数能被 2 或 3 整除的概率.

解　设 $A = \{$所取数能被 2 整除$\}, B = \{$所取数能被 3 整除$\}$,则事件 $A - B$ 表示所取的数能被 2 但不能被 3 整除,$A + B$ 表示能被 2 或 3 整除,AB 表示既能被 2 又能被 3 整除,即

能被 6 整除的数. 因为所有的 90 个两位数中,能被 2 整除的有 45 个,能被 3 整除的有 30 个,能被 6 整除的有 15 个,所以有

$$P(A) = \frac{45}{90}, \ P(B) = \frac{30}{90}, \ P(AB) = \frac{15}{90}.$$

于是,按公式(1.5.3),有

$$P(A-B) = P(A) - P(AB) = \frac{45}{90} - \frac{15}{90} = \frac{1}{3}.$$

按公式(1.5.4),有

$$P(A+B) = P(A) + P(B) - P(AB) = \frac{45}{90} + \frac{30}{90} - \frac{15}{90} = \frac{2}{3}.$$

1.6　条件概率及有关的公式

1.6.1　条件概率

首先对 1.5.2 节例 3 继续做如下的讨论.

设已知从 $10 \sim 99$ 中任取一个数是偶数(即 A 已发生),问这个数能被 3 整除(即 B 也发生) 的概率 P_1 是多少?

在例 3 中,试验的样本空间为

$$\Omega = \{10, 11, 12, \cdots, 99\}.$$

现要计算 P_1,可以这样考虑:因为已经知道取到的是偶数(A 已发生),所以只能在 45 个偶数中考虑问题,换句话说,计算概率时,样本空间缩小为

$$\Omega_A = \{10, 12, 14, \cdots, 98\}.$$

相对于原问题,称 Ω_A 为缩减样本空间,共有 45 个样本点.

现从中任取一个能被 3 整除,这种数一共有 $\frac{45}{3} = 15$ 个,既能被 2 整除,又能被 3 整除(事件 AB) 包含的样本点数为 15 个,故有

$$P_1 = \frac{AB \text{ 包含的样本点数}}{A \text{ 包含的样本点数}} = \frac{15}{45} = \frac{1}{3}.$$

称 P_1 为已知 A 发生的条件下,B 发生的条件概率,记作 $P(B \mid A)$. 本例中

$$P(B \mid A) = \frac{15}{45} = \frac{15/90}{45/90} = \frac{P(AB)}{P(A)}.$$

事实上,这个公式在一般情况下都是成立的.

定义 1.6 (条件概率)　设 A、B 是样本空间 Ω 中的两个随机事件,若 $P(B) > 0$,则称

$$P(A \mid B) = \frac{P(AB)}{P(B)} \tag{1.6.1}$$

为事件 A 在事件 B 发生的条件下的条件概率.

同样,若 $P(A) > 0$,则称

$$P(B \mid A) = \frac{P(AB)}{P(A)} \tag{1.6.2}$$

为事件 B 在事件 A 发生的条件下的条件概率.

不难验证,条件概率 $P(A|B)$ 满足概率的三个公理:

(1) **非负性**   对任意的事件 $A, P(A|B) \geqslant 0$;

(2) **规范性** $P(\Omega|B) = 1$;

(3) **可列可加性**   对可列无穷多个两两互不相容的事件 $A_1, A_2, \cdots, A_n, \cdots$,有

$$P\left(\sum_{i=1}^{\infty} A_i \mid B\right) = \sum_{i=1}^{\infty} P(A_i \mid B).$$

并且当 $B = \Omega$ 时,$P(A|\Omega) = \dfrac{P(A)}{P(\Omega)} = P(A)$. 因此,不妨把原来的概率看作是条件概率的极端情形. 而条件概率也有一些与普通概率类似的性质,这里不再一一赘述了.

例 1   箱中有 5 个红球与 3 个白球,现不放回地取出 2 球. 假定每次抽取时,箱中各球被取出是等可能的,问当第一次取出的是红球时,第二次仍取出红球的概率是多少?

解   设 $A_i = \{$第 i 次取出红球$\}$ $(i = 1, 2)$,则所求概率为 $P(A_2|A_1)$.

在缩减的样本空间中进行求解. 已知 A_1 发生,则箱中剩有 4 个红球 3 个白球,此时样本空间 Ω_{A_1} 含有 7 个样本点,有利于 A_2 的样本点有 4 个,所以

$$P(A_2 \mid A_1) = \frac{4}{7}.$$

例 2   设已知某种动物自出生能活过 20 岁的概率是 0.8,能活过 25 岁的概率是 0.4,问现龄 20 岁的该种动物能活过 25 岁的概率是多少?

解   设 $A = \{$该动物能活过 20 岁$\}$,$B = \{$该动物能活过 25 岁$\}$,

因为 $B \subset A$,所以 $AB = B$,所求概率为

$$P(B \mid A) = \frac{P(AB)}{P(A)} = \frac{P(B)}{P(A)} = \frac{0.4}{0.8} = 0.5.$$

条件概率是概率论中最重要的概念之一,作为一种描述与计算的工具,其重要性首先表现在当存在部分先验信息(如 A 已发生,在这里即动物已活过 20 岁)可资利用时,可归结为条件概率而对概率做出重新估计(如这里 $P(B \mid A) = 0.5$,而不是 $P(B) = 0.4$).

1.6.2   乘法公式

由条件概率的公式,自然地得到概率的乘法公式.

定理 1.1   设 A, B 为任意事件. 若 $P(B) > 0$,则

$$P(AB) = P(B)P(A|B). \tag{1.6.3}$$

若 $P(A) > 0$,则

$$P(AB) = P(A)P(B|A). \tag{1.6.4}$$

事实上,当 $P(B) = 0$(或 $P(A) = 0$)时,式(1.6.3)(或式(1.6.4))也成立. 因为此时有 $0 \leqslant P(AB) \leqslant P(B) = 0$(或 $0 \leqslant P(AB) \leqslant P(A) = 0$).

乘法公式可以推广至多个随机事件的情形.

推论 设有 n 个事件 $A_1, A_2, \cdots, A_n$，则

$$P\left(\prod_{i=1}^{n} A_i\right) = P(A_1)P(A_2 \mid A_1) \cdots P(A_n \mid A_1 \cdots A_{n-1}). \tag{1.6.5}$$

例3 有 50 张订货单，其中 5 张是订购货物甲的. 现从中依次任取，每次取 1 张，取后不放回. 问：(1) 第三张才取到订购货物甲的订货单的概率是多少？(2) 第二张取到订购货物甲的订货单的概率又是多少？

解 设 $A_i = \{$第 i 张订单是订购货物甲的$\}$ $(i = 1, 2, \cdots)$.

(1) **解法一** 按题意，所求事件为 $\overline{A_1}\,\overline{A_2}A_3$. 易知

$$P(\overline{A_1}) = \frac{45}{50}, \ P(\overline{A_2} \mid \overline{A_1}) = \frac{44}{49}, \ P(A_3 \mid \overline{A_1}\,\overline{A_2}) = \frac{5}{48},$$

故所求的概率为

$$P(\overline{A_1}\,\overline{A_2}A_3) = P(\overline{A_1})P(\overline{A_2} \mid \overline{A_1})P(A_3 \mid \overline{A_1}\,\overline{A_2}) = \frac{45}{50} \times \frac{44}{49} \times \frac{5}{48} \approx 0.084.$$

解法二 此题属于古典概型，样本空间 Ω 中含有 P_{50}^3 个样本点，有利于 $\overline{A_1}\,\overline{A_2}A_3$ 的样本点数为 $\mathrm{P}_{45}^2\mathrm{P}_5^1$，由古典概率得到

$$P(\overline{A_1}\,\overline{A_2}A_3) = \frac{\mathrm{P}_{45}^2\mathrm{P}_5^1}{\mathrm{P}_{50}^3} \approx 0.084.$$

可见，利用乘法公式求解事件的概率可以避免复杂的排列组合的计算，从而减少解题难度.

(2) 按题意，所求概率即为 $P(A_2)$.

A_2 是一个复杂事件，根据第一次抽取结果，它可分解为

$$A_2 = A_1A_2 + \overline{A_1}A_2.$$

所以 $P(A_2) = P(A_1A_2) + P(\overline{A_1}A_2)$

$$= P(A_1)P(A_2 \mid A_1) + P(\overline{A_1})P(A_2 \mid \overline{A_1})$$

$$= \frac{5}{50} \times \frac{4}{49} + \frac{45}{50} \times \frac{5}{49} = 0.1.$$

这种将一个可以在几种不同情形下发生的复杂事件分解为若干个互不相容的简单事件之和，再利用加法公式和乘法公式求出其概率的方法，在实际中应用广泛. 把这种方法一般化，便得到下列全概率公式.

1.6.3 全概率公式和贝叶斯公式

定理1.2 设 $B_1, B_2, \cdots, B_n$ 是一组互不相容的事件，即有

$$B_iB_j = \varnothing \ (1 \leqslant i < j \leqslant n),$$

且 $P(B_i) > 0 \ (i = 1, 2, \cdots, n)$，事件 $A \subset \sum_{i=1}^{n} B_i$（如图 1-8 所示），则对事件 A 有

$$P(A) = \sum_{i=1}^{n} P(B_i)P(A \mid B_i). \tag{1.6.6}$$

如图所示,事件 A 可分解为 $A = AB_1 + AB_2 + \cdots + AB_n$. 因为各加项 AB_i 与 AB_j 互不相容,所以有

$$P(A) = P(AB_1) + P(AB_2) + \cdots + P(AB_n)$$

再利用乘法公式展开,即得

$$P(A) = P(B_1)P(A \mid B_1) + P(B_2)P(A \mid B_2) + \cdots + P(B_n)P(A \mid B_n)$$

即

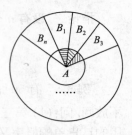

图 1-8

$$P(A) = \sum_{i=1}^{n} P(B_i)P(A \mid B_i).$$

例 4　某保险公司把被保险人分为三类:"安全的"、"一般的"与"危险的".统计资料表明,对于上述三种人而言,在一年期间内卷入某一次事故的概率依次为 $0.05, 0.15$ 与 0.30.如果在被保险人中"安全的"占 15%,"一般的"占 55%,"危险的"占 30%,试问:

(1) 任一被保险人在固定的一年中出事故的概率是多少?

(2) 如果某被保险人在某年发生了事故,他属于"安全的"一类的概率是多少?

解　(1) 设

$$A = \{被保险人出事故\},$$
$$B_1 = \{被保险人是"安全的"\},$$
$$B_2 = \{被保险人是"一般的"\},$$
$$B_3 = \{被保险人是"危险的"\}.$$

易知

$$P(B_1) = 15\%, \ P(B_2) = 55\%, \ P(B_3) = 30\%,$$
$$P(A \mid B_1) = 0.05, \ P(A \mid B_2) = 0.15, \ P(A \mid B_3) = 0.30,$$

故由全概率公式可得

$$\begin{aligned}
P(A) &= P(B_1)P(A \mid B_1) + P(B_2)P(A \mid B_2) + P(B_3)P(A \mid B_3) \\
&= 15\% \times 0.05 + 55\% \times 0.15 + 30\% \times 0.30 \\
&= 18\%.
\end{aligned}$$

(2) 由条件概率的定义可知,所求概率为

$$P(B_1 \mid A) = \frac{P(AB_1)}{P(A)} = \frac{P(B_1)P(A \mid B_1)}{\sum\limits_{i=1}^{3} P(B_i)P(A \mid B_i)}$$

$$= \frac{15\% \times 0.05}{18\%} \approx 0.042.$$

例 4 第二问中:在事件 A 已经发生的条件下,重新估计事件 B_i 的概率.事实上已经建立了一个十分有用的公式,称为**贝叶斯(Bayes)公式**或**逆概公式**.

定理 1.3　设 $B_1, B_2, \cdots, B_n$ 是一组互不相容的事件,即有

$$B_i B_j = \varnothing \quad (1 \leqslant i < j \leqslant n),$$

且 $P(B_i) > 0$ $(i = 1, 2, \cdots, n)$，事件 $A \subset \sum\limits_{i=1}^{n} B_i$（参见图 1-8），则对于在 A 已经发生的条件下 B_i 发生的条件概率，有

$$P(B_i \mid A) = \frac{P(B_i)P(A \mid B_i)}{\sum\limits_{j=1}^{n} P(B_j)P(A \mid B_j)} \quad (i = 1, 2, \cdots, n). \tag{1.6.7}$$

在全概率公式中，事件 B_i 的概率 $P(B_i)$ $(i = 1, 2, \cdots, n)$ 通常是在试验之前已知的，因此习惯上称之为**先验概率**. 如果在一次试验中，已知事件 A 确已发生，再考察事件 B_i 的概率，即在事件 A 发生的条件下，计算事件 B_i 发生的条件概率 $P(B_i \mid A)$. 它反映了在试验之后，A 发生的原因的各种可能性的大小，通常称之为**后验概率**.

例 5　某工厂有 4 条流水线生产同一种产品，4 条流水线的产量分别占总产量的 15%，20%，30%，35%，且这 4 条流水线的不合格品率依次为 0.05，0.04，0.03 及 0.02. 现在从该厂产品中任取一件，问恰好抽到不合格品的概率为多少？

解　设
$$A = \{任取一件，恰好抽到不合格品\},$$
$$B_i = \{任取一件，恰好抽到第 i 条流水线的产品\} \quad (i = 1, 2, 3, 4).$$
由题意可知，$P(B_i)$ 分别为 0.15，0.2，0.3 和 0.35，而 $P(A \mid B_i)$ 分别为 0.05，0.04，0.03 及 0.02. 于是由全概率公式可得

$$\begin{aligned}
P(A) &= \sum_{i=1}^{4} P(B_i)P(A \mid B_i) \\
&= 15\% \times 0.05 + 20\% \times 0.04 + 30\% \times 0.03 + 35\% \times 0.02 \\
&= 0.0315 = 3.15\%.
\end{aligned}$$

例 6　在例 5 中，若该厂规定，出了不合格品要追究有关流水线的经济责任. 现在在出厂产品中任取一件，结果为不合格品，但该件产品是哪一条流水线生产的标志已脱落，问厂方如何处理这件不合格品比较合理？第 4 条（或第 1 条，第 2 条，第 3 条）流水线应该承担多大责任？

解　从概率论的角度考虑，可以按 $P(B_i \mid A)$ 的大小来追究第 i 条 $(i = 1, 2, 3, 4)$ 流水线的经济责任. 如对于第 4 条流水线，由贝叶斯公式可知

$$P(B_4 \mid A) = \frac{P(B_4)P(A \mid B_4)}{\sum\limits_{i=1}^{4} P(B_i)P(A \mid B_i)}.$$

在前面的例子中，已用全概率公式求得

$$P(A) = \sum_{i=1}^{4} P(B_i)P(A \mid B_i) = 0.0315,$$

而 $P(B_4)P(A \mid B_4) = 0.35 \times 0.02 = 0.007$，于是

$$P(B_4 \mid A) = \frac{0.007}{0.0315} \approx 0.222.$$

由此可知,第 4 条流水线应承担 22.2% 的责任.

同理可计算,第 1 条、第 2 条、第 3 条流水线应分别承担 23.8%,25.4%,28.6% 的责任.

例 7　已知在人群中肝癌患者占 0.4%. 用甲胎蛋白试验法进行普查,肝癌患者显示阳性反应的概率为 95%,非肝癌患者显示阳性反应的概率为 4%. 现有一个人用甲胎蛋白试验法检查,查出是阳性,计算他确实是肝癌患者的概率.

解　设 $A = \{$检查结果为阳性$\}$, $B = \{$肝癌患者$\}$,$\overline{B} = \{$非肝癌患者$\}$,则

$$P(B) = 0.4\%, \ P(\overline{B}) = 99.6\%, \ P(A|B) = 95\%, \ P(A|\overline{B}) = 4\%,$$

由贝叶斯公式可得

$$P(B|A) = \frac{P(B)P(A|B)}{P(B)P(A|B) + P(\overline{B})P(A|\overline{B})}$$

$$= \frac{0.4\% \times 95\%}{0.4\% \times 95\% + 99.6\% \times 4\%} \approx 8.71\%.$$

这个结果表明,即使查出是阳性,真正得肝癌的概率仍然是很小的.

说明:利用全概率公式和贝叶斯公式计算概率的关键,是寻找一组互不相容的事件 $B_1, B_2, \cdots, B_n$,事件 A 的发生必须伴随着这 n 个互不相容的事件 $B_1, B_2, \cdots, B_n$ 之一发生,这时事件 A 的概率就可利用全概率公式计算;如果已知事件 A 发生,求事件 $B_i (i = 1, 2, \cdots, n)$ 的概率,也就是条件概率 $P(B_i|A) (i = 1, 2, \cdots, n)$,则可以用贝叶斯公式计算.

1.7　事件的独立性

1.7.1　两个事件的独立性

在 1.6 节我们学习了条件概率. 在事件 A 已发生的条件下,事件 B 发生的条件概率为

$$P(B|A) = \frac{P(AB)}{P(A)}.$$

一般情况下,$P(B|A)$ 与 $P(B)$ 不相等,但在某些情况下,有 $P(B|A) = P(B)$,这说明事件 B 发生的概率,无论事件 A 发生或不发生都一样,不受事件 A 的影响. 此时,我们称事件 B 对事件 A 是**独立**的.

若 $P(B|A) = P(B)$ 成立,则有

$$P(AB) = P(A)P(B|A) = P(A)P(B)$$

及

$$P(A|B) = \frac{P(AB)}{P(B)} = P(A).$$

说明了事件 A 对事件 B 也是独立的. 因此独立性是一种相互对称的性质.

定义 1.7　**对任意两个事件 A、B,若**

$$\boldsymbol{P(AB) = P(A)P(B)},$$

则称事件 A 与 B 相互独立.

由这个定义我们可以知道,必然事件 Ω 及不可能事件 $\varnothing$ 与任一随机事件 A 都是相互独立的.

定理 1.4　**如果**事件 A 与 B 是相互独立的,则下列各对事件

$$A\ \text{与}\ \overline{B},\ \overline{A}\ \text{与}\ B,\ \overline{A}\ \text{与}\ B$$

也是相互独立的.

证　$P(A\overline{B}) = P(A - B) = P(A) - P(AB) = P(A) - P(A)P(B)$
$$= P(A)[1 - P(B)] = P(A)P(\overline{B}),$$

由定义 1.7 可知 A 与 $\overline{B}$ 相互独立.

因而 $\overline{A}$ 与 B 也相互独立,$\overline{A}$ 与 $\overline{\overline{B}}$ 即 $\overline{A}$ 与 B 也相互独立.

注意:互不相容与独立是两个不同的概念.事件 A 与 B 互不相容是指 A 与 B 不可能同时发生,成立加法公式 $P(A + B) = P(A) + P(B)$;而事件 A 与 B 独立是指 A 的发生与 B 的发生互不影响,成立乘法公式 $P(AB) = P(A)P(B)$.

例 1　商店经销的某种商品 100 件,经理声称其中只有 5 件带不影响使用效果的小缺陷.工商部门在对这批商品进行抽检时,采用有放回地每次抽一件检查的重复抽样检查法.试问在接连抽检这种商品时,"第一件查出有缺陷"与"第二件查出有缺陷"这两个事件是否独立?被抽查的两件商品皆有缺陷的概率是多少?

解　设 $A_i = \{$第 i 件商品是有缺陷的$\}$ $(i = 1, 2)$,按古典概率可直接计算

$$P(A_1) = P(A_2) = \frac{5}{100},$$

而

$$P(A_1 A_2) = P(A_1)P(A_2 \mid A_1) = \frac{5}{100} \times \frac{5}{100} = \left(\frac{5}{100}\right)^2 = 0.0025,$$

于是有

$$P(A_1 A_2) = P(A_1)P(A_2).$$

故知 A_1, A_2 是独立的,因此被抽查的两件商品皆有缺陷的概率是 0.0025.

这是很小的概率,在一般的商检活动中可将 $A_1 A_2$ 视作一实际不可能事件.在实际操作中,怎样用这一实际不可能事件呢?若工商部门对该商品执行商检,恰遇这事件 $A_1 A_2$ 发生,即有放回地抽检两件商品结果皆有缺陷,那么工商部门应有理由怀疑商店经理虚报情况,即这批 100 件商品中有缺陷的商品可能远不止 5 件!

这里的 A_1 与 A_2 独立,即使不做计算,事实上也是很清楚的,因为在第二次抽取时,第一次抽检已经完成,抽出的商品已重新放回恢复了原样,所以明显地,第一次抽检对第二次抽检的结果应是毫无影响的.因此,一般都是从实际方面去分析判断事件的独立性,然后将其应用在乘法定理中以方便地计算事件的概率.

1.7.2　多个事件的独立性

定义 1.8　设 n 个事件 $A_1, A_2, \cdots, A_n$,如果对这 n 个事件中的任意 m $(2 \leqslant m \leqslant n)$ 个事件 $A_{i_1}, A_{i_2}, \cdots, A_{i_m}$ 都成立

$$P(A_{i_1} A_{i_2} \cdots A_{i_m}) = P(A_{i_1})P(A_{i_2})\cdots P(A_{i_m}),$$

则称这 n 个事件**相互独立**.

类似两个事件的独立性, n 个事件相互独立表示这 n 个事件的发生互不影响. 此时, 显然有其中任意 m 个事件的发生也互不影响, 即它们之中任意 m 个事件也相互独立.

例如, 3 个事件 A,B,C 相互独立的充分必要条件是下列 4 个式子成立:

$$P(AB) = P(A)P(B), P(AC) = P(A)P(C), P(BC) = P(B)P(C),$$
$$P(ABC) = P(A)P(B)P(C).$$

前 3 个式子说明事件 A、B、C 中任意两个事件都相互独立, 即它们是"两两独立"的.

一般来说, 如果多个事件相互独立, 它们必定两两独立, 但反之却未必成立.

例 2　扔两枚均匀的相同硬币, 事件 A 表示"第一枚为正面", B 表示"第二枚为正面", C 表示"两枚硬币一正一反", 问 A,B,C 是否相互独立?

解　此试验有 4 个等概率的样本点:

$\omega_1 =$ "第一枚为正面, 第二枚为正面", $\omega_2 =$ "第一枚为正面, 第二枚为反面",

$\omega_3 =$ "第一枚为反面, 第二枚为正面", $\omega_4 =$ "第一枚为反面, 第二枚为反面",

样本空间 $\Omega = \{\omega_1, \omega_2, \omega_3, \omega_4\}$, 事件 $A = \{\omega_1, \omega_2\}$, $B = \{\omega_1, \omega_3\}$, $C = \{\omega_2, \omega_3\}$; 而 $AB = \{\omega_1\}$, $AC = \{\omega_2\}$, $BC = \{\omega_3\}$, $ABC = \varnothing$, 所以有

$$P(A) = P(B) = P(C) = \frac{2}{4} = \frac{1}{2}, P(AB) = P(AC) = P(BC) = \frac{1}{4}, P(ABC) = 0,$$

而 $P(ABC) = 0 \neq P(A)P(B)P(C) = \frac{1}{8}$,

故本例中 A、B、C 两两独立, 但不相互独立.

对多个独立事件还有如下性质.

定理 1.5　如果事件 $A_1, A_2, \cdots, A_n$ 相互独立, 则将其中任何 $m(1 \leqslant m \leqslant n)$ 个事件换成它们的对立事件后所得到的 n 个事件仍相互独立.

可以用数学归纳法证明这个定理. 由此定理可知, 若 $A_1, A_2, \cdots, A_n$ 相互独立, 则 $\overline{A_1}, \overline{A_2}, \cdots, \overline{A_n}$ 也相互独立, 从而这 n 个事件的和事件的概率为

$$P(A_1 + A_2 + \cdots + A_n) = 1 - P(\overline{A_1}\,\overline{A_2}\cdots\overline{A_n}) = 1 - P(\overline{A_1})P(\overline{A_2})\cdots P(\overline{A_n})$$
$$= 1 - (1 - P(A_1))(1 - P(A_2))\cdots(1 - P(A_n)).$$

下面看几个应用的例子.

例 3　三人独立地破译一密码, 他们能单独译出的概率分别为 $\frac{1}{5}, \frac{1}{3}, \frac{1}{4}$, 试求此密码被译出的概率.

解　设

$$B = \{密码被译出\},$$
$$A_i = \{第 i 人译出密码\} \quad (i = 1, 2, 3),$$

则 A_1, A_2, A_3 相互独立, 且 $P(A_1) = \frac{1}{5}$, $P(A_2) = \frac{1}{3}$, $P(A_3) = \frac{1}{4}$, 则

$$P(B) = P(A_1 + A_2 + A_3) = 1 - P(\overline{A_1}\,\overline{A_2}\,\overline{A_3})$$
$$= 1 - P(\overline{A_1})P(\overline{A_2})P(\overline{A_3})$$
$$= 1 - \left(1 - \frac{1}{5}\right) \times \left(1 - \frac{1}{3}\right) \times \left(1 - \frac{1}{4}\right) = \frac{3}{5}.$$

例 4　一台小型发电机给六台电器供电,已知每一台电器发生断路的概率都是0.3,各台电器是否断路是相互独立的. 在下列两种线路中,分别求由于电器断路使得发电机停止供电的概率:

(1) 所有电器串联,如图 1-9(a) 所示;

(2) 先将电器两两串联,形成 3 个串联组,再将 3 个串联组并联,如图 1-9(b) 所示.

解　设 $A_i = \{$第 i 台电器断路$\}$,$\overline{A_i} = \{$第 i 台电器完好$\}$,已知 $P(A_i) = 0.3$,故 $P(\overline{A_i})$ $= 1 - P(A_i) = 1 - 0.3 = 0.7$ $(i = 1,2,3,4,5,6)$,并设 $S = \{$发电机停止供电$\}$.

(1) 在图 1-9(a) 所示串联线路中,只要有一台电器断路,发电机就要停止供电,因此

$$S = A_1 + A_2 + A_3 + A_4 + A_5 + A_6 = \overline{\overline{A_1}\,\overline{A_2}\,\overline{A_3}\,\overline{A_4}\,\overline{A_5}\,\overline{A_6}},$$

$$P(S) = 1 - P(\overline{A_1}\,\overline{A_2}\,\overline{A_3}\,\overline{A_4}\,\overline{A_5}\,\overline{A_6}) = 1 - \prod_{i=1}^{6} P(\overline{A_i})$$
$$= 1 - 0.7^6 = 1 - 0.117649 = 0.882351.$$

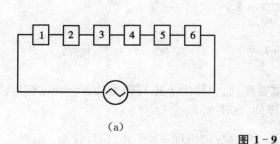
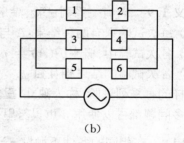

(a)　　　　　　　　　图 1-9　　　　　　　　　(b)

(2) 对于图 1-9(b) 所示的系统,线路由 3 个串联组并联而成. 只有当 3 个串联组都断路时,发电机才会停止供电,而每个串联组又由 2 台电器串联而成,只要有一台断路,串联组就要断路,所以

$$S = (A_1 + A_2)(A_3 + A_4)(A_5 + A_6),$$

其中

$$P(A_1 + A_2) = 1 - P(\overline{A_1}\,\overline{A_2}) = 1 - P(\overline{A_1})P(\overline{A_2}) = 1 - 0.7^2 = 1 - 0.49 = 0.51.$$

同理可得

$$P(A_3 + A_4) = 0.51,\ P(A_5 + A_6) = 0.51,$$

所以,发电机停止供电的概率为

$$P(S) = P((A_1 + A_2)(A_3 + A_4)(A_5 + A_6))$$
$$= P(A_1 + A_2)P(A_3 + A_4)P(A_5 + A_6) = 0.51^3 = 0.132651.$$

思考题4

一个系统能够正常工作的概率称为这个系统的可靠性. 根据例 4 的计算结果,说明图 1-9 中(a)和(b)哪个系统的可靠性更高?

1.8 独立试验序列

当依照一定的质量标准,从大批产品中抽出一件进行产品质量合格性检查时,得出的结果可以是两者之一:"这是件不合格产品"或"这是件合格产品". 如果将抽检一件产品看作是进行一次试验,则试验的结果只有 A(产品不合格)或 $\overline{A}$(产品合格)发生,称这种只有两个可能结果 A(成功)或 $\overline{A}$(失败)的试验为贝努里试验.

有很多随机试验,其可能的结果不止两个,但由于人们常常只对试验的某一特定结果是否发生感兴趣,因而仍可将之归结为贝努里试验. 例如,明天的天气可以有多种情况(阴、晴、雨、雪等),但若只关心明天是否下雨,则结果只有两个:"下雨"或"不下雨",因而观察明天的天气可被看作是一个贝努里试验. 所以,贝努里试验的概念虽然简单,但其应用却非常广泛.

实际生活中常将一个贝努里试验独立地重复进行许多次,形成一个试验序列来进行考察,这就归结为一种概率模型,称为独立试验序列.

定义 1.9 若有一系列试验,满足下列三个条件:

(1) 每次试验只有两种结果:A 与 $\overline{A}$;

(2) 各次试验中,概率 $P(A) = p, P(\overline{A}) = 1 - p\ (0 < p < 1)$ 保持不变;

(3) 各次试验的结果相互独立.

则将这样的一系列试验,称为**独立(重复)试验序列**,也称为 n **重贝努里(Bernoulli)试验**.

很多问题都可以使用 n 重贝努里试验模型,举例如下.

例 1 在相同的条件下抛掷 n 次硬币,每次只有"出现正面"和"出现反面"两种结果. 出现正面的概率 $P(A) = p = 1/2$,出现反面的概率 $P(\overline{A}) = 1 - p = 1/2$,始终保持不变,而且各次掷硬币的结果,显然是相互独立的,所以,掷 n 次硬币可看作是一个 $p = \dfrac{1}{2}$ 的 n 重贝努里试验.

例 2 若学校的电话总机设有 99 个分机,已知每部分机平均每小时有 3 分钟要使用外线,在考虑该总机应设置多少条外线合适的问题时,可归结为 n 重贝努里试验的问题.

在任一时刻考察一部分机是否占用外线时,其可能结果只有两个:

$$\text{"占用"}(A\ 发生)、\text{"不占用"}(\overline{A}\ 发生),$$

而且由已知数据有 $p = p(A) = \dfrac{3}{60} = 0.05$,由于各分机是否在占用外线可合理地认为是相互独立的,因而这个问题可看成是涉及一个 $p = 0.005$ 的 99 重贝努里试验.

例 3 设某电脑公司售出了 200 台电脑,公司在考虑售后服务维修人员的安排时,面临着一个 n 重贝努里试验的问题.

对于同样的电脑,可认为发生故障的概率是相同的(等于某定值 p),而每台电脑是否发生故障一般也可合理地认为是相互独立的,从维修的角度,公司只关心一台售出的电脑在保修期间运行时是否发生故障(A),故 200 台售出的电脑中每一台是否出故障就相当于一次 $P(A) = p$ 的贝努里试验. 因为在公司的售后服务承诺中,做出了在保修期间一旦电脑发生故障,将得到及时维修的保证,所以公司在考虑安排维修人员时就要处理这个 $P(A) = p$ 的 200 重贝努里试验的问题了.

下面我们给出一个在独立试验序列中最常用的概率计算公式.

定理 1.6 若在独立试验序列中,事件 A 发生的概率为 $p\,(0 < p < 1)$,则在 n 次试验中事件 A 恰好发生 m 次的概率为

$$P_n(m) = \mathrm{C}_n^m p^m (1-p)^{n-m} \qquad (m = 0, 1, 2, \cdots, n). \tag{1.8.1}$$

证 记 $B_m = \{n$ 次试验中 A 恰好发生 m 次$\}$,

$A_i = \{$第 i 次试验中 A 发生$\}$,$\overline{A}_i = \{$第 i 次试验中 A 不发生$\}$,

则

$$B_m = A_1 \cdots A_m \overline{A}_{m+1} \cdots \overline{A}_n + A_1 \cdots A_{m-1} \overline{A}_m A_{m+1} \overline{A}_{m+2} \cdots \overline{A}_n + \cdots + \overline{A}_1 \cdots \overline{A}_{n-m} A_{n-m+1} \cdots A_n,$$

易知 B_m 中共有 C_n^m 项,并且两两互不相容,且由事件的独立性,可知每一项发生的概率为 $p^m (1-p)^{n-m}$. 由概率的加法公式,得

$$P_n(m) = P(B_m) = \mathrm{C}_n^m p^m (1-p)^{n-m}.$$

例 4 某射手向同一目标射击 10 次,每次击中目标的概率为 $p = 0.7$,试求 10 次射击中恰好击中 6 次的概率.

解 每次射击,只有"击中""击不中"两种结果,各次射击的结果可以认为是相互独立的,所以,这可以看作一个独立试验序列,$n = 10$,$A = \{$击中$\}$,$p = P(A) = 0.7$,$m = 6$,由公式(1.8.1) 可得

$$P\{10 \text{ 次中恰好击中 } 6 \text{ 次}\} = P_{10}(6) = \mathrm{C}_{10}^6 \times 0.7^6 \times (1-0.7)^{10-6} \approx 0.2001.$$

例 5 某种彩票的中奖率为 1%. 试问:要买多少次这种彩票,才能以不小于 0.95 的概率保证至少中一次奖?

解 每次买彩票,只有"中奖"、"不中奖"两种情况,各次买彩票是否中奖可以认为是相互独立的,所以这是一个独立试验序列,$A = \{$中奖$\}$,$p = P(A) = 1\% = 0.01$,按公式(1.8.1) 有

$$P\{n \text{ 次中至少中一次奖}\} = 1 - P\{n \text{ 次中一次也没有中奖}\}$$
$$= 1 - P_n(0) = 1 - \mathrm{C}_n^0 p^0 (1-p)^{n-0} = 1 - (1-p)^n.$$

要以不小于 0.95 的概率保证买彩票至少有一次中奖,即要

$$P\{n \text{ 次中至少中一次奖}\} = 1 - (1-p)^n \geqslant 0.95,$$
$$(1-p)^n = (1-0.01)^n \leqslant 1 - 0.95, \quad n \geqslant \frac{\lg(1-0.95)}{\lg(1-0.01)} \approx 298.07.$$

取整数 $n = 299$,即需买 299 次这种彩票才能以 0.95 以上的概率保证至少有一次中奖.

1.9　本章小结

1.9.1　基本要求

(1) 了解随机事件的定义.

(2) 掌握事件的关系和运算.

(3) 熟练掌握古典概率.

(4) 掌握条件概率的定义、概率的乘法公式.

(5) 熟练掌握全概率公式和贝叶斯公式.

(6) 掌握事件的独立性以及独立重复试验序列.

1.9.2　内容概要

1) 随机试验与随机事件

(1) 随机试验作为概率论研究的对象具有如下三个特点：

重复性 —— 试验可以在相同的条件下重复进行；

已知性 —— 每次试验所有可能出现的结果是已知的；

不确定性 —— 每次试验在试验结束之前,具体出现哪一个结果是不确定的.

(2) 随机试验的每一个可能结果均称为随机事件,事件是样本空间的一个子集. 一般用大写的英文字母 $A,B,C,\cdots$ 表示. 特别地,每次试验中一定会发生的事件称为必然事件,记为 Ω. 每次试验中一定不会发生的事件称为不可能事件,记为 $\varnothing$.

2) 事件的关系和运算

(1) 事件 A 与 B 的和：$A+B=A\bigcup B\triangleq\{A$ 与 B 至少有一个发生$\}$.

(2) 事件 A 与 B 的积：$AB=A\bigcap B\triangleq\{A$ 与 B 同时发生$\}$.

(3) 事件 A 与 B 的差：$A-B=A\overline{B}\triangleq\{A$ 发生而 B 不发生$\}$.

(4) 包含关系：若事件 A 发生必导致事件 B 发生,称事件 B 包含事件 A,记为 $A\subset B$.

(5) 相等关系：若 $A\subset B$ 且 $B\subset A$,则称 A 与 B 相等,记为 $A=B$.

(6) 互不相容(互斥)：若事件 A 与 B 不可能同时发生,即 $AB=\varnothing$,则称 A 与 B 互不相容.

(7) 互相对立(互逆)：若 A 与 B 同时满足 $A+B=\Omega,AB=\varnothing$,则称 A 与 B 互相对立,B 为 A 的对立事件,记为 $B=\overline{A}$.

3) 古典概率与几何概率

(1) 古典概型具有两个特征：

① 有限性 —— 样本点的个数为有限个；

② 等可能性 —— 每个样本点发生的可能性相等.

在古典概型中,事件 A 的概率为

$$P(A)=\frac{A \text{ 包含的样本点数}}{\text{样本点总数}}.$$

(2) 几何概型具有两个特征：

① 试验的结果是无限且不可列的；

② 每个结果发生的可能性是均匀的.

在几何概型中，事件 A 的概率为

$$P(A) = \frac{M_A}{M_\Omega},$$

其中 M_A 与 M_Ω 分别为事件 A 与样本空间 Ω 的几何度量.

4) 概率的性质与运算公式

(1) $0 \leqslant P(A) \leqslant 1, P(\Omega) = 1, P(\varnothing) = 0$.

(2) 有限可加性：若 $A_1, A_2, \cdots, A_n$ 互不相容，则

$$P\Big(\sum_{i=1}^{n} A_i\Big) = \sum_{i=1}^{n} P(A_i).$$

(3) $P(\overline{A}) = 1 - P(A)$.

(4) $P(A - B) = P(A\overline{B}) = P(A) - P(AB)$.

特别地，当 $B \subset A$ 时，有 $P(A - B) = P(A) - P(B)$.

(5) 加法公式：对任意事件 A、B、C，有

$$P(A + B) = P(A) + P(B) - P(AB);$$

$$P(A + B + C) = P(A) + P(B) + P(C) - P(AB) - P(BC) - P(AC) + P(ABC).$$

(6) 条件概率：当 $P(B) > 0$ 时，$P(A \mid B) = \dfrac{P(AB)}{P(B)}$.

(7) 乘法公式：对任意两个事件 A、B，有

$$P(AB) = P(A)P(B \mid A) = P(B)P(A \mid B).$$

(8) 全概率公式：设事件组 $B_1, B_2, \cdots, B_n$ 互不相容，且 $P(B_i) > 0$，事件 $A \subset \sum_{i=1}^{n} B_i$，则有

$$P(A) = \sum_{i=1}^{n} P(B_i)P(A \mid B_i).$$

(9) 贝叶斯公式：设事件组 $B_1, B_2, \cdots, B_n$ 互不相容，且 $P(B_i) > 0$，事件 $A \subset \sum_{i=1}^{n} B_i$，则有

$$P(B_k) = \frac{P(B_k)P(A \mid B_k)}{\sum_{i=1}^{n} P(B_i)P(A \mid B_i)} \quad (k = 1, 2, \cdots, n).$$

5) 事件的独立性

(1) 定义：

① 对事件 A 与 B，若 $P(AB) = P(A)P(B)$，则称 A 与 B 相互独立；

② 对 n 个事件 $A_1, A_2, \cdots, A_n$，如果其中任意 $m(2 \leqslant m \leqslant n)$ 个事件 $A_{i_1}, A_{i_2}, \cdots, A_{i_m}$，都有

$$P(A_{i_1} A_{i_2} \cdots A_{i_m}) = P(A_{i_1})P(A_{i_2}) \cdots P(A_{i_m}),$$

则称 $A_1, A_2, \cdots, A_n$ 相互独立;

(2) 性质:

① 当 $P(A) > 0$ 时,事件 A 与 B 相互独立 $\Leftrightarrow P(B) = P(B \mid A)$. 特别地,必然事件 Ω 及不可能事件 $\varnothing$ 与任一事件 A 都是相互独立的;

② 若事件 A 与 B 相互独立,则 A 与 $\overline{B}$,$\overline{A}$ 与 $\overline{B}$,$\overline{A}$ 与 B 也相互独立;

③ 若事件 $A_1, A_2, \cdots, A_n$ 相互独立,则其中任意 $m(2 \leqslant m \leqslant n)$ 个事件仍相互独立.

6) 独立试验序列(n 重贝努里试验)

(1) 独立试验序列(n 重贝努里试验) 满足三个条件:

① 每次试验只有两个结果:A 与 $\overline{A}$;

② 各次试验中,概率 $P(A) = p(0 < p < 1)$ 保持不变;

③ 各次试验的结果相互独立.

(2) 性质: 若在 n 重贝努里试验中,事件 A 发生的概率为 $p(0 < p < 1)$,则在 n 次试验中事件 A 恰好发生 k 次的概率为

$$P_n(k) = C_n^k p^k (1-p)^{n-k} (k = 0, 1, 2, \cdots, n).$$

习　题　一

1.1　写出下列随机试验的样本空间,并把指定的事件表示为样本点的集合:

(1) 盒中有编号为 $0 \sim 100$ 的大小相同的 101 个球,从中随机取一球记录球的编号. A:编号大于 80;

(2) 同时掷三颗骰子,记录三颗骰子点数之和. A:第一颗掷得 5 点,B:三颗之和不超过 8 点;

(3) 记录生产产品直到得到 10 件正品的产品数. A:至多生产 50 件产品;

(4) 将长度为 1 的线段任意分成三段,观察各段的长度.

1.2　在分别标有号码 $1 \sim 8$ 的八张卡片中任抽一张,设事件 A 为"抽得一张标号不大于 4 的卡片",事件 B 为"抽得一张标号为偶数的卡片",事件 C 为"抽得一张标号为能被 3 整除的卡片".

(1) 试写出试验的样本点和样本空间;

(2) 试将下列事件表示为样本点的集合,并说明分别表示什么事件:

　　　(a) AB;　　　　(b) $A+B$;　　　　(c) $\overline{B}$;

　　　(d) $A-B$;　　　　(e) $\overline{BC}$;　　　　(f) $\overline{B+C}$.

1.3　将下列事件用事件 A、B、C 表示出来:

(1) A 发生;　　　　　　　　　　(2) A 不发生,但 B、C 至少有一个发生;

(3) 三个事件恰有一个发生;　　　(4) 三个事件至少有两个发生;

(5) 三个事件都不发生;　　　　　(6) 三个事件不都发生.

1.4　设 $\Omega = \{1, 2, \cdots, 10\}$,$A = \{2, 3, 5\}$,$B = \{3, 5, 7\}$,$C = \{1, 3, 4, 7\}$,求下列事件:

　　(1) $\overline{A}\,\overline{B}$;　　　　　　　　(2) $\overline{A(\overline{BC})}$.

1.5 设 A,B 是随机事件,试证 $\overline{(A-B)}+\overline{(B-A)}=AB+\overline{A}\,\overline{B}$.

1.6 从编号为 $0\sim9$ 的 10 个大小相同的球中,不放回地随机取出三个球,考察三个球编号,试求下列事件的概率:

$A_1=\{$三个数字中不含 0 和 5$\}$; $A_2=\{$三个数字中不含 0 或 5$\}$;

$A_3=\{$三个数字中含 0,但不含 5$\}$.

1.7 一学生宿舍有 6 名学生,问:(1) 6 人生日都在星期天的概率是多少? (2) 6 个人的生日都不在星期天的概率是多少? (3) 6 个人的生日不都在星期天的概率是多少?

1.8 将长为 a 的细棒折成三段,求这三段能构成三角形的概率.

1.9 设三个事件 A、B、C,且 $P(A)=P(B)=P(C)=\dfrac{1}{4}$,$P(BC)=P(AC)=\dfrac{1}{8}$,$P(AB)=0$. 求 A、B、C 都不发生的概率.

1.10 已知 $P(A)=a$,$P(B)=b$,$P(AB)=c$. 求:(1) $P(\overline{A}+\overline{B})$;(2) $P(\overline{A}\overline{B})$;(3) $P(\overline{A}B)$;(4) $P(\overline{A}+B)$.

1.11 用 3 台机床加工同一种零件,零件由各机床加工的概率分别为 0.5、0.3、0.2,各机床加工的零件为合格品的概率分别等于 0.94、0.9、0.95,求全部产品中的合格率.

1.12 已知 5% 的男性和 0.25% 的女性患有色盲,随机地选取一个,经查确定为色盲,求此人是男性的概率(假定男性和女性各占总人数的一半).

1.13 有朋友自远方来访,他乘火车、轮船、汽车、飞机来的概率分别是 0.3、0.2、0.1、0.4. 如果他乘火车、轮船、汽车来的话,迟到的概率分别是 $\dfrac{1}{4}$、$\dfrac{1}{3}$、$\dfrac{1}{6}$,而乘飞机则不会迟到. 结果他迟到了,试问他乘火车来的概率是多少?

1.14 加工一个产品要经过三道工序,第一、二、三道工序不出废品的概率分别为 0.9、0.95、0.8,若假定各工序是否出废品为独立的,求经过三道工序而不出废品的概率.

1.15 三人独立地破译一个密码,他们能译出的概率分别为 a,b,c. 问能将此密码译出的概率是多少?

1.16 设 A、B 是一个试验中的两个事件,假定 $P(A)=0.4$ 而 $P(A+B)=0.7$,令 $P(B)=p$.

(1) p 取何值时才能使 A 和 B 互斥? (2) p 取何值时才能使 A 和 B 独立?

1.17 已知每支枪射击飞机时,击中飞机的概率为 $p=0.004$,各支枪能否击中飞机是相互独立的.

(1) 250 支枪同时进行射击,求飞机至少被击中一次的概率;

(2) 需要多少支枪同时进行射击,才能以 99% 以上的概率保证至少击中一次飞机?

1.18 某工厂生产过程中出现次品的概率为 0.05,对某批产品检验时,用如下方法:随机取 50 个,如果发现其中的次品不多于一个,则认为该批产品是合格的. 问用这种方法认为该批产品合格的概率是多少?

自测题一

一、判断题(正确用"+",错误用"一")

1. 设 A,B 是两个事件,则事件 A 与 B 都不发生可表示成 $\overline{AB}$. 　　　　　　　( )

2. 设 A,B 是两个事件,则事件 A 发生而事件 B 不发生可表示为 $A-AB$. 　　　( )

3. 从编号为1到10的十张卡片中任取一张,若以 A 表示卡片编号是奇数,B 表示卡片编号小于5,则 $\overline{A\bigcup B}$ 表示取到的卡片编号是 6,8 或 10. 　　　　　　　　　　( )

4. 设 A,B 是两个事件,$A-B\subseteq A+B$. 　　　　　　　　　　　　　　　( )

5. 如果事件 A 与 B 是对立事件,则 A 与 B 必互不相容. 　　　　　　　　( )

6. 概率为零的事件必为不可能事件. 　　　　　　　　　　　　　　　　　　　( )

7. 设 A,B 是任意两个事件,则必有 $P(A-B)=P(A)-P(B)$. 　　　　　　　　( )

8. 如果事件 A 与 B 互不相容,且 $P(A)>0$,则 $P(B\mid A)=0$. 　　　　　　　( )

9. 如果事件 A 与 B 相互独立,则 A 与 B 必互不相容. 　　　　　　　　　( )

10. 如果事件 A 与 B 互不相容,则 $\overline{A}$ 与 $\overline{B}$ 也互不相容. 　　　　　　　　( )

二、选择题

1. 在含有正品和次品的甲、乙产品中各抽取一件产品检验,记事件 $A=\{$抽到甲产品是正品且乙产品是次品$\}$,则事件 A 的对立事件 $\overline{A}$ 表示( ).

　　(A) $\{$抽到甲产品是次品且乙产品是正品$\}$　　　　(B) $\{$抽到甲、乙产品都是次品$\}$

　　(C) $\{$抽到甲产品是次品或乙产品是正品$\}$　　　　(D) $\{$抽到甲、乙产品都是正品$\}$

2. 打靶3发,事件 A_i 表示"击中 i 发"$(i=0,1,2,3)$ 则事件 $A_1+A_2+A_3$ 表示( ).

　　(A) 全部击中　　　　(B) 至少击中一发　　　　(C) 击中3发　　　　(D) 至少击中3发

3. 将6本不同的外文书,4本不同的中文书,任意放入书架,则4本中文书放在一起的概率为( ).

　　(A) $\dfrac{4!7!}{10!}$ 　　　　(B) $\dfrac{7}{10}$ 　　　　(C) $\dfrac{4!6!}{10!}$ 　　　　(D) $\dfrac{4}{10}$

4. 向单位圆 $x^2+y^2<1$ 内随机地投下3点,则这3点恰有2点落在第一象限内的概率为( ).

　　(A) $\dfrac{1}{16}$ 　　　　(B) $\dfrac{3}{64}$ 　　　　(C) $\dfrac{9}{64}$ 　　　　(D) $\dfrac{1}{4}$

5. n 张奖券中有 m 张是有奖的,现有 k 个人购买,每人一张,其中至少有一个人中奖的概率为( ).

　　(A) $\dfrac{C_m^1 C_{n-m}^{k-1}}{C_n^k}$ 　　　　(B) $\dfrac{m}{C_n^k}$ 　　　　(C) $1-\dfrac{C_{n-m}^k}{C_n^k}$ 　　　　(D) $\displaystyle\sum_{r=1}^{k}\dfrac{C_m^r}{C_n^k}$

6. 设 $P(A)=0.8,P(B)=0.7,P(A\mid B)=0.8$,则下列结论正确的是( ).

　　(A) 事件 A 与 B 互不相容　　　　　　　　　(B) $A\subset B$

　　(C) 事件 A 与 B 互相独立　　　　　　　　　(D) $P(A+B)=P(A)+P(B)$

7. 每次试验成功的概率为 $p(0<p<1)$,则在3次独立重复试验中至少失败一次的概率为( ).

(A) $(1-p)^3$ (B) $1-p^3$ (C) $3(1-p)$ (D) $1-(1-p)^3$

8. 已知 $P(A)=\dfrac{1}{4}$，$P(A+B)=\dfrac{1}{2}$，则 $P(\overline{A}B)=$ （　　）.

(A) $\dfrac{1}{4}$ (B) $\dfrac{1}{3}$ (C) $\dfrac{1}{2}$ (D) $\dfrac{1}{12}$

9. 飞机在雨天晚点的概率为 70%，在晴天晚点的概率为 20%，气象台预报明天有雨的概率为 40%，则明天飞机晚点的概率为（　　）.

(A) 0.6   (B) 0.7   (C) 0.4   (D) 0.2

10. 每次试验的成功概率为 $p(0<p<1)$，进行重复试验，直到第 10 次试验才取得 4 次成功的概率为（　　）.

(A) $C_{10}^4 p^4(1-p)^6$ (B) $C_9^3 p^4(1-p)^6$

(C) $C_9^4 p^4(1-p)^5$ (D) $C_9^3 p^3(1-p)^6$

三、填空题

1. 从 10 位同学中随机抽取 3 人担任不同的职务，问共有_____种取法，从 10 位同学中随机派 3 人参加会议，共有_____种取法.

2. 某射手向目标射击 3 次，记 $A_i=$ "第 i 次命中目标"$(i=1,2,3)$，则"前两次至少有一次未命中目标"可表示为_____.

3. 袋中有 4 个黑球，3 个白球，大小、形状相同；一次随机摸出 4 个球，其中恰有 3 个白球的概率为_____.

4. 设 A,B 都是随机事件，若 $B \subset A$，且 $P(A)=0.8$，$P(B)=0.4$，则 $P(B\mid A)=$_____.

5. 将 $P(A)$，$P(A+B)$，$P(AB)$，$P(A)+P(B)$ 按从小到大排列成为_____.

6. 已知 $P(A)=0.5$，$P(B)=0.6$，$P(B\mid A)=0.8$ 则 $P(A+B)=$_____.

7. 已知 $P(A)=0.4$，$P(A+B)=0.7$，那么，当 A、B 互不相容时，$P(B)=$_____；当 A、B 互相独立时，$P(B)=$_____.

8. 甲、乙两厂生产的电池放在一起，已知其中有 75% 是甲厂生产的，有 25% 是乙厂生产的. 甲厂电池的次品率为 0.02，乙厂电池的次品率为 0.04. 现从中任意取出一个电池，它是次品的概率为_____.

9. 独立掷 10 枚均匀硬币，恰好出现一枚是正面的概率为_____.

10. 甲、乙两人独立地对同一目标各射击一次，其命中率分别为 0.7 和 0.5. 现已知目标被命中，则它是乙射中的概率为_____.

2 一维随机变量

借助函数的工具来解决问题是数学方法的一个基本思想. 要把函数工具引入概率的研究中,就首先要把事件用函数来表示. 这个函数就是随机变量. 一维随机变量就是定义在样本空间上的用来表示事件的一元函数. 因为样本空间是随机试验所有基本结果的集合,所以直观地说,随机变量就是用来表示随机试验结果的变量. 本章介绍一维随机变量的概念、分类、分布的表示,以及常见的几个分布. 重点要掌握分布列,分布函数,概率密度函数的概念和性质,掌握常见分布的描述,并学会求简单的随机变量函数的分布. 本章内容框图如下.

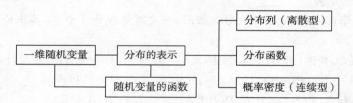

2.1 随机变量的概念

在前面的讨论中,我们已看到,有很大一部分随机事件与实数之间本身就存在着某种密切的客观联系.

例 1 在独立试验序列中,若 ξ 是在 n 次试验中事件 A 出现的次数,ξ 的可能取值就是 A 可能出现的次数 $0,1,2,\cdots,n$. 而"n 次试验中 A 出现 k 次"这一事件可简单地记作 $\{\xi=k\}$,事件"n 次试验中 A 出现的次数大于 2 小于 5"可表示为 $\{2<\xi<5\}=\{\xi=3\}+\{\xi=4\}$.

例 2 考察电话总机在单位时间内接到呼唤的次数,若记其为 ξ,ξ 可能取值为 $0,1,2,\cdots$. 而 $\{\xi=k\}$ 就表示"单位时间内接到 k 次呼唤"这一事件,事件"单位时间内至少接到 10 次呼唤"可表示为 $\{\xi\geqslant 10\}$.

例 3 考察某产品的寿命,若记寿命为 ξ(年),则 ξ 的可能取值范围为 $[0,+\infty)$. 事件"这种产品的寿命不超过 1 年"可表示为 $\{\xi\leqslant 1\}$.

而在有些随机现象中,随机事件与实数之间虽然没有上述那种"自然的"联系,但常常可以人为地设置一些变量使它们建立一个对应关系.

例4 射手射击. 样本点 $\omega_1 = $ "射中目标", $\omega_2 = $ "未中目标", 现令

$$\xi = \begin{cases} 1 & \omega_1 \ \text{发生} \\ 0 & \omega_2 \ \text{发生} \end{cases},$$

则有{射中目标} = {$\xi = 1$}, {未中目标} = {$\xi = 0$}.

这些例子中出现了变量 ξ, 这个变量取什么值, 在每次试验前是不能确定、无法预测的. 因为这种变量的取值依赖于试验的结果, 也就是说, 它的取值具有随机性, 所以, 称这种变量为**随机变量**. 简而言之, 随机变量就是随着试验结果的不同而随机地取各种不同值的变量.

试验结果与随机变量之间的对应关系, 也就是样本点与实数之间的对应关系, 所以, 如果要用严格的数学语言来表达, 则有下列定义.

定义 2.1 设 Ω 为某随机试验的样本空间, 若对任何 $\omega \in \Omega$, 有唯一实数 $\xi(\omega)$ 与之对应, 则称 $\xi(\omega)$ 为随机变量.

从前面的例子可见, 随机变量的引进, 至少使随机事件的表达, 在形式上简单得多了, 但这个好处毕竟只是形式上的. 在以后的讨论中, 大家会看到引入 "随机变量" 这个概念还有更深远的意义. 如同对随机事件一样, 我们所关心的不仅是试验会出现什么结果, 更重要的是, 要知道这些结果将以怎样的概率出现. 即对随机变量, 我们不但要知道它取什么值, 而且要知道它取这些值的概率. 这是我们研究随机变量时必须弄清的问题, 因此, 在本章后面的各节中, 我们将讨论随机变量的概率分布问题.

在例 1 至例 4 中我们看到, 随机变量可能取的值, 在有些情况下是有限个, 在有些情况下是可列无穷多个, 在有些情况下, 随机变量的取值范围为数轴上的某个区间. 根据其取值情况, 可以把随机变量分成两类: 离散型随机变量与非离散型随机变量. 非离散型随机变量包括的范围很广, 情况比较复杂, 其中最重要也是实际中常遇到的是连续型随机变量. 我们仅讨论离散型与连续型这两种基本类型的随机变量及其概率分布.

2.2 离散型随机变量及其概率分布

如果随机变量 ξ 可能取的值为有限个或可列个, 即它可能取的值是这样的数集, 其中所有的数可按一定的顺序编号排列, 从而可表示为数列 $x_1, x_2, \cdots, x_n, \cdots$, 这种类型的随机变量称为**离散型随机变量**.

2.1 节例 1、例 2、例 4 中的随机变量 ξ 都是离散型随机变量.

对于离散型随机变量的概率分布的研究, 我们只要知道随机变量 ξ 所取的一切可能值 $x_1, x_2, \cdots, x_n, \cdots$, 以及它取这些值的概率 $p_1, p_2, \cdots, p_n, \cdots$, 就能掌握 ξ 的各种随机性质和统计规律. 我们把这样一组概率称为离散型随机变量 ξ 的**概率分布 (或分布列)**. 通常用下列式子或表格形式来表示

$$P\{\xi = x_i\} = p_i \quad (i = 1, 2, \cdots),$$

或

ξ	x_1	x_2	$\cdots$	x_n	$\cdots$
$P\{\xi = x_i\}$	p_1	p_2	$\cdots$	p_n	$\cdots$

这是一种很好的表达方式,它能使人们一目了然地看出随机变量 ξ 的取值范围及取这些值的概率. 由概率的性质可知,任一离散型随机变量的概率分布 $\{p_i\}$ 必须满足以下两条性质:

(1) **非负性**　$p_i \geqslant 0 \quad (i = 1, 2, \cdots)$;

(2) **规范性**　$\displaystyle\sum_{i=1}^{\infty} p_i = 1$.

反之,满足此两条性质的一组数均可是某个随机变量的概率分布.

例 1　已知离散型随机变量 ξ 的概率分布如下:

ξ	-1	0	1	2	3
$P\{\xi = x_i\}$	0.16	$\dfrac{a}{10}$	a^2	$\dfrac{2a}{10}$	0.3

试求常数 a.

解　根据分布列的性质应有 $a \geqslant 0$ 及

$$0.16 + \frac{a}{10} + a^2 + \frac{2a}{10} + 0.3 = 1,$$

即

$$a^2 + 0.3a - 0.54 = 0,$$

解得 $a_1 = 0.6, a_2 = -0.9$(舍去),所以 $a_1 = 0.6$ 为所求.

例 2　某班有学生 20 名,其中有 5 名女同学. 今从班上任选 4 名学生去参观展览,求被选到的女同学数的概率分布.

解　设 ξ 为被选出的 4 名学生中的女同学数,则 ξ 可以取 $0, 1, 2, 3, 4$ 这 5 个值. 相应的概率应按下式计算

$$P\{\xi = k\} = \frac{C_5^k C_{15}^{4-k}}{C_{20}^4} \quad (k = 0, 1, 2, 3, 4).$$

计算结果列表如下

ξ	0	1	2	3	4
$P\{\xi = x_i\}$	0.2817	0.4696	0.2167	0.0310	0.0010

例 2 给出的随机变量 ξ 的分布称为**超几何分布**. 一般而言,若 N 个元素分为 A、B 两类,其中 $M(M \leqslant N)$ 个属于 A 类. 从中任取 n 个元素,这 n 个元素中,A 类元素的个数 ξ 服从的概率分布就是超几何分布:

$$P\{\xi = k\} = \frac{C_M^k C_{N-M}^{n-k}}{C_N^n} \quad (k = 0, 1, 2, \cdots, n).$$

下面介绍几种常用的离散型概率分布.

2.2.1　二项分布

在 n 重贝努里试验中,设 ξ 为成功(即事件 A 发生)的次数,若每次试验时事件 A 发生的

概率为 $p(0 < p < 1)$,则随机变量 ξ 的概率分布为

$$P\{\xi = k\} = C_n^k p^k q^{n-k}, \text{其中 } k = 0,1,\cdots,n; q = 1-p. \tag{2.2.1}$$

这一分布就称为**二项分布**.

二项分布含有两个参数 n 和 p,通常把它记为 $b(n,p)$. 若 ξ 服从二项分布,则记作 $\xi \sim b(n,p)$.

容易验证:

$$\sum_{k=0}^{n} P\{\xi = k\} = \sum_{k=0}^{n} C_n^k p^k q^{n-k} = (p+q)^n = 1.$$

$C_n^m p^m q^{n-m}$ 恰好是 $(p+q)^n$ 的二项展开式中的第 $m+1$ 项,所以称这个概率分布为二项分布.

例3 有一大批已知次品率为 0.05 的产品,现从中随机地抽出 10 件,求其中至多只有 1 件次品的概率.

解 可将抽取 1 件产品观察它是否是次品看作是 1 次贝努里试验,抽出 10 件,可看作进行了 10 次试验,由于是不放回抽样,故各次试验不是相互独立的. 但现在假定了产品的总数很大(远大于 10),所以可近似作为 10 重贝努里试验来处理,若记 ξ 为抽出 10 件产品中所含的次品数,则有

$$\xi \sim b(10, 0.05),$$

从而

$$\begin{aligned}
P\{\xi \leqslant 1\} &= P\{\xi = 0\} + P\{\xi = 1\} \\
&= 0.95^{10} + C_{10}^1 \times 0.05 \times 0.95^9 \approx 0.914.
\end{aligned}$$

例4 继续讨论 1.8 节例 2,学校的电话总机下设 99 个分机,若已知每个分机用户平均每小时要占用 3 分钟外线,问该电话总机应设多少条外线比较合适?

解 设多少条外线较为合适,这需要从两方面考虑:一方面,外线应多设一些,用户一旦需要立即就能满足;另一方面,为减少资源的浪费,使外线的闲置率尽可能低,外线又应设得少一些. 我们的任务就是要在矛盾之中求出兼顾双方的折中方案,就本例而言,应计算使用外线的用户数及其概率分布,以进行综合分析而得出比较合适的结论.

现设同时使用外线的分机数为 ξ,则 $\xi \sim b(99, 0.05)$. 经计算,有

ξ	0	1	2	3	4	5	6	7	8	9	10	⋯
$P\{\xi = k\}$	0.0062	0.0325	0.0837	0.1425	0.1800	0.1800	0.1484	0.1038	0.0628	0.0334	0.0158	⋯

由此可算得

$$P\{\xi \leqslant 9\} = \sum_{k=0}^{9} P\{\xi = k\} = 0.0062 + 0.0325 + \cdots + 0.0334 = 0.9733,$$

故

$$P\{\xi > 9\} = 1 - P\{\xi \leqslant 9\} = 0.0267 < 0.03.$$

这说明,若设置 9 条外线,则用户需要时不能立即使用外线的概率不超过 0.03,这应该可以看成是不太会发生的事情了. 另一方面,9 条外线只占总分机数 99 的 $\frac{1}{11}$,因而也应该认

为够节省了.因此,结论是设置 9 条外线较为合适.

在二项分布中,若 $n=1$,那么 ξ 只能取值 0 或 1,此时概率分布为

ξ	0	1
$P\{\xi=x_i\}$	q	p

这个概率分布称为 **0-1分布** 或 **两点分布**,记为 $b(1,p)$.它是二项分布的特例,所以,它也可以表示成下列形式

$$P\{\xi=k\}=p^k q^{1-k}(k=0,1,\ q=1-p,\ 0<p<1).$$

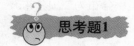 **思考题1**

抛一枚均匀的硬币 n 次,如果第 i 次出现正面记 $X_i=1$,否则 $X_i=0$. 问 X_i 服从什么分布?$X_1+X_2+\cdots+X_n$ 表达什么含义?$X_1+X_2+\cdots+X_n$ 服从什么分布?

2.2.2　普阿松(Poisson)分布

若随机变量 ξ 的概率分布为

$$P\{\xi=k\}=\frac{\lambda^k}{k!}\mathrm{e}^{-\lambda}(k=0,1,2,\cdots;\ \lambda>0,\text{为常数}),\qquad(2.2.2)$$

则称随机变量 ξ 服从**普阿松**(或**泊松 Poisson**)分布.

普阿松分布含有一个参数 λ,记作 $P(\lambda)$.若 ξ 服从普阿松分布 $P(\lambda)$,则记成 $\xi\sim P(\lambda)$.

容易验证

$$\sum_{k=0}^{\infty}P\{\xi=k\}=\mathrm{e}^{-\lambda}\sum_{k=0}^{\infty}\frac{\lambda^k}{k!}=\mathrm{e}^{-\lambda}\mathrm{e}^{\lambda}=1.$$

本书附录中给出了普阿松分布的概率表,由此可查出与各种 λ 和 k 对应的概率值 $P\{\xi=k\}$.

图 2-1 给出了 $\lambda=2.5,\lambda=5$ 及 $\lambda=10$ 时的普阿松分布.从中可以看到普阿松分布是不对称的,但 λ 越大,不对称性越不明显.

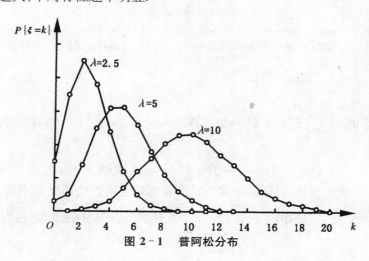

图 2-1　普阿松分布

例 5 放射性物质放射出的 α 质点数是服从普阿松分布的著名例子. 1920 年卢瑟福 (Rutherford) 和盖格 (Geige) 所做的著名实验揭示了这个事实. 他们在这个实验中, 观察了长为 7.5 秒的时间间隔内放射性物质放射出的 α 质点数, 共观察了 $N = 2608$ 次. 这 2608 段时间内放射质点总数为 10094, 记观察到有 k 个质点的次数为 N_k, 则 $\dfrac{N_k}{N}$ 表示有 k 个质点的频率. 卢瑟福等发现, 这个频率与某个普阿松分布 $\left(\lambda = \dfrac{10094}{2608} \approx 3.87\right)$ 取值 k 时的概率很接近. 因此, 放射出的 α 质点数可以认为服从普阿松分布. 表 2-1 给出了两者的对照值.

要指出的是, 在实际观察或测量离散型随机变量时, 我们测得的往往是频率分布, 通常把频率分布叫作随机变量的统计分布或经验分布, 而把概率分布叫作随机变量的理论分布. 从表 2-1 中可以看到, 当观察次数很多时, 随机变量的统计分布与理论分布是吻合得相当好的.

表 2-1

k	N_k	$\dfrac{N_k}{N}$	p_k
0	57	0.0219	0.0209
1	203	0.0778	0.0807
2	383	0.1469	0.1562
3	525	0.2013	0.2015
4	532	0.2040	0.1949
5	408	0.1564	0.1509
6	273	0.1047	0.0973
7	139	0.0533	0.0538
8	45	0.0173	0.0260
9	27	0.0104	0.0112
10	10	0.0038	0.0043
11	4	0.0015	0.0015
12	2	0.0008	0.0005
$\geqslant 13$	0	0.0000	0.0003

例 6 由商店过去的销售记录知道, 某种商品每月销售数可以用参数 $\lambda = 10$ 的普阿松分布来描述. 为了以 95% 以上的把握保证不脱销, 问商店在月底至少应进该种商品多少件?

解 设商店每月销售该种商品 ξ 件, 月底进货为 a 件, 则当 $\xi \leqslant a$ 时就不会脱销, 因而由题意得

$$P\{\xi \leqslant a\} \geqslant 0.95.$$

因为 $\xi \sim P(10)$, 故上式亦即

$$\sum_{k=0}^{a} \frac{10^k}{k!} e^{-10} \geqslant 0.95,$$

直接计算或查本书附录中普阿松分布的概率表, 可以求得

$$\sum_{k=0}^{14} \frac{10^k}{k!} \mathrm{e}^{-10} \approx 0.9166 < 0.95,$$

$$\sum_{k=0}^{15} \frac{10^k}{k!} \mathrm{e}^{-10} \approx 0.9513 > 0.95.$$

于是,这家商店至少在月底进货15件商品(假定上个月没有存货)就可以95%以上的把握保证这种商品在下个月内不脱销.

普阿松分布是概率论中很重要的一种分布,一方面,它在运筹学、管理科学、生物学、物理学等领域中有着广泛的应用.典型的服从普阿松分布的例子有:一本书中某一页上印刷错误的个数;对大量的征询意见表每天的答复数;一部电话交换机上每分钟的电话次数;某公共汽车站在单位时间里来站乘车的乘客数等. 另一方面,它也可作为二项分布的极限分布,对 n 很大而 p 很小的二项分布可以用 $\lambda = np$ 的普阿松分布近似代替.

定理 2.1　(普阿松逼近定理)设 ξ 是独立试验序列中事件 A 发生的次数,$P(A) = p$($0 < p < 1$),则对充分大的 n 有

$$P\{\xi = k\} = \mathrm{C}_n^k p^k (1-p)^{n-k} \approx \frac{\lambda^k}{k!} \mathrm{e}^{-\lambda} \quad (k = 0, 1, 2, \cdots, n), \tag{2.2.3}$$

其中 $\lambda = np$.

例 7　已知某厂生产的产品出现次品的概率为 0.005,求任意取出的 3200 个产品中恰有 20 个次品的概率.

解　用二项分布精确公式计算,$n = 3200, p = 0.005, q = 1 - p = 0.995, k = 20$,

$$P\{\xi = 20\} = \mathrm{C}_{3200}^{20} \times 0.005^{20} \times 0.995^{3180} \approx 0.05595.$$

用普阿松分布近似公式计算,$\lambda = np = 3200 \times 0.005 = 16, k = 20$,

$$P\{\xi = 20\} \approx \frac{16^{20}}{20!} \times \mathrm{e}^{-16} \approx 0.05592.$$

由此可见,当 n 很大、p 很小时,用普阿松分布作为二项分布的近似,精度还是相当高的.

2.2.3　几何分布*

在独立试验序列中,设每次试验时事件 A 发生的概率为 $p(0 < p < 1)$,只要事件 A 不发生,试验就不断地重复进行下去,直到事件 A 发生,试验才停止.设 ξ 为直到 A 发生为止所需的试验次数,由于 $\xi = k$ 这一事件,相当于前 $k-1$ 次试验时 A 都不发生,第 k 次试验时 A 首次发生,再考虑各次试验结果相互独立,所以

$$P\{\xi = k\} = (1-p)^{k-1} p \quad (k = 1, 2, \cdots), \tag{2.2.4}$$

称由式(2.2.4)给出的概率分布为**几何分布**.

几何分布含有一个参数 p,记作 $g(p)$.若 ξ 服从以 p 为参数的**几何分布**,记作 $\xi \sim g(p)$.

由几何级数的收敛性,易知

$$\sum_{k=1}^{\infty} P\{\xi = k\} = p \sum_{k=1}^{\infty} (1-p)^{k-1} = \frac{p}{1-(1-p)} = 1.$$

例 8　箱子里有 2 个白球和 3 个黑球. 从中依次随机取球,每次取 1 个,取出看过颜色后立即放回,这样不停地取下去,直到取出白球为止. 设 ξ 为取到白球为止所需要的取球次数,求:(1) ξ 的概率分布;(2) 至少需要 n 次才能取到白球的概率.

解　设事件 $A = \{$取到白球$\}$,由于取球是有放回的,所以每次取球时,事件 A 发生的概率,即取到白球的概率都是 $p = P(A) = \dfrac{2}{5} = 0.4$. 取到白球为止所需要的取球次数 ξ 服从 $p = 0.4$ 的几何分布,即 $\xi \sim g(0.4)$,ξ 的概率分布为

$$P\{\xi = k\} = (1-p)^{k-1} p = 0.6^{k-1} \cdot 0.4 \quad (k = 1, 2, \cdots).$$

至少需要 n 次才能取到白球的概率为

$$\begin{aligned} P\{\xi \geqslant n\} &= \sum_{k=n}^{\infty} P\{\xi = k\} = \sum_{k=n}^{\infty} (1-p)^{k-1} p = (1-p)^{n-1} p \sum_{k=0}^{\infty} (1-p)^k \\ &= \frac{(1-p)^{n-1} p}{1 - (1-p)} = (1-p)^{n-1} = 0.6^{n-1}. \end{aligned}$$

$P\{\xi \geqslant n\}$ 也可以直接求出. 因为"至少需要 n 次才能取到白球" 这一事件,等价于"前 $n-1$ 次都取到黑球",而每次取到黑球的概率都是 $P(\overline{A}) = 1 - p = 0.6$,所以至少需要 n 次才能取到白球的概率,也就是前 $n-1$ 次都取到黑球的概率,显然等于 $(1-p)^{n-1} = 0.6^{n-1}$.

由此可得到一个结论,即对服从几何分布的随机变量来说,总是有

$$P\{\xi \geqslant n\} = (1-p)^{n-1}.$$

2.3　随机变量的分布函数

前面我们讨论了离散型随机变量,它只可能取有限个或可列个值,这当然有很大的局限性. 诸如产品寿命、降水量、候车时的等待时间等随机现象所出现的试验结果 ξ,其取值范围可以是某个区间 $[a, b]$ 或 $(-\infty, +\infty)$ 的一切值,对这类随机变量的统计规律及其概率分布是无法像离散型随机变量的概率分布那样来描述的. 因为不仅这类随机变量所能取的值无法一一列出,而且在后面我们会看到,连续型随机变量取某个特定值的概率是零. 实际上,对这类随机变量我们所关心的也并不是它取某个特定值的概率. 例如在测量误差的讨论中,我们感兴趣的是测量误差小于某个数的概率;在降雨问题中,我们重视的是雨量在某一个量级(比如 $100 \sim 120\text{mm}$) 的概率. 总之,对于取连续值的随机变量 ξ,我们感兴趣的是 ξ 取值于某个区间的概率.

与一个随机变量 ξ 有关的各种形式的概率,其实都可以统一用 $P\{\xi \leqslant x\}$ 这一形式的概率来表达.

例如,事件 $\{a < \xi \leqslant b\}$ 的概率可表示为

$$P\{a < \xi \leqslant b\} = P\{\xi \leqslant b\} - P\{\xi \leqslant a\}.$$

这就告诉我们,要掌握随机变量 ξ 的统计规律,只要对任意的实数 x,知道 $P\{\xi \leqslant x\}$ 就够了,这一概率显然会随 x 取值的不同而变化,是 x 的一个函数,为此记

$$F(x) \xlongequal{\triangle} P\{\xi \leqslant x\}, \tag{2.3.1}$$

显然 $F(x)$ 是定义在 $(-\infty,+\infty)$ 上,值域为 $[0,1]$ 的一个函数,我们称其为随机变量 ξ 的**分布函数**.

对离散型随机变量来说,它的分布函数可根据概率分布求出.

例 1　已知 ξ 的概率分布为

ξ	0	1	2	3
$P\{\xi = x_i\}$	0.08	0.42	0.42	0.08

试求随机变量 ξ 的分布函数,并求概率 $P\{\xi \leqslant 1.5\}$, $P\{0 < \xi \leqslant 2\}$.

解　$F(x) = P\{\xi \leqslant x\} = \sum\limits_{x_i \leqslant x} P\{\xi = x_i\} = \begin{cases} 0 & x < 0 \\ 0.08 & 0 \leqslant x < 1 \\ 0.5 & 1 \leqslant x < 2 \\ 0.92 & 2 \leqslant x < 3 \\ 1 & x \geqslant 3 \end{cases}$

是一分段函数,其图像如图 $2-2$ 所示.

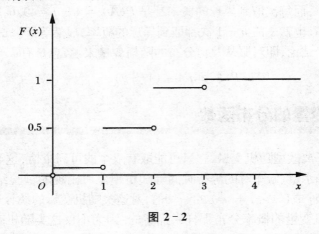

图 2 - 2

一般来说,离散型随机变量的分布函数 $F(x)$ 是一右连续的阶梯状的函数,ξ 的每一可能取值 x_i 均为 $F(x)$ 的跳跃间断点,其跃度恰为 p_i.

由分布函数表达式可直接求得:
$$P\{\xi \leqslant 1.5\} = F(1.5) = 0.5,$$
$$P\{0 < \xi \leqslant 2\} = P\{\xi \leqslant 2\} - P\{\xi \leqslant 0\} = F(2) - F(0) = 0.92 - 0.08 = 0.84.$$

由概率性质可推知,对任何一个随机变量 ξ,其分布函数 $F(x)$ 满足下列性质:

(1) **单调非降性**　若 $x_1 < x_2$,则 $F(x_1) \leqslant F(x_2)$;

(2) **有界性**　$0 \leqslant F(x) \leqslant 1$,且
$$F(+\infty) = \lim_{x \to +\infty} F(x) = 1, \quad F(-\infty) = \lim_{x \to -\infty} F(x) = 0;$$

(3) **右连续性**　$F(x+0) = F(x)$.

这是分布函数的三个基本性质,即任一随机变量的分布函数均满足这三条. 反之,任一满足这三条性质的函数,一定可以作为某一随机变量的分布函数.

有了随机变量 ξ 的分布函数 $F(x)$,结合概率运算法则,有关随机变量 ξ 的一切概率问题就都可通过分布函数 $F(x)$ 来解决. 例如:

$$P\{\xi > x\} = 1 - P\{\xi \leqslant x\} = 1 - F(x);$$
$$P\{a < \xi \leqslant b\} = P\{\xi \leqslant b\} - P\{\xi \leqslant a\} = F(b) - F(a);$$
$$P\{\xi < x\} = \lim_{\varepsilon \to 0^+} P\{\xi \leqslant x - \varepsilon\} = \lim_{\varepsilon \to 0^+} F(x - \varepsilon) = F(x - 0);$$
$$P\{\xi = x\} = P\{\xi \leqslant x\} - P\{\xi < x\} = F(x) - F(x - 0).$$

进一步,诸如 $\{a \leqslant \xi < b\}$,$\{a \leqslant \xi \leqslant b\}$,$\{a < \xi \leqslant b\}$ 等事件以及它们经过有限次或可列次和、积、差运算以后的概率,均可由 $F(x)$ 计算得到. 分布函数 $F(x)$ 全面地描述了一般随机变量 ξ 的统计规律. 对离散型随机变量来说,分布函数完全可以代替概率分布的作用,不过,在表达和研究离散型随机变量的分布时,我们用得较多的还是分布列的形式,那是因为它比较直观方便的缘故.

分布函数是随机变量极其一般的特征,它全面描述了随机变量的统计规律. 由于它是实变量 x 的单值函数,且具有相当好的性质,有利于进行数学处理,因此,在概率论中引入随机变量和分布函数这两个概念,就好像在随机现象和微积分之间架起了一座桥梁,使微积分这个强有力的工具可以通过这座桥梁进入随机现象的研究领域中来. 在后面的讨论中,大家可以看到微积分这一工具是如何发挥它的功能的,并由此体会随机变量及分布函数这两个概念的地位和作用.

思考题2

试说明分布函数的有界性为何是成立的.

2.4　连续型随机变量及其概率密度

对可取连续值的随机变量 ξ 来说,设其分布函数为 $F(x)$,若存在函数 $\varphi(x)$,使对任意的 x,有

$$F(x) = \int_{-\infty}^{x} \varphi(t)\mathrm{d}t, \tag{2.4.1}$$

则称 ξ 为**连续型随机变量**,称 $\varphi(x)$ 为随机变量 ξ 的**密度函数**,或**概率密度**.

由分布函数的性质不难得出,任一连续型分布的概率密度 $\varphi(x)$ 必具有下述两个基本性质:

(1) **非负性**　$\varphi(x) \geqslant 0$;

(2) **规范性**　$\displaystyle\int_{-\infty}^{+\infty} \varphi(x)\mathrm{d}x = 1.$ \tag{2.4.2}

用概率密度可以直接求事件的概率,比如:

$$P\{a < \xi \leqslant b\} = F(b) - F(a) = \int_{a}^{b} \varphi(x)\mathrm{d}x. \tag{2.4.3}$$

这一结果的几何解释即为:ξ 落在 $(a, b]$ 中的概率恰为图 2-3 中曲边梯形的面积. 而式 (2.4.2) 表明,曲线 $y = \varphi(x)$ 以下、x 轴以上的面积为 1.

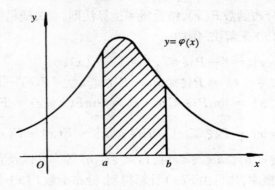

图 2-3

特别当 $a=b$ 时,$P\{\xi=a\}=0$,所以连续型随机变量取个别值的概率为零,这与离散型随机变量截然不同. 因此,用列举连续型随机变量取某个值的概率来描述这种随机变量不但做不到,而且也毫无意义. 此外,这一结果也表明,概率为零的事件并不一定是不可能事件,同样概率为 1 的事件并不一定是必然事件.

由于连续型随机变量取单点值的概率为零,故

$$P\{a\leqslant\xi\leqslant b\}=P\{a<\xi<b\}=P\{a<\xi\leqslant b\}=P\{a\leqslant\xi<b\}=\int_a^b\varphi(x)\mathrm{d}x,$$

即连续型随机变量落在某一区间内的概率与是否包含该区间的端点无关. 同时还可看到,如果 $\varphi(x)$ 在某一范围内的数值较大,则随机变量落在这一范围内的概率亦较大,$\varphi(x)$ 反映了随机变量 ξ 在某一范围内分布的密集程度,这意味着 $\varphi(x)$ 的确具有"密度"性质,所以称它为概率密度. 一般常用概率分布描述离散型随机变量,而用概率密度来描述连续型随机变量.

例 1 标有刻度 0—1 的圆盘上有一个可自由转动的指针(如图 2-4 所示),转动指针,记指针静止后所指示的刻度为 X,试求 X 的分布函数,并求指针落入 $[0.1,0.3]$ 内的概率.

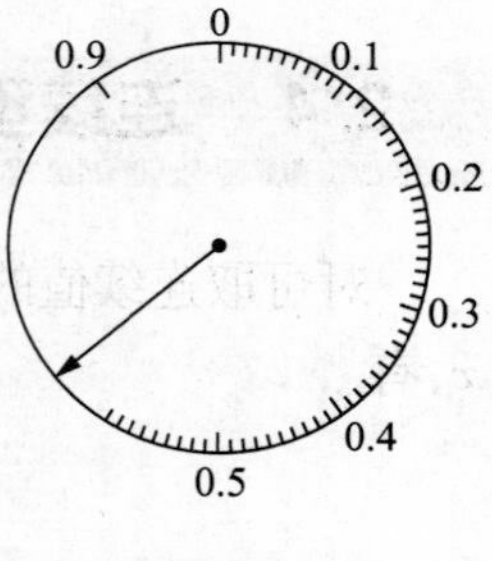

解 $F(x)=P\{X\leqslant x\}=\begin{cases}0 & x<0\\ \dfrac{x-0}{1-0} & 0\leqslant x<1\\ 1 & x\geqslant 1\end{cases}=\begin{cases}0 & x<0\\ x & 0\leqslant x<1\\ 1 & x\geqslant 1\end{cases}$

$P\{0.1<X\leqslant 0.3\}=F(0.3)-F(0.1)=0.3-0.1=0.2.$

图 2-4

例 2 某电子计算机在毁坏前运行的总时间(单位:h) 是一个连续型随机变量 ξ,其概率密度为

$$\varphi(x)=\begin{cases}\lambda\mathrm{e}^{-\frac{x}{100}} & x>0\\ 0 & x\leqslant 0\end{cases}.$$

(1) 问这台计算机在毁坏前能运行 $50\sim 150$ h 的概率是多少?它的运行时间将少于 100 h 的概率是多少?

(2) 求 ξ 的分布函数 $F(x)$.

解 (1) 由

$$1 = \int_{-\infty}^{+\infty} \varphi(x)\mathrm{d}x = \lambda \int_0^{+\infty} \mathrm{e}^{-\frac{x}{100}}\mathrm{d}x = 100\lambda$$

可得

$$\lambda = \frac{1}{100}.$$

所以在毁坏前计算机将运行 $50 \sim 150$ h 的概率为

$$P\{50 < \xi < 150\} = \int_{50}^{150} \frac{1}{100}\mathrm{e}^{-\frac{x}{100}}\mathrm{d}x = \mathrm{e}^{-\frac{1}{2}} - \mathrm{e}^{-\frac{3}{2}} \approx 0.3834.$$

类似可得

$$P\{\xi < 100\} = \int_0^{100} \frac{1}{100}\mathrm{e}^{-\frac{x}{100}}\mathrm{d}x = 1 - \mathrm{e}^{-1} \approx 0.6321.$$

换句话说,此计算机在使用到 100 h 以前毁坏的可能性大约是 63.21%.

$$(2) \quad F(x) = \int_{-\infty}^x \varphi(x)\mathrm{d}x = \begin{cases} \int_0^x \frac{1}{100}\mathrm{e}^{-\frac{x}{100}}\mathrm{d}x & x > 0 \\ 0 & x \leqslant 0 \end{cases}$$

$$= \begin{cases} 1 - \mathrm{e}^{-\frac{x}{100}} & x > 0 \\ 0 & x \leqslant 0 \end{cases}.$$

分布函数 $F(x)$ 与概率密度 $\varphi(x)$ 之间的关系为

$$F(x) = \int_{-\infty}^x \varphi(t)\mathrm{d}t.$$

可见,**连续型随机变量的分布函数是连续函数**,并且在 $\varphi(x)$ 的连续点处有

$$\frac{\mathrm{d}}{\mathrm{d}x}F(x) = \varphi(x).$$

在 $\varphi(x)$ 的不连续点处,$F(x)$ 的导数不存在,这些点上,$\varphi(x)$ 的函数值可任意定义,不会影响它与分布函数 $F(x)$ 的关系.

例 3　设连续型随机变量 ξ 的分布函数为

$$F(x) = \begin{cases} 0 & x < -\frac{\pi}{2} \\ A(1+\sin x) & -\frac{\pi}{2} \leqslant x < \frac{\pi}{2}, \\ 1 & x \geqslant \frac{\pi}{2} \end{cases}$$

求:(1) 未知常数 A;

(2) ξ 落在区间 $\left(\frac{\pi}{6}, \frac{5\pi}{6}\right)$ 中的概率 $P\left\{\frac{\pi}{6} < \xi < \frac{5\pi}{6}\right\}$;

(3) ξ 的概率密度 $\varphi(x)$.

解　(1) 因为 ξ 是连续型随机变量,所以分布函数 $F(x)$ 在 $x = \frac{\pi}{2}$ 处连续,从而左连续,即有

$$F\left(\frac{\pi}{2}-0\right)=\lim_{x\to\frac{\pi}{2}^-}F(x)=\lim_{x\to\frac{\pi}{2}^-}A(1+\sin x)=2A=F\left(\frac{\pi}{2}\right)=1,$$

所以 $A=\frac{1}{2}$.

ξ 的分布函数

$$F(x)=\begin{cases}0 & x<-\dfrac{\pi}{2}\\[2mm]\dfrac{1+\sin x}{2} & -\dfrac{\pi}{2}\leqslant x<\dfrac{\pi}{2}.\\[2mm]1 & x\geqslant\dfrac{\pi}{2}\end{cases}$$

(2) $P\left\{\dfrac{\pi}{6}<\xi<\dfrac{5\pi}{6}\right\}=P\left\{\xi\leqslant\dfrac{5\pi}{6}\right\}-P\left\{\xi\leqslant\dfrac{\pi}{6}\right\}$

$$=F\left(\frac{5\pi}{6}\right)-F\left(\frac{\pi}{6}\right)$$

$$=1-\frac{1+\sin\dfrac{\pi}{6}}{2}=\frac{1}{4}.$$

(3) ξ 的概率密度为

$$\varphi(x)=\frac{\mathrm{d}}{\mathrm{d}x}F(x)=\begin{cases}0'=0 & x<-\dfrac{\pi}{2}\\[2mm]\left(\dfrac{1+\sin x}{2}\right)'=\dfrac{\cos x}{2} & -\dfrac{\pi}{2}\leqslant x<\dfrac{\pi}{2},\\[2mm]1'=0 & x\geqslant\dfrac{\pi}{2}\end{cases}$$

所以

$$\varphi(x)=\begin{cases}\dfrac{\cos x}{2} & -\dfrac{\pi}{2}\leqslant x\leqslant\dfrac{\pi}{2}.\\[2mm]0 & 其他\end{cases}$$

下面介绍几种常用的连续型分布.

2.4.1　均匀分布

若随机变量 ξ 的一切可能值充满某个有限区间 $[a,b]$,且在该区间内的任一点有相同的概率密度,即

$$\varphi(x)=\begin{cases}c & x\in[a,b]\\0 & 其他\end{cases},$$

则称随机变量 ξ 服从均匀分布.

根据概率密度的性质,得

$$\int_{-\infty}^{+\infty}\varphi(x)\mathrm{d}x=\int_a^b c\,\mathrm{d}x=c(b-a)=1,$$

即

$$c = \frac{1}{b-a},$$

所以区间$[a,b]$上的均匀分布的概率密度为

$$\varphi(x) = \begin{cases} \dfrac{1}{b-a} & x \in [a,b] \\ 0 & \text{其他} \end{cases}. \qquad (2.4.4)$$

相应的分布函数为

$$F(x) = \begin{cases} 0 & x < a \\ \dfrac{x-a}{b-a} & a \leqslant x < b. \\ 1 & x \geqslant b \end{cases}$$

对均匀分布的随机变量ξ来说,其落在$[a,b]$的任一子区间$[x_1,x_2]$内的概率为

$$P\{x_1 \leqslant \xi \leqslant x_2\} = \int_{x_1}^{x_2} \varphi(x)\mathrm{d}x = \frac{x_2 - x_1}{b-a},$$

即ξ落在区间$[x_1,x_2]$中的概率与$[x_1,x_2]$的位置无关,而只与$[x_1,x_2]$的长度有关. 在1.4节中曾经讨论过的几何概型即是一例. 所以这里"均匀"的意思也就是几何概型中"等可能"的意思.

若随机变量ξ服从$[a,b]$上的均匀分布,我们把它简记为$\xi \sim U(a,b)$.

例 4 某公共汽车站从上午7时起每15 min来一班车,即7:00,7:15,7:30等时刻有汽车到达车站. 如果某乘客到达此站的时间是7:00到7:30之间的均匀随机变量. 试求他等候:
(1) 不到5 min;(2) 超过10 min就能乘车的概率.

解 设乘客于7时过ξ分到达此站,ξ是区间$(0,30)$上的均匀随机变量,概率密度为

$$\varphi(x) = \begin{cases} \dfrac{1}{30-0} = \dfrac{1}{30} & 0 \leqslant x \leqslant 30 \\ 0 & \text{其他} \end{cases},$$

(1) 为使等候时间不到5 min,必须且只需在7:10到7:15之间或7:25到7:30之间到达此车站,因此所求概率为

$$P\{10 < \xi < 15\} + P\{25 < \xi < 30\} = \int_{10}^{15} \frac{1}{30}\mathrm{d}x + \int_{25}^{30} \frac{1}{30}\mathrm{d}x = \frac{1}{3}.$$

(2) 当且仅当在7:00至7:05之间或7:15至7:20之间来到车站时,需要等候10 min以上,故所求的概率为

$$P\{0 < \xi < 5\} + P\{15 < \xi < 20\} = \frac{1}{3}.$$

2.4.2 指数分布

如果随机变量ξ的概率密度为

$$\varphi(x) = \begin{cases} \lambda e^{-\lambda x} & x > 0 \\ 0 & x \leqslant 0 \end{cases}, \tag{2.4.5}$$

其中 λ 是一个正的常数,则称 ξ 服从参数为 λ 的**指数分布**,记为 $\xi \sim E(\lambda)$,其相应的分布函数为

$$F(x) = \begin{cases} 1 - e^{-\lambda x} & x > 0 \\ 0 & x \leqslant 0 \end{cases}.$$

例 2 中电子计算机在毁坏前运行的总时间 ξ 服从的分布就是 $\lambda = \dfrac{1}{100}$ 的指数分布.

例 5　设已知某种电子仪器的无故障使用时间,即从修复后使用到出现故障时的时间间隔长度 ξ(单位: h) 服从指数分布 $E\left(\dfrac{1}{1000}\right)$.

(1) 求这种仪器能无故障使用 1000 h 以上的概率.

(2) 已知这种仪器已经无故障使用了 1000 h,求它还能无故障使用 1000 h 以上的概率.

解　$\xi \sim E\left(\dfrac{1}{1000}\right)$,其分布函数为

$$F(x) = \begin{cases} 1 - e^{-\frac{1}{1000}x} & x > 0 \\ 0 & x \leqslant 0 \end{cases},$$

(1) 仪器能无故障使用 1000 h 以上的概率为

$$P\{\xi > 1000\} = 1 - P\{\xi \leqslant 1000\} = 1 - (1 - e^{-\frac{1}{1000} \times 1000}) = e^{-1}.$$

(2) 在已知仪器已经无故障使用了 1000 h 的条件下,它还能再使用 1000 h 以上的概率为

$$P\{\xi > 1000 + 1000 \mid \xi > 1000\} = \frac{P\{\xi > 2000, \xi > 1000\}}{P\{\xi > 1000\}} = \frac{P\{\xi > 2000\}}{P\{\xi > 1000\}} = \frac{e^{-2}}{e^{-1}} = e^{-1}.$$

这里,我们看到(1)与(2)求得的概率是一样的,这一结果并非偶然.一般地,若 $\xi \sim E(\lambda)$,则对任意的 $s > 0, t > 0$,总有

$$P\{\xi > s + t \mid \xi > s\} = \frac{P\{\xi > s + t\}}{P\{\xi > s\}} = \frac{e^{-\lambda(s+t)}}{e^{-\lambda s}} = e^{-\lambda t} = P\{\xi > t\}.$$

假如仍把 ξ 视为仪器的使用时间,则上式表明仪器能使用 t 小时以上与仪器已使用了 s 小时后再使用 t 小时以上的可能性是一样的.换言之,它把以前使用过的 s 小时忘记了,指数分布的这一性质,称为"无记忆性".

指数分布是一种在实际生活中很常见的分布,例如,电话来到的时间间隔,公共汽车站乘客来到的时间间隔长度,街头车祸发生的时间间隔长度等许多"等待时间"是服从指数分布的.另外,有些电子元件、电子仪器的使用时间,动物存活的时间等"寿命"分布也服从指数分布.

2.4.3　正态分布

如果随机变量 ξ 具有概率密度

$$\varphi(x) = \frac{1}{\sqrt{2\pi}\sigma} e^{-\frac{(x-\mu)^2}{2\sigma^2}} \quad (-\infty < x < +\infty), \tag{2.4.6}$$

其中 μ 与 σ 均为常数,$\sigma > 0$,则称随机变量 ξ 服从参数为 μ、σ 的正态分布,记作 $\xi \sim N(\mu, \sigma^2)$.

正态分布的分布函数为

$$F(x) = \frac{1}{\sqrt{2\pi}\sigma} \int_{-\infty}^{x} e^{-\frac{(x-\mu)^2}{2\sigma^2}} dx.$$

正态分布是自然界中十分常见的一种分布. 经验表明, 许多实际问题中的随机变量, 如测量的误差、人的身高、加工产品的尺寸、农作物的产量、炮弹落点与目标的相对位置等, 都服从正态分布或近似服从正态分布. 通过进一步的理论研究, 人们发现, 一个随机变量, 如果受到大量微小的、独立的随机因素的影响, 那么这个随机变量的分布就会逼近于一个正态分布, 关于这一点, 我们将在第 5 章中用一个极限定理来加以说明.

正态分布可以说是概率论与数理统计中最重要的一个分布.

正态分布的概率密度 $\varphi(x)$ 的图像如图 2-5 所示.

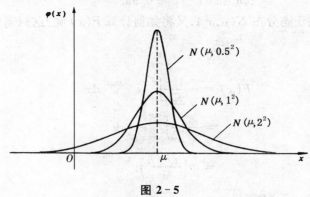

图 2-5

可见, $\varphi(x)$ 是一条关于 $x = \mu$ 对称的钟形曲线, 在 $x = \mu$ 时 $\varphi(x)$ 达到最大, 最大值为 $\frac{1}{\sqrt{2\pi}\sigma}$. 当 μ 固定时, σ 越小, 曲线越尖窄, 随机变量 ξ 的分布越集中; σ 越大, 曲线越平坦, 随机变量 ξ 的分布越分散.

特别当 $\mu = 0, \sigma = 1$ 时, 称 $N(0,1)$ 为**标准正态分布**, 其概率密度为

$$\varphi(x) = \frac{1}{\sqrt{2\pi}} e^{-\frac{x^2}{2}} \quad (-\infty < x < +\infty). \tag{2.4.7}$$

此时分布函数习惯上用 $\Phi(x)$ 表示

$$\Phi(x) = P\{\xi \leqslant x\} = \int_{-\infty}^{x} \frac{1}{\sqrt{2\pi}} e^{-\frac{t^2}{2}} dt = \text{图 2-6 中阴影部分面积} \tag{2.4.8}$$

对于任意给定的 $x \geqslant 0, \Phi(x)$ 的取值可查附录表 3 得到. 比如: $\Phi(0) = P\{\xi \leqslant 0\} = 0.5$; $\Phi(1.96) = P\{\xi \leqslant 1.96\} = 0.975$. x 的值越大, $\Phi(x)$ 就越大. 当 $x \geqslant 4$ 时, $\Phi(x) \approx 1$.

但当 $x < 0$ 时, $\Phi(x)$ 无法直接查到. 因 $\varphi(x)$ 关于 y 轴对称, 此时

$\Phi(x) = P\{\xi \leqslant x\} = $ 图 2-7 左侧阴影面积 $=$ 右侧阴影面积 $= P\{\xi > -x\} = 1 - P\{\xi \leqslant -x\} = 1 - \Phi(-x).$

故有 $\Phi(-x) = 1 - \Phi(x)$, 比如 $\Phi(-1.96) = 1 - \Phi(1.96) = 1 - \Phi(1.96) = 1 - 0.975 = 0.025.$

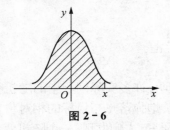

图 2-6

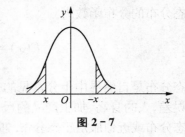

图 2-7

例6　设 $\xi \sim N(0,1)$，求 $P\{|\xi| \leqslant 1.96\}$.

解　$P\{|\xi| \leqslant 1.96\} = P\{-1.96 \leqslant \xi \leqslant 1.96\}$
$$= \Phi(1.96) - \Phi(-1.96) = \Phi(1.96) - [1 - \Phi(1.96)]$$
$$= 2\Phi(1.96) - 1 \approx 0.95.$$

那么对于一般的正态分布 $N(\mu, \sigma^2)$，又将如何计算 $F(x)$ 呢?这只需作一个变换即可，令 $\dfrac{x-\mu}{\sigma} = t$，则

$$F(x) = \frac{1}{\sqrt{2\pi}\sigma} \int_{-\infty}^{x} e^{-\frac{(x-\mu)^2}{2\sigma^2}} \mathrm{d}x$$
$$= \frac{1}{\sqrt{2\pi}} \int_{-\infty}^{\frac{x-\mu}{\sigma}} e^{-\frac{t^2}{2}} \mathrm{d}t$$
$$= \Phi\left(\frac{x-\mu}{\sigma}\right). \tag{2.4.9}$$

由此可得，若 $\xi \sim N(\mu, \sigma^2)$，则有

$$P\{\xi \leqslant x\} = F(x) = \Phi\left(\frac{x-\mu}{\sigma}\right),$$
$$P\{\xi > x\} = 1 - P\{\xi \leqslant x\} = 1 - \Phi\left(\frac{x-\mu}{\sigma}\right),$$
$$P\{a < \xi \leqslant b\} = F(b) - F(a) = \Phi\left(\frac{b-\mu}{\sigma}\right) - \Phi\left(\frac{a-\mu}{\sigma}\right). \tag{2.4.10}$$

所以一张 $N(0,1)$ 分布表就可以解决所有 $N(\mu, \sigma^2)$ 分布的查表问题.

例7　设 $\xi \sim N(2, 0.5^2)$，求:(1) $P\{\xi \leqslant 2.2\}$；　(2) $P\{2.2 \leqslant \xi < 2.5\}$；
(3) $P\{|\xi - 2| \leqslant 1\}$；　(4) $P\{|\xi| > 0.5\}$.

解　$\xi \sim N(\mu, \sigma^2)$，其中 $\mu = 2, \sigma = 0.5$，所以通过计算和查附录表 3 可以求得

(1) $P\{\xi \leqslant 2.2\} = \Phi\left(\dfrac{2.2-2}{0.5}\right) = \Phi(0.4) \approx 0.6554$；

(2) $P\{2.2 \leqslant \xi < 2.5\} = \Phi\left(\dfrac{2.5-2}{0.5}\right) - \Phi\left(\dfrac{2.2-2}{0.5}\right) = \Phi(1) - \Phi(0.4)$
$$\approx 0.8413 - 0.6554 = 0.1859;$$

(3) $P\{|\xi - 2| \leqslant 1\} = P\{1 \leqslant \xi \leqslant 3\} = \Phi\left(\dfrac{3-2}{0.5}\right) - \Phi\left(\dfrac{1-2}{0.5}\right)$
$$= \Phi(2) - \Phi(-2) = \Phi(2) - [1 - \Phi(2)]$$
$$= 2\Phi(2) - 1 \approx 2 \times 0.9772 - 1 = 0.9544;$$

(4) $P\{|\xi|>0.5\}=1-P\{|\xi|\leqslant 0.5\}=1-P\{-0.5\leqslant \xi \leqslant 0.5\}$

$$=1-\left[\Phi\left(\frac{0.5-2}{0.5}\right)-\Phi\left(\frac{-0.5-2}{0.5}\right)\right]$$

$$=1-\Phi(-3)+\Phi(-5)=\Phi(3)+1-\Phi(5)$$

$$\approx 0.9887+1-1=0.9887.$$

类似地,对服从 $N(\mu,\sigma^2)$ 的随机变量 ξ 来说

$$P\{|\xi-\mu|<\sigma\}=\Phi(1)-\Phi(-1)=2\Phi(1)-1\approx 0.6826,$$

$$P\{|\xi-\mu|<2\sigma\}=\Phi(2)-\Phi(-2)=2\Phi(2)-1\approx 0.9544,$$

$$P\{|\xi-\mu|<3\sigma\}=\Phi(3)-\Phi(-3)=2\Phi(3)-1\approx 0.9974.$$

这些结果表明,ξ 落在 μ 的 σ 邻域内的概率超过了 $\frac{2}{3}$,落在 2σ 邻域内的概率在 95% 以上,落在 3σ 邻域内的概率达到 99.7% 以上,而落在 3σ 邻域外的概率还不到 0.3%.

所以,在处理实际问题时,对服从 $N(\mu,\sigma^2)$ 的随机变量 ξ 来说,可以认为,ξ 落在 μ 的 3σ 邻域内即 $|\xi-\mu|<3\sigma$ 的情形实际上是必然的,而 ξ 落在 μ 的 3σ 邻域外的情形实际上是不可能发生的. 这种观点,被一些实际工作者称为正态分布的"3σ 原则",见图 2-8.

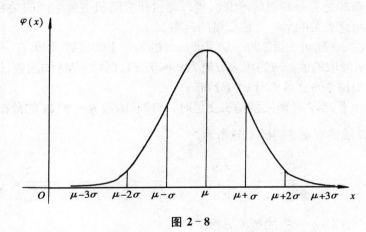

图 2-8

例 8　某人从旅馆坐车至飞机场有两条路可走,若沿路 A 走,穿过市区,路程较短,但道路拥挤,所需时间(min) 服从正态分布 $N(27,5^2)$;若沿路 B 走,通过高架,路程较长,但交通通畅,所需时间服从 $N(30,2^2)$. 若:(1) 有空余 30 min;(2) 有空余 34 min,问选择哪一条路好些?

解　在两种情况里,都要选择超过规定时间较少的路线. 设 ξ 为坐车时间,则由式 (2.4.10),得

$$P\{\xi>30\}=1-P\{\xi \leqslant 30\}=1-F(30)=1-\Phi\left(\frac{30-\mu}{\sigma}\right).$$

(1) 路 A:$P\{\xi>30\}=1-\Phi(0.6)\approx 0.2743,$

　　路 B:$P\{\xi>30\}=1-\Phi(0)=0.5.$

所以选路 A 较保险.

(2) 路 A:$P\{\xi>34\}=1-\Phi(1.4)\approx 0.0808,$

路 B：$P\{\xi > 34\} = 1 - \Phi(2) \approx 0.0228.$

所以选路 B 较保险.

 **思考题3**

　　一般认为正态分布是高斯研究随机误差时首先提出的,所以正态分布也叫高斯分布. 比如测量一个圆形器件的外径,因测量工具,测量者视力等各种因素,测出的结果与器件的真实外径可能并不相同,误差记为 ξ,则 ξ 的分布就是正态分布 $\xi \sim N(\mu, \sigma^2)$. 试估计此时 μ 的值.

2.5　随机变量函数的分布

　　在实际问题中,随机变量之间往往存在一定的函数关系. 例如电影院每放映一场电影所售出的票数是一个随机变量,而票房收入就是售出票数的函数,它当然也是一个随机变量. 在有些情况下所遇到的一些随机变量,它们的分布往往难以直接得到. 但与它们有关的另一些随机变量的分布却是容易知道的. 因此,可以通过研究随机变量之间的关系,由已知的随机变量分布求出与之有关的另一随机变量的分布.

　　设 $f(x)$ 是定义在随机变量 ξ 的一切可能值 x 的集合上的函数,如果有一个随机变量 η,对于 ξ 的每一个可能取的值 x,η 的相应取值为 $y = f(x)$,则称 η 为 ξ 的函数,记作 $\eta = f(\xi)$. 我们的任务就是根据 ξ 的分布求出 η 的分布.

　　下面先来看一下,当 ξ 是离散型随机变量时,怎样求函数 $\eta = f(\xi)$ 的分布.

　　例 1　已知随机变量 ξ 的概率分布为

ξ	-2	-1	0	1	2
$P\{\xi = x_i\}$	0.3	0.2	0.1	0.1	0.3

求:(1) $\eta = 2\xi + 3$;(2) $\eta = \xi^2$ 的概率分布.

　　解　(1) 因为 ξ 的可能取值为 $-2, -1, 0, 1, 2$,所以 $\eta = 2\xi + 3$ 的可能取值为 $-1, 1, 3, 5, 7$. 而

$P\{\eta = -1\} = P\{2\xi + 3 = -1\} = P\{\xi = -2\} = 0.3,$

$P\{\eta = 1\} = P\{2\xi + 3 = 1\} = P\{\xi = -1\} = 0.2,$

$P\{\eta = 3\} = P\{2\xi + 3 = 3\} = P\{\xi = 0\} = 0.1,$

$P\{\eta = 5\} = P\{2\xi + 3 = 5\} = P\{\xi = 1\} = 0.1,$

$P(\eta = 7) = P\{2\xi + 3 = 7\} = P\{\xi = 2\} = 0.3.$

所以 $\eta = 2\xi + 3$ 的概率分布为

η	-1	1	3	5	7
$P\{\eta = y_i\}$	0.3	0.2	0.1	0.1	0.3

　　(2) 因为 ξ 的可能取值为 $-2, -1, 0, 1, 2$,所以 $\eta = \xi^2$ 的可能取值为 $0, 1, 4$. 而

$$P\{\eta=0\}=P\{\xi^2=0\}=P\{\xi=0\}=0.1,$$
$$P\{\eta=1\}=P\{\xi^2=1\}=P\{\xi=1\}+P\{\xi=-1\}=0.3,$$
$$P\{\eta=4\}=P\{\xi^2=4\}=P\{\xi=2\}+P\{\xi=-2\}=0.6,$$

所以 $\eta=\xi^2$ 的概率分布为

η	0	1	4
$P\{\eta=y_j\}$	0.1	0.3	0.6

一般而言,若 ξ 的概率分布为

ξ	x_1	x_2	$\cdots$	x_n	$\cdots$
$P\{\xi=x_i\}$	p_1	p_2	$\cdots$	p_n	$\cdots$

函数 $\eta=f(\xi)$ 的概率分布就是

η	$f(x_1)$	$f(x_2)$	$\cdots$	$f(x_n)$	$\cdots$
$P\{\eta=y_j\}$	p_1	p_2	$\cdots$	p_n	$\cdots$

注意:(1) $f(x_1),f(x_2),\cdots$ 应按序从小到大排列;(2) $f(x_1),f(x_2),\cdots$ 中没有相等的项,若有相等的项出现,则要将它们合并成一项,再将它们对应的概率加起来作为这一项的概率.

对于连续型随机变量 ξ,又怎样求它的函数 $\eta=f(\xi)$ 的分布呢?我们通过例子来说明.

例2 已知 ξ 的概率密度为 $\varphi_\xi(x),\eta=4\xi-1$,求 η 的概率密度 $\varphi_\eta(y)$.

解 首先求 η 的分布函数 $F_\eta(y)$.

$$F_\eta(y)=P\{\eta\leqslant y\}=P\{4\xi-1\leqslant y\}=P\Big\{\xi\leqslant\frac{y+1}{4}\Big\}=F_\xi\Big(\frac{y+1}{4}\Big),$$

其中 $F_\xi(x)$ 为 ξ 的分布函数,由概率密度与分布函数间的关系得

$$\varphi_\eta(y)=\frac{\mathrm{d}F_\eta(y)}{\mathrm{d}y}=\frac{\mathrm{d}}{\mathrm{d}y}F_\xi\Big(\frac{y+1}{4}\Big)=F'_\xi\Big(\frac{y+1}{4}\Big)\cdot\frac{1}{4}=\frac{1}{4}\varphi_\xi\Big(\frac{y+1}{4}\Big).$$

这里把所求事件"$\eta\leqslant y$"的概率转化为等价事件"$\xi\leqslant\frac{y+1}{4}$"的概率,从而建立起两个随机变量 η 与 ξ 的分布函数之间的关系式

$$F_\eta(y)=F_\xi\Big(\frac{y+1}{4}\Big).$$

这对计算随机变量的概率密度是关键的一步.

例3 设随机变量 $\xi\sim N(\mu,\sigma^2)$,求 $\eta=a\xi+b(a\neq0)$ 的概率密度 $\varphi_\eta(y)$.

解 $\xi\sim N(\mu,\sigma^2)$,概率密度为

$$\varphi_\xi(x)=\frac{1}{\sqrt{2\pi}\sigma}\mathrm{e}^{-\frac{(x-\mu)^2}{2\sigma^2}}\ (-\infty<x<+\infty).$$

设 $\eta=a\xi+b$ 的分布函数为 $F_\eta(y)$,则
$$F_\eta(y)=P\{\eta\leqslant y\}=P\{a\xi+b\leqslant y\}.$$

当 $a > 0$ 时,有 $F_\eta(y) = P\{\xi \leqslant \frac{y-b}{a}\} = F_\xi\left(\frac{y-b}{a}\right)$,所以

$$\varphi_\eta(y) = \frac{\mathrm{d}F_\eta(y)}{\mathrm{d}y} = \frac{\mathrm{d}}{\mathrm{d}y}F_\xi\left(\frac{y-b}{a}\right) = F'_\xi\left(\frac{y-b}{a}\right) \cdot \frac{1}{a} = \frac{1}{a}\varphi_\xi\left(\frac{y-b}{a}\right);$$

当 $a < 0$ 时,有

$$F_\eta(y) = P\{a\xi + b \leqslant y\} = P\left\{\xi \geqslant \frac{y-b}{a}\right\} = 1 - P\left\{\xi < \frac{y-b}{a}\right\} = 1 - F\left(\frac{y-b}{a}\right),$$

所以

$$\varphi_\eta(y) = \frac{\mathrm{d}F_\eta(y)}{\mathrm{d}y} = \frac{\mathrm{d}}{\mathrm{d}y}\left[1 - F_\xi\left(\frac{y-b}{a}\right)\right] = -F'_\xi\left(\frac{y-b}{a}\right) \cdot \frac{1}{a} = -\frac{1}{a}\varphi_\xi\left(\frac{y-b}{a}\right).$$

综合得

$$\varphi_\eta(y) = \frac{1}{|a|}\varphi_\xi\left(\frac{y-b}{a}\right) = \frac{1}{|a|} \cdot \frac{1}{\sqrt{2\pi}\sigma}e^{-\frac{\left(\frac{y-b}{a}-\mu\right)^2}{2\sigma^2}}$$

$$= \frac{1}{\sqrt{2\pi}|a|\sigma}e^{-\frac{[y-(a\mu+b)]^2}{2(|a|\sigma)^2}} \quad (-\infty < y < +\infty).$$

由此可见,当 $\xi \sim N(\mu, \sigma^2)$ 且 $a \neq 0$ 时,有

$$\eta = a\xi + b \sim N(a\mu + b, (|a|\sigma)^2),$$

即服从正态分布的随机变量的线性函数仍服从正态分布.

特别地,在上式中令 $a = \frac{1}{\sigma}$,$b = -\frac{\mu}{\sigma}$ 便可得到 $\eta = \frac{\xi-\mu}{\sigma} \sim N(0,1)$.

由此进一步可得出

$$F_\xi(x) = P\{\xi \leqslant x\} = P\left\{\frac{\xi-\mu}{\sigma} \leqslant \frac{x-\mu}{\sigma}\right\} = P\left\{\eta \leqslant \frac{x-\mu}{\sigma}\right\} = \Phi\left(\frac{x-\mu}{\sigma}\right).$$

这是我们在 2.4.3 节中用积分变换的方法推导过的公式.

例 4 设随机变量 $\xi \sim N(0,1)$,求 $\eta = \xi^2$ 的概率密度 $\varphi_\eta(y)$.

解 设 $\eta = \xi^2$ 的分布函数为 $F_\eta(y)$,则

$$F_\eta(y) = P\{\eta \leqslant y\} = P\{\xi^2 \leqslant y\}.$$

当 $y \leqslant 0$ 时,显然有 $F_\eta(y) = 0$,故 $\varphi_\eta(y) = 0$;

当 $y > 0$ 时,$F_\eta(y) = P\{-\sqrt{y} \leqslant \xi \leqslant \sqrt{y}\} = F_\xi(\sqrt{y}) - F_\xi(-\sqrt{y}) = \Phi(\sqrt{y}) - \Phi(-\sqrt{y})$,

所以

$$\varphi_\eta(y) = \frac{\mathrm{d}F_\eta(y)}{\mathrm{d}y} = \frac{\mathrm{d}\Phi(\sqrt{y})}{\mathrm{d}y} - \frac{\mathrm{d}\Phi(-\sqrt{-y})}{\mathrm{d}y} = \Phi'(\sqrt{y}) \cdot \frac{1}{2\sqrt{y}} - \Phi'(-\sqrt{y}) \cdot \left(-\frac{1}{2\sqrt{y}}\right)$$

$$= \frac{1}{2\sqrt{y}}\left[\varphi_\xi\sqrt{y} + \varphi_\xi(-\sqrt{y})\right]$$

$$= \frac{1}{2\sqrt{y}}\left(\frac{1}{\sqrt{2\pi}}e^{-\frac{y}{2}} + \frac{1}{\sqrt{2\pi}}e^{-\frac{y}{2}}\right) = \frac{1}{\sqrt{2\pi y}}e^{-\frac{y}{2}}.$$

综合得 $\varphi_\eta(y) = \begin{cases} \dfrac{1}{\sqrt{2\pi}}y^{-\frac{1}{2}}e^{-\frac{y}{2}} & y > 0 \\ 0 & y \leqslant 0 \end{cases}$.

此分布称为自由度为 1 的 χ^2 分布,记作 $\chi^2(1)$.

将上面例 2、例 3、例 4 中的解题方法推广到一般的情形,我们有如下定理.

定理 2.1　**设 ξ 是一个连续型随机变量,概率密度为**

$$\varphi_\xi(x) = \begin{cases} \varphi_\xi(x) & x \in (a,b) \\ 0 & \text{其他} \end{cases},$$

$f(x)$ 是一个在区间 (a,b) 上严格单调的可微函数,当 $x \in (a,b)$ 时,有 $f(x) \in (\alpha,\beta)$. 设在这段区间上,$f(x)$ 的反函数为 $f^{-1}(y)$,$y \in (\alpha,\beta)$. 这时,ξ 的函数 $\eta = f(\xi)$ 的概率密度可以表示成下列形式

$$\varphi_\eta(y) = \begin{cases} \varphi_\xi(f^{-1}(y)) \left| \dfrac{\mathrm{d}}{\mathrm{d}y} f^{-1}(y) \right| & y \in (\alpha,\beta) \\ 0 & \text{其他} \end{cases}. \tag{2.5.1}$$

利用此定理重解例 2.

解　函数 $y = f(x) = 4x - 1$ 在 $(-\infty, +\infty)$ 上严格单调上升,其反函数为

$$x = f^{-1}(y) = \frac{y+1}{4}, \quad y \in (-\infty, +\infty).$$

反函数的导数 $\dfrac{\mathrm{d}}{\mathrm{d}y} f^{-1}(y) = \dfrac{1}{4}$,代入公式就可得到

$$\varphi_\eta(y) = \varphi_\xi(f^{-1}(y)) \left| \frac{\mathrm{d}}{\mathrm{d}y} f^{-1}(y) \right| = \varphi_\xi\left(\frac{y+1}{4}\right) \cdot \frac{1}{4} = \frac{1}{4} \varphi_\xi\left(\frac{y+1}{4}\right).$$

 **思考题4**

本节例 3 说明服从正态分布的随机变量的线性函数还服从正态分布,试问这个结论对其他分布是否也成立?

2.6　本章小结

2.6.1　基本要求

(1) 理解随机变量及其分布函数的概念,掌握分布函数的性质.

(2) 理解离散型随机变量及其概率分布的概念,会求简单的离散概率模型中随机变量的概率分布,掌握常用分布及其特性,并能用以解决具体问题.

(3) 理解连续型随机变量及其概率密度函数的概念,掌握概率密度函数的性质及概率密度函数与分布函数的关系,能运用常用分布及其特性解决具体问题.

(4) 会根据随机变量的概率分布求其简单函数的概率分布.

2.6.2　内容概要

1) 随机变量的分布函数

(1) 定义:随机变量 ξ 的分布函数 $F(x) \overset{\triangle}{=} P\{\xi \leqslant x\}$,$x \in (-\infty, +\infty)$.

(2) 性质:

①$F(x)$ 是单调不减函数：$\forall x_2 > x_1 \Rightarrow F(x_2) \geqslant F(x_1)$；

②$F(x)$ 是有界函数：$0 \leqslant F(x) \leqslant 1$，且 $F(+\infty) = 1, F(-\infty) = 0$；

③$F(x)$ 是右连续的：$F(x+0) = F(x)$.

(3) 用 $F(x)$ 表示概率：

①$P\{\xi > x\} = 1 - F(x)$；

②$P\{a < \xi \leqslant b\} = F(b) - F(a)$；

③$P\{\xi < x\} = F(x-0)$；

④$P\{\xi = x\} = F(x) - F(x-0)$.

2) 离散型随机变量

(1) 定义：所有可能取值为有限多个或可列无穷多个的随机变量称为离散型随机变量.

(2) 概率分布：$P\{\xi = x_i\} = p_i \quad (i = 1, 2, \cdots)$，

或表示为

ξ	x_1	x_2	$\cdots$	x_n	$\cdots$
$P\{\xi = x_i\}$	p_1	p_2	$\cdots$	p_n	$\cdots$

满足：①$p_i \geqslant 0 (i = 1, 2, \cdots)$；②$\sum_{i=1}^{n} p_i = 1$.

(3) 分布函数 $F(x) = \sum_{x_i \leqslant x} p_i$.

注　离散型随机变量 ξ 的分布函数 $F(x)$ 是阶梯状的，ξ 的每个可能取值点都是 $F(x)$ 的跳跃间断点，而在其他点处 $F(x)$ 连续.

3) 连续型随机变量

(1) 定义：设随机变量 ξ 的分布函数为 $F(x)$，若存在非负函数 $\varphi(x)$，使对一切实数 x 成立

$$F(x) = \int_{-\infty}^{x} \varphi(x) \mathrm{d}x,$$

则称 ξ 为连续型随机变量，$\varphi(x)$ 称为 ξ 的概率密度函数.

(2) 性质：

①$\varphi(x) \geqslant 0$；

②$\int_{-\infty}^{+\infty} \varphi(x) \mathrm{d}x = 1$；

③$P\{a < \xi \leqslant b\} = \int_{a}^{b} \varphi(x) \mathrm{d}x$；

④ 在 $\varphi(x)$ 的连续点处有 $F'(x) = \varphi(x)$；

⑤$P\{\xi = a\} = 0$.

注 (1) 连续型随机变量 ξ 的分布函数 $F(x)$ 在整个实数域上连续.

(2) 由性质 ⑤ 可得，对连续型随机变量有

$$P\{a < \xi \leqslant b\} = P\{a < \xi < b\} = P\{a \leqslant \xi < b\} = P\{a \leqslant \xi \leqslant b\} = \int_{a}^{b} \varphi(x) \mathrm{d}x.$$

(3) 若已知 ξ 的概率密度 $\varphi(x)$,要求分布函数 $F(x)$,用积分法:

$$F(x) = \int_{-\infty}^{x} \varphi(x)\mathrm{d}x.$$

若已知 ξ 的分布函数 $F(x)$,要求概率密度 $\varphi(x)$,用微分法:

$$F'(x) = \varphi(x).$$

4) 常用分布

(1) 二项分布: $\xi \sim b(n,p)$,

$$P\{\xi = k\} = C_n^k p^k (1-p)^{n-k} (k = 0,1,2,\cdots,n; p > 0).$$

注 (1) 在 n 重贝努里试验中,若 p 为事件 A 在每次试验中发生的概率,则 n 次试验中事件 A 发生的次数 $\xi \sim b(n,p)$.

(2) 特别地,称 $b(1,p)$ 为 0—1 分布或二点分布.

(2) 普阿松分布: $\xi \sim P(\lambda)$

$$P\{\xi = k\} = \frac{\lambda^k}{k!}\mathrm{e}^{-\lambda}(k = 0,1,2,\cdots;\lambda > 0).$$

注 由普阿松定理可知,若 $\xi \sim b(n,p)$,则当 n 较大, p 较小时,可有近似计算公式

$$P\{\xi = k\} = C_n^k p^k (1-p)^{n-k} \approx \frac{\lambda^k}{k!}\mathrm{e}^{-\lambda}, \text{其中} \lambda = np.$$

(3) 几何分布: $\xi \sim g(p)$

$$P\{\xi = k\} = p(1-p)^{k-1}(k = 1,2,\cdots;p > 0).$$

注 在贝努里试验序列中,若 p 为事件 A 在每次试验中发生的概率,则等待事件 A 首次发生所需的试验次数 $\xi \sim g(p)$.

(4) 均匀分布: $\xi \sim U(a,b)$,概率密度 $\varphi(x)$ 与分布函数 $F(x)$ 分别为

$$\varphi(x) = \begin{cases} \dfrac{1}{b-a} & a < x < b \\ 0 & \text{其他} \end{cases}; \quad F(x) = \begin{cases} 0 & x < a \\ \dfrac{x-a}{b-a} & a \leqslant x < b. \\ 1 & x \geqslant b \end{cases}$$

(5) 指数分布: $\xi \sim E(\lambda)$,概率密度 $\varphi(x)$ 与分布函数 $F(x)$ 分别为

$$\varphi(x) = \begin{cases} \lambda\mathrm{e}^{-\lambda x} & x > 0 \\ 0 & x \leqslant 0 \end{cases}; \quad F(x) = \begin{cases} 1-\mathrm{e}^{-\lambda x} & x \geqslant 0 \\ 0 & x < 0 \end{cases}(\text{其中} \lambda > 0).$$

(6) 正态分布: $\xi \sim N(\mu,\sigma^2)$,概率密度为

$$\varphi(x) = \frac{1}{\sqrt{2\pi}\sigma}\mathrm{e}^{-\frac{(x-\mu)^2}{2\sigma^2}}(-\infty < x < +\infty), \text{其中} -\infty < \mu < +\infty, \sigma > 0.$$

$N(0,1)$ 称为标准正态分布,其分布函数记为 $\Phi(x)$,即

$$\Phi(x) = \frac{1}{\sqrt{2\pi}}\int_{-\infty}^{x} \mathrm{e}^{-\frac{x^2}{2}}\mathrm{d}x$$

性质:

① $\Phi(0) = 0.5$;

② $\Phi(-x) = 1-\Phi(x)$, $\Phi(x)$ 的值可查附录表 3 得到.

③ 若 $\xi \sim N(\mu,\sigma^2)$,则其分布函数 $F(x) = \Phi\left(\dfrac{x-\mu}{\sigma}\right)$,从而有

$$P\{a < \xi \leqslant b\} = F(b) - F(a) = \Phi\left(\frac{b-\mu}{\sigma}\right) - \Phi\left(\frac{a-\mu}{\sigma}\right).$$

④ 若 $\xi \sim N(\mu, \sigma^2)$,则 $\eta = a\xi + b(a \neq 0) \sim N(a\mu + b, a^2\sigma^2)$. 特别地,

$$\eta = \frac{\xi - \mu}{\sigma} \sim N(0, 1).$$

5) 随机变量的函数的分布

(1) 离散型随机变量的函数的分布

设随机变量 ξ 的概率分布为 $P\{\xi = x_i\} = p_i(i = 1, 2, \cdots)$. 若 $\eta = f(\xi)$,则 η 的概率分布 $P\{\eta = y_j\} = \sum\limits_{f(x_i) = y_i} P\{\xi = x_i\} \ (j = 1, 2, \cdots)$.

(2) 连续型随机变量的函数的分布

设 ξ 是连续型随机变量,它是概率密度为 $\varphi(x)$,若 $f(x)$ 是连续可导函数,则 $\eta = f(\xi)$ 仍是连续型随机变量,求 η 的概率密度方法有两种.

① 直接求:先利用等价事件的概率将 $F_\eta(y)$ 用 ξ 的分布函数表示,再求导得到

$$\varphi_\eta(y) = \frac{\mathrm{d}}{\mathrm{d}y} F_\eta(y).$$

② 套公式:当 $y = f(x)$ 是严格单调的可微函数时,

$$\varphi_\eta(y) = \varphi_\xi\left[f^{-1}(y)\right] \left|\left[f^{-1}(y)\right]'\right|.$$

习 题 二

2.1 10 个灯泡中有 2 个坏的,从中任取 3 个,设 ξ 是取出的 3 个灯泡中好灯泡的个数.

(1) 写出 ξ 的概率分布和分布函数;

(2) 求所取的 3 个灯泡中至少有 2 个好灯泡的概率.

2.2 口袋中有 5 个球,分别标有号码 1, 2, 3, 4, 5,现从这口袋中任取 3 个球.

(1) 设 ξ 是取出球的号码中的最大值,求 ξ 的概率分布,并求出 $\leqslant 4$ 的概率;

(2) 设 η 是取出球的号码中的最小值,求 η 的概率分布,并求出 $\eta > 3$ 的概率.

2.3 已知 1000 个产品中有 100 个废品,从中任意抽取 3 个,设 ξ 为取到的废品数,求 ξ 的概率分布,并计算 $\xi = 1$ 的概率. 由于本题中产品总数很大,从中抽取产品的数目不大,所以,可以近似地认为,我们是从一大批产品中任意抽取 3 次,每一次取到废品的概率都是 0.1,因此取到的废品数服从二项分布,试按照这一假设,重新求 ξ 的概率分布,并计算 $\xi = 1$ 的概率.

2.4 一个保险公司推销员把保险单卖给 5 个人,他们都是健康的相同年龄的成年人,根据保险统计表,这类成年人中的每一个人能再活 30 年的概率是 $\frac{2}{3}$. 求:(1) 5 个人都能再活 30 年的概率;(2) 至少 3 人能再活 30 年的概率;(3) 仅 2 个人能再活 30 年的概率;(4) 至少 1 个人能再活 30 年的概率.

2.5 一张答卷上有 5 道选择题,每道题列出了 3 个可能答案,其中有一个答案是正确的,某学生靠猜测能答对至少 4 道题的概率是多少?

2.6　设随机变量 ξ、η 都服从二项分布，$\xi \sim b(2, p)$，$\eta \sim b(3, p)$，已知 $P\{\xi \geqslant 1\} = \dfrac{5}{9}$，试求 $P\{\eta \geqslant 1\}$ 的值.

2.7　设在某条公路上每天发生事故的次数服从 $\lambda = 3$ 为参数的普阿松分布.
（1）试求某天出现了 3 次或更多次事故的概率；
（2）假定这天至少出了一次事故，在此条件下重做（1）题.

2.8　某商店出售某种贵重商品，据以往经验，月销售量遵从普阿松分布 $P(3)$. 问在月初进货时要库存多少件此种商品，才能以 99% 的概率充分满足顾客的需要？

2.9　一批产品包括 10 件正品，3 件次品，有放回地抽取，每次一件，直到取到正品为止. 假定每件产品被取到的机会相同，求抽取次数 ξ 的概率分布.

2.10　已知某人在求职过程中，每次求职成功的概率都是 0.4，问他要求职多少次，才能有 90% 的把握获得一个就业机会？

2.11　已知随机变量 ξ 的概率密度为

$$\varphi(x) = \begin{cases} Ax & 0 < x < 1 \\ 0 & \text{其他} \end{cases}.$$

求：（1）系数 A；（2）概率 $P\{\xi \leqslant 0.5\}$；（3）随机变量 ξ 的分布函数.

2.12　随机变量 ξ 的概率密度为 $\varphi(x) = Ae^{-|x|}$ （$-\infty < x < +\infty$），求：
（1）系数 A；（2）随机变量 ξ 落在区间 $(0,1)$ 内的概率；（3）随机变量 ξ 的分布函数.

2.13　设连续型随机变量 ξ 的分布函数为

$$F(x) = \begin{cases} 0 & x < 0 \\ Ax^2 & 0 \leqslant x < 1. \\ 1 & x \geqslant 1 \end{cases}$$

求：（1）系数 A；（2）ξ 的概率密度 $\varphi(x)$；（3）$P\{-0.3 < \xi < 0.7\}$.

2.14　（柯西分布）设连续型随机变量 ξ 的分布函数为
$$F(x) = A + B \arctan x \quad (-\infty < x < +\infty),$$
求（1）系数 A 及 B；（2）$\xi \in (-1,1)$ 的概率；（3）ξ 的概率密度.

2.15　公共汽车站每隔 5 min 有一辆汽车通过，乘客到达汽车站的任一时刻是等可能的，求乘客候车时间不超过 3 min 的概率.

2.16　修理某机器所需时间（单位：h）服从以 $\lambda = \dfrac{1}{2}$ 为参数的指数分布，试问：
修理时间超过 2 h 的概率是多少？

2.17　设随机变量 $\xi \sim N(1,2^2)$，求：
（1）$P\{\xi < 2.2\}$；（2）$P\{-1.6 \leqslant \xi < 5.8\}$；（3）$P\{|\xi| \leqslant 3.5\}$；（4）$P\{|\xi| \geqslant 4.56\}$.

2.18　如果随机变量 $\xi \sim E(1)$，$\eta = \ln \xi$，试求随机变量 η 的概率密度.

自测题二

一、判断题(正确用"+",错误用"-")

1. $\begin{pmatrix} 0 & 2 \\ p & 1-p \end{pmatrix}$ 可以作为某个离散型随机变量的概率分布. ( )

2. 某射击手五次射击中至少命中一次的概率为 $\dfrac{211}{243}$,若他每次射击的命中率都相同,则这射手在五次射击中命中目标的次数 $\xi \sim b\left(5, \dfrac{2}{3}\right)$. ( )

3. 若某人射击的命中率为 0.2,则他命中目标时已经射击的次数为 k 的概率为 $0.2(0.8)^{k-1}$. ( )

4. 连续型随机变量的概率密度 $\varphi(x)$ 一定在定义域内单调不减. ( )

5. 函数 $F(x) = \dfrac{1}{2} + \dfrac{1}{\pi}\arctan x (-\infty < x < +\infty)$ 可以作为某个随机变量的分布函数. ( )

6. 设随机变量 ξ 的分布函数为 $F(x)$,则必有 $P\{a \leqslant \xi \leqslant b\} = F(b) - F(a)$. ( )

7. 若随机变量 ξ 的分布函数 $F(x)$ 有间断点,则 ξ 一定不是连续型随机变量. ( )

8. 设随机变量 $\xi \sim N(\mu, \sigma^2)$,则概率 $P\{\xi \leqslant 1+\mu\}$ 随 σ 的增大而减小. ( )

9. 如果随机变量 ξ 的概率密度为 $\varphi(x) = \begin{cases} x & 0 \leqslant x \leqslant 1 \\ 2-x & 1 \leqslant x \leqslant 2, \text{ 则 } P\{\xi \leqslant 1.5\} = \\ 0 & \text{其他} \end{cases}$

$\displaystyle\int_0^{1.5}(2-x)\mathrm{d}x$. ( )

10. 当 $\eta = \dfrac{\xi - \mu}{\sigma} \sim N(0,1)$ 时,ξ 一定服从 $N(\mu, \sigma^2)$. ( )

二、选择题

1. 随机变量 ξ 的概率分布为

ξ	0	1	2	3
$P\{\xi = x_k\}$	0.1	0.3	0.4	0.2

$F(x)$ 为其分布函数,则 $F(2) = ($).

(A) 0.2   (B) 0.4   (C) 0.8   (D) 1

2. $P\{\xi = k\} = \dfrac{\lambda^k}{k!}\mathrm{e}^{-\lambda}$ $(k = 0,1,2,\cdots)$ 是( )分布的概率分布.

(A) 指数   (B) 二项   (C) 均匀   (D) 普阿松

3. 要使函数 $\varphi(x) = \begin{cases} 0.5\cos x & x \in G \\ 0 & x \notin G \end{cases}$,是某随机变量的概率密度,则区间 G 是( ).

(A) $\left[-\dfrac{\pi}{2}, \dfrac{\pi}{2}\right]$ (B) $[\pi, 2\pi]$ (C) $\left[0, \dfrac{\pi}{2}\right]$ (D) $\left[\dfrac{\pi}{2}, \pi\right]$

4. 每张奖券中尾奖的概率为 $\frac{1}{10}$，某人购买了 20 张号码杂乱的奖券，设中尾奖的张数为 ξ，则 ξ 服从（　　）分布.

(A) 二项　　　　(B) 普阿松　　　　(C) 指数　　　　(D) 正态

5. 设随机变量 $\xi \sim N(0,1)$，ξ 的分布函数为 $\Phi(x)$，则 $P\{|\xi| > 2\}$ 的值为（　　）.

(A) $2[1 - \Phi(2)]$　　(B) $2\Phi(2) - 1$　　(C) $2 - \Phi(2)$　　(D) $1 - 2\Phi(2)$.

6. 随机变量 $\xi \sim N(0,4)$，则 $P\{\xi < 1\} = （　　）$.

(A) $\int_0^1 \frac{1}{2\sqrt{2\pi}} e^{-\frac{x^2}{8}} \mathrm{d}x$ 　　　　　　(B) $\int_0^1 \frac{1}{4} e^{-\frac{x}{4}} \mathrm{d}x$

(C) $\frac{1}{\sqrt{2\pi}} e^{-\frac{1}{2}}$ 　　　　　　　　(D) $\int_{-\infty}^{\frac{1}{2}} \frac{1}{\sqrt{2\pi}} e^{-\frac{x^2}{2}} \mathrm{d}x$

7. 设随机变量 $\xi \sim N(\mu, \sigma^2)$，则随 σ 增大，$P\{|\xi - \mu| < \sigma\}$（　　）.

(A) 单调增加　　　　　　　　(B) 单调减少

(C) 保持不变　　　　　　　　(D) 增减不定

8. 若随机变量 ξ 的分布函数为 $F_\xi(x)$，则 $\eta = 3\xi + 1$ 的分布函数为（　　）.

(A) $F_\xi\left(\frac{1}{3}y - \frac{1}{3}\right)$ 　　　　　　(B) $F_\xi(3y + 1)$

(C) $3F_\xi(y) + 1$ 　　　　　　(D) $\frac{1}{3}F_\xi(y) - \frac{1}{3}$

9. 若随机变量 ξ 的概率密度 $\varphi(x) = \frac{1}{\pi(1 + x^2)}$，则 $\eta = 2\xi$ 的概率密度为（　　）.

(A) $\frac{1}{\pi(1 + x^2)}$　　(B) $\frac{2}{\pi(4 + x^2)}$　　(C) $\frac{1}{\pi(1 + x^2/4)}$　　(D) $\frac{1}{\pi(1 + 4x^2)}$

10. 设随机变量 $\xi \sim E(2)$，则随机变量 $\eta = 1 - e^{-2\xi}$ 服从（　　）.

(A) $U(0,1)$　　(B) 指数分布　　(C) 正态分布　　(D) $P(2)$

三、填空题

1. 已知离散型随机变量 ξ 的概率分布如下

ξ	-2	-1	0	1	2
$P\{\xi = x_k\}$	$\frac{a}{4}$	$\frac{21}{64}$	$\frac{a}{2}$	a^2	$\frac{1}{4}$

则 $a = $ _____ .

2. 设随机变量的概率密度为 $\varphi(x) = \begin{cases} Ae^{-x} & x \geqslant 0 \\ 0 & x < 0 \end{cases}$，则 $A = $ _____ .

3. 设随机变量 ξ 的分布函数为 $F(x) = \begin{cases} 0 & x < 0 \\ A\sin x & 0 \leqslant x \leqslant \frac{\pi}{2} \\ 1 & x > \frac{\pi}{2} \end{cases}$，则 ξ 的概率密度为

_____ .

4. 设 ξ 的分布函数为 $F(x)$,且 $F(-1)=0,F(2)=0.3$,则 $P\{-3<\xi\leqslant 2\}=$ _____.

5. 某公共汽车站有甲、乙、丙三人,分别等 1、2、3 路车,设每人等车的时间(min)都服从 $[0,5]$ 上的均匀分布,则三人中至少有两人等车时间不超过 2 min 的概率为_____.

6. 设随机变量 ξ 的概率密度为 $\varphi(x)=\dfrac{1}{\sqrt{6\pi}}e^{-\frac{x^2-4x+4}{6}}$,则 $\xi\sim N($ _____ $)$.

7. 设随机变量 $\xi\sim N(2,\sigma^2)$,且 $P\{2<\xi<4\}=0.3$,则 $P\{\xi<0\}=$ _____.

8. 随机变量 ξ 的概率分布为

ξ	-2	0	2	3
$P\{\xi=x_i\}$	0.2	0.2	0.3	0.3

则 $\eta=2\xi^2+1$ 的概率分布为 _____.

9. 设 ξ 的概率密度为 $\varphi(x)=\dfrac{1}{2\sqrt{\pi}}e^{-\frac{(x+2)^2}{4}}$ $(-\infty<x<+\infty)$,且 $\eta=a\xi+b\sim N(0,1)$,

则 $a=$ _____,$b=$ _____.

10. 设随机变量 $\xi\sim U(0,2)$,则随机变量 $\eta=\xi^2$ 在 $(0,4)$ 内的密度函数 $\varphi_\eta(y)=$ _____.

多维随机变量

多维随机变量就是把多个随机变量作为一个整体(随机向量)一起研究,作为整体的分布就是多维随机变量的联合分布;而其每个分量的分布就是边缘分布;当一些随机变量取值已确定的情况下,另一些随机变量的分布就是条件分布. 总之,在多维随机变量的讨论中,我们不仅关心各分量的概率特征,也关心各分量间的关系以及它们作为一个整体的分布特征. 本章内容是上一章一维随机变量的拓展,重点要求掌握联合分布,边缘分布的概念和性质,理解随机变量的独立性,并会求极值分布等多维随机变量简单函数的分布. 本章内容框图如下.

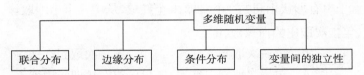

3.1 多维随机变量及其分布

前面讨论的一维随机变量无非是随机试验的结果和一维实数之间的某个对应关系,而实际中,有的试验结果往往同时对应于一个以上的实数值. 比如,射手射击平面的一个目标,击中的位置就要用两个随机变量来表示. 某人所关心的 10 只股票下一个交易日的价格就要用 10 个随机变量来表示.

一般地,若 $\xi_1, \xi_2, \cdots, \xi_n$ 是定义在同一样本空间 Ω 上的 n 个随机变量,则 $(\xi_1, \xi_2, \cdots, \xi_n)$ 称为 **n 维随机变量**或**随机向量**. 对随机向量当然可以就其各个分量 ξ_i 分别研究,即化为一维随机变量的问题. 但我们下面会看到,把它们作为一个向量,则不但能研究各个分量的性质,而且还可以考察它们之间的联系,对许多问题来说这是十分必要的. 如人的身高与体重显然是有关系的,但这种关系不能用一个确定的数学式子来表示.

从一维到多维会产生许多质的变化,而从二维到更多维仅会增加技术难度而不会产生质的变化,所以在此我们主要讨论二维随机变量,其有关结论均可推广到二维以上的情形.

3.1.1 二维离散型随机变量的概率分布

所谓二维离散型随机变量,就是其可能取的有序数组为有限或可列个,且取每一数组的概率确定.

设(ξ,η)是一个二维离散型随机变量,它的一切可能取值为$(x_i,y_j)(i,j=1,2,\cdots)$,则

$$p_{ij}=P\{\xi=x_i,\eta=y_j\} \quad (i,j=1,2,\cdots) \tag{3.1.1}$$

就称为(ξ,η)的**联合概率分布**,它满足:

(1) $p_{ij}\geqslant 0 \quad (i,j=1,2,\cdots)$;

(2) $\sum\limits_i\sum\limits_j p_{ij}=1$.

直观上,通常用表3-1来给出(ξ,η)的联合概率分布.

表 3-1

ξ \\ η	y_1	y_2	$\cdots$
x_1	p_{11}	p_{12}	$\cdots$
x_2	p_{21}	p_{22}	$\cdots$
$\vdots$	$\vdots$	$\vdots$	

例1 某盒子中有形状相同的2个白球,3个红球,从中一个个地取球,共取两次,设ξ,η分别是第一次,第二次取出的白球数,即

$$\xi=\begin{cases}0 & \text{第一次取到红球}\\1 & \text{第一次取到白球}\end{cases}, \eta=\begin{cases}0 & \text{第二次取到红球}\\1 & \text{第二次取到白球}\end{cases},$$

分别考虑无放回、有放回两种不同的取球方式下,求(ξ,η)的联合概率分布.

解 (1) 无放回取球(每次取球后不放回)

$$P\{\xi=0,\eta=0\}=\frac{3}{5}\times\frac{2}{4}=0.3,$$

$$P\{\xi=0,\eta=1\}=\frac{3}{5}\times\frac{2}{4}=0.3,$$

$$P\{\xi=1,\eta=0\}=\frac{2}{5}\times\frac{3}{4}=0.3,$$

$$P\{\xi=1,\eta=1\}=\frac{2}{5}\times\frac{1}{4}=0.1.$$

(2) 有放回取球(每次取球后仍放回)

$$P\{\xi=0,\eta=0\}=\frac{3}{5}\times\frac{3}{5}=0.36,$$

$$P\{\xi=0,\eta=1\}=\frac{3}{5}\times\frac{2}{5}=0.24,$$

$$P\{\xi=1,\eta=0\}=\frac{2}{5}\times\frac{3}{5}=0.24,$$

$$P\{\xi=1,\eta=1\}=\frac{2}{5}\times\frac{2}{5}=0.16.$$

所以对于(1)、(2)两种取球方式,(ξ,η)的联合概率分布分别如表3-2与表3-3所示.

<table>
<tr><td align="center">表 3-2</td></tr>
</table>

ξ ＼ η	0	1
0	0.3	0.3
1	0.3	0.1

<table>
<tr><td align="center">表 3-3</td></tr>
</table>

ξ ＼ η	0	1
0	0.36	0.24
1	0.24	0.16

3.1.2 二维随机变量的联合分布函数

我们知道,一维随机变量ξ的分布函数$F(x)=P\{\xi\leqslant x\}$,即事件$\{\xi\leqslant x\}$的概率.自然地,二维随机变量(ξ,η)的分布函数还应该与η的取值有关.我们把事件$\{\xi\leqslant x\}\bigcap\{\eta\leqslant y\}$的概率称为$(\xi,\eta)$的(联合)分布函数,即:

对二维随机变量(ξ,η),称

$$F(x,y)=P\{\xi\leqslant x,\eta\leqslant y\} \qquad (3.1.2)$$

为(ξ,η)的**联合分布函数**.如果把(ξ,η)看作是xOy平面上随机点的坐标,则$F(x,y)$在(x,y)处的函数值就是随机点(ξ,η)落在如图3-1所示的阴影部分中的概率.

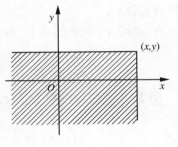

如同一维分布函数,二维分布函数$F(x,y)$具有类似性质:

(1) 对x或y都是单调不减的;

(2) 对x或y都是右连续的,即有

$$F(x,y)=F(x+0,y), \qquad F(x,y)=F(x,y+0);$$

图 3-1

(3) 对任意的x或y,有$0\leqslant F(x,y)\leqslant 1$,且

$$F(-\infty,y)=\lim_{x\to-\infty}F(x,y)=0,$$
$$F(x,-\infty)=\lim_{y\to-\infty}F(x,y)=0,$$

及

$$F(+\infty,+\infty)=\lim_{\substack{x\to+\infty\\y\to+\infty}}F(x,y)=1.$$

对二维离散型随机变量来说,其分布函数

$$F(x,y)=P\{\xi\leqslant x,\eta\leqslant y\}=\sum_{x_i\leqslant x}\sum_{y_j\leqslant y}P\{\xi=x_i,\eta=y_j\}=\sum_{x_i\leqslant x}\sum_{y_j\leqslant y}p_{ij}$$

可由(ξ,η)的联合概率分布算得.

3.1.3 二维连续型随机变量的概率密度

设(ξ,η)的联合分布函数为$F(x,y)$,若存在函数$\varphi(x,y)$使对任意的$(x,y)\in\mathbf{R}^2$,有

$$F(x,y)=\int_{-\infty}^{x}\int_{-\infty}^{y}\varphi(u,v)\mathrm{d}v\mathrm{d}u, \qquad (3.1.3)$$

则称 (ξ,η) 为二维连续型随机变量, $\varphi(x,y)$ 为 (ξ,η) 的联合概率密度. 它满足下列两个基本性质:

(1) $\varphi(x,y) \geqslant 0$, $(x,y) \in \mathbf{R}^2$;

(2) $\displaystyle\int_{-\infty}^{+\infty}\int_{-\infty}^{+\infty}\varphi(x,y)\mathrm{d}x\mathrm{d}y = 1$.

容易推得

$$P\{x_1 < \xi \leqslant x_2, y_1 < \eta \leqslant y_2\} = \int_{x_1}^{x_2}\int_{y_1}^{y_2}\varphi(x,y)\mathrm{d}y\mathrm{d}x.$$

更一般地,若 D 是任一平面区域,即 $D \subset \mathbf{R}^2$,则

$$P\{(\xi,\eta) \in D\} = \iint\limits_{D}\varphi(x,y)\mathrm{d}x\mathrm{d}y. \tag{3.1.4}$$

一般来说,二维连续型随机变量的概率密度 $z = \varphi(x,y)$ 在几何上可用一个曲面来表示,而 (ξ,η) 落在平面区域 D 中的概率,就是在密度曲面 $z = \varphi(x,y)$ 之下,以域 D 为底的曲顶柱体的体积.

在 $\varphi(x,y)$ 的连续点上,有

$$\varphi(x,y) = \frac{\partial^2}{\partial x \partial y}F(x,y). \tag{3.1.5}$$

例 2　设二维随机变量 (ξ,η) 具有概率密度

$$\varphi(x,y) = \begin{cases} c\mathrm{e}^{-2(x+y)} & 0 < x < +\infty,\ 0 < y < +\infty \\ 0 & 其他 \end{cases}.$$

试求:(1) 常数 c;

　　　(2) (ξ,η) 的分布函数 $F(x,y)$;

　　　(3) (ξ,η) 落在图 3-2 中区域 D 内的概率.

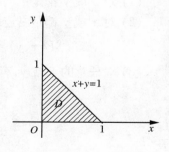

图 3-2

解　(1) 因为

$$\int_{-\infty}^{+\infty}\int_{-\infty}^{+\infty}\varphi(x,y)\mathrm{d}x\mathrm{d}y = 1,$$

而

$$\int_{-\infty}^{+\infty}\int_{-\infty}^{+\infty}\varphi(x,y)\mathrm{d}x\mathrm{d}y = \int_{0}^{+\infty}\int_{0}^{+\infty}c\mathrm{e}^{-2(x+y)}\mathrm{d}x\mathrm{d}y$$

$$= c\int_{0}^{+\infty}\mathrm{e}^{-2x}\mathrm{d}x\int_{0}^{+\infty}\mathrm{e}^{-2y}\mathrm{d}y$$

$$= \frac{1}{4}c,$$

所以 $c = 4$.

(2) (ξ,η) 的分布函数

$$F(x,y) = \int_{-\infty}^{x}\int_{-\infty}^{y}\varphi(u,v)\mathrm{d}v\mathrm{d}u$$

$$
= \begin{cases} \int_0^x \int_0^y 4e^{-2(u+v)}\,dv\,du & 0 < x < +\infty,\ 0 < y < +\infty \\ 0 & \text{其他} \end{cases}
$$

$$
= \begin{cases} (1-e^{-2x})(1-e^{-2y}) & 0 < x < +\infty,\ 0 < y < +\infty \\ 0 & \text{其他} \end{cases}.
$$

(3) (ξ,η) 落在 D 内的概率

$$
P\{(\xi,\eta) \in D\} = \iint\limits_D \varphi(x,y)\,dx\,dy = \int_0^1 dx \int_0^{1-x} 4e^{-2(x+y)}\,dy
$$

$$
= \int_0^1 2e^{-2x} \left(\int_0^{1-x} 2e^{-2y}\,dy \right) dx = \int_0^1 2e^{-2x} (-e^{-2y}) \Big|_0^{1-x} dx
$$

$$
= \int_0^1 2e^{-2x} (1-e^{-2+2x})\,dx = \int_0^1 (2e^{-2x} - 2e^{-2})\,dx
$$

$$
= (-e^{-2x} - 2e^{-2}x) \Big|_0^1 = -e^{-2} - 2e^{-2} + 1 = 1 - 3e^{-2}.
$$

思考题1

参照二维随机变量联合分布函数的定义,你能写出三维随机变量(X,Y,Z)联合分布函数的定义吗?

3.2 二维随机变量的边缘分布

对于二维随机变量(ξ,η),我们也可以对其中的任何一个变量ξ或η单独进行研究,而不管另一个变量取什么值(所谓"不管取什么值",意思是说,认为它取一切可能的值),这样得到的ξ的一维分布和η的一维分布称为(ξ,η)的联合概率分布的**边缘分布**(或**边际分布**).

我们首先来看离散型随机变量(ξ,η)的边缘概率分布.

设(ξ,η)的概率分布如表 3-4 所给出,则ξ的边缘概率分布为

$$
P\{\xi = x_i\} = P\{\xi = x_i, \eta \text{ 取一切可能的值}\}
$$

$$
= \sum_j P\{\xi = x_i,\ \eta = y_j\} = \sum_j p_{ij} \quad (i = 1,2,\cdots). \tag{3.2.1}
$$

同理,可得η的边缘概率分布为

$$
P\{\eta = y_j\} = P\{\xi \text{ 取一切可能的值}, \eta = y_j\}
$$

$$
= \sum_i P\{\xi = x_i, \eta = y_j\} = \sum_i p_{ij} \quad (j = 1,2,\cdots). \tag{3.2.2}
$$

在表 3-4 的边缘,我们给出了表中数值 p_{ij} 按行、按列求得的总和.从上面的公式可以看出,表中数值按行求得的总和就是 $P\{\xi = x_i\}$ $(i = 1,2,\cdots)$,表中数值按列求得的总和就是 $P\{\eta = y_j\}$ $(j = 1,2,\cdots)$.换句话说,ξ,η 各自的一维分布就显示在(ξ,η)的二维联合分布表格的边缘上,正因为如此,我们把ξ,η各自的一维分布称为"边缘分布".

表 3-4

η　ξ	y_1	y_2	$\cdots$	$P\{\xi = x_i\}$
x_1	p_{11}	p_{12}	$\cdots$	$\sum\limits_{j} p_{1j}$
x_2	p_{21}	p_{22}	$\cdots$	$\sum\limits_{j} p_{2j}$
$\vdots$	$\vdots$	$\vdots$		$\vdots$
$P\{\eta = y_j\}$	$\sum\limits_{i} p_{i1}$	$\sum\limits_{i} p_{i2}$	$\cdots$	1

例 1　　在 3.1 节例 1 中,求 (ξ, η) 的边缘分布.

解　　由公式可算得无放回取球与有放回取球两种情形下具有相同的边缘分布,如表 3-5、表 3-6 所示.

由此可见,由联合分布可以求出边缘分布,这在直观上很容易理解.因为 (ξ, η) 的总体规律性(即联合分布)确定了,那么它的个别分量的规律性(即边缘分布)当然也确定了.但反之,已知边缘分布不一定能唯一确定联合分布,这可由例 1 看出,具有相同边缘分布不一定有相同的联合分布.所以二维随机变量 (ξ, η) 的联合分布不仅可以描述 ξ 与 η 各自的统计规律,而且也包含有 ξ 与 η 相互之间联系的内容.因而对单个随机变量 ξ, η 的研究并不能代替对二维随机变量 (ξ, η) 的整体研究.

表 3-5　无放回取球

η　ξ	0	1	$P\{\xi = x_i\}$
0	0.3	0.3	0.6
1	0.3	0.1	0.4
$P\{\eta = y_j\}$	0.6	0.4	1

表 3-6　有放回取球

η　ξ	0	1	$P\{\xi = x_i\}$
0	0.36	0.24	0.6
1	0.24	0.16	0.4
$P\{\eta = y_j\}$	0.6	0.4	1

例 2　　将两封信随机地发往编号为 Ⅰ、Ⅱ、Ⅲ、Ⅳ 的 4 个邮箱,ξ, η 分别表示邮箱 Ⅰ 和 Ⅱ 内信的数目,写出 (ξ, η) 的联合分布和边缘分布.

解　　由题意知 ξ、η 的所有可能取值都是 0,1,2.而试验共有 4^2 种不同的等可能结果,所以

$$P\{\xi = 0, \eta = 0\} = \frac{2^2}{4^2} = \frac{4}{16},$$

$$P\{\xi = 0, \eta = 1\} = P\{\xi = 1, \eta = 0\} = \frac{C_2^1 C_2^1}{4^2} = \frac{4}{16},$$

$$P\{\xi = 0, \eta = 2\} = P\{\xi = 2, \eta = 0\} = \frac{1}{16},$$

$$P\{\xi = 1, \eta = 1\} = \frac{2!}{16} = \frac{2}{16},$$

$$P\{\xi=1,\eta=2\}=P\{\xi=2,\eta=1\}=P\{\xi=2,\eta=2\}=0.$$

(ξ,η) 的联合分布与边缘分布列于表 3-7.

表 3-7

η \ ξ	0	1	2	$P\{\xi=x_i\}$
0	4/16	4/16	1/16	9/16
1	4/16	2/16	0	6/16
2	1/16	0	0	1/16
$P\{\eta=y_j\}$	9/16	6/16	1/16	1

对二维连续型随机变量来说,如同离散型随机变量一样,由联合分布可推得边缘分布. ξ,η 的边缘分布函数 $F_\xi(x),F_\eta(y)$ 可由下式求得

$$F_\xi(x)=P\{\xi\leqslant x\}=P\{\xi\leqslant x,\ \eta<+\infty\}=F(x,+\infty)$$

$$=\int_{-\infty}^x\int_{-\infty}^{+\infty}\varphi(u,y)\mathrm{d}y\mathrm{d}u;\tag{3.2.3}$$

$$F_\eta(y)=P\{\eta\leqslant y\}=P\{\xi<+\infty,\ \eta\leqslant y\}=F(+\infty,y)$$

$$=\int_{-\infty}^y\int_{-\infty}^{+\infty}\varphi(x,v)\mathrm{d}x\mathrm{d}v.\tag{3.2.4}$$

ξ,η 的边缘概率密度 $\varphi_\xi(x),\varphi_\eta(y)$ 可由下式求得

$$\varphi_\xi(x)=\frac{\mathrm{d}}{\mathrm{d}x}F_\xi(x)=\int_{-\infty}^{+\infty}\varphi(x,y)\mathrm{d}y,\tag{3.2.5}$$

$$\varphi_\eta(y)=\frac{\mathrm{d}}{\mathrm{d}y}F_\eta(y)=\int_{-\infty}^{+\infty}\varphi(x,y)\mathrm{d}x.\tag{3.2.6}$$

连续型随机变量的边缘分布与联合分布之间的关系,可以用下列图表的形式表示:

分布函数   概率密度

联合
分布

$F(x,y)$ $\rightarrow$ $\varphi(x,y)=\dfrac{\partial^2}{\partial x\partial y}F(x,y)$ $\rightarrow$ $\varphi(x,y)$

$\leftarrow$ $F(x,y)=\displaystyle\int_{-\infty}^x\int_{-\infty}^y\varphi(u,v)\mathrm{d}v\mathrm{d}u$ $\leftarrow$

$\downarrow$ $\downarrow$

$F_\xi(x)=F(x,+\infty)$ $\varphi_\xi(x)=\displaystyle\int_{-\infty}^{+\infty}\varphi(x,y)\mathrm{d}y$

$\downarrow$ $\downarrow$

边缘
分布

$F_\xi(x)$ $\rightarrow$ $\varphi_\xi(x)=\dfrac{\mathrm{d}}{\mathrm{d}x}F_\xi(x)$ $\rightarrow$ $\varphi_\xi(x)$

$\leftarrow$ $F_\xi(x)=\displaystyle\int_{-\infty}^x\varphi_\xi(u)\mathrm{d}u$ $\leftarrow$

例 3 计算 3.1 节例 2 中二维随机变量 (ξ,η) 的边缘概率密度.

解　由公式(3.2.3) 得

$$\varphi_\xi(x) = \int_{-\infty}^{+\infty} \varphi(x,y)\mathrm{d}y = \begin{cases} \int_0^{+\infty} 4\mathrm{e}^{-2(x+y)}\mathrm{d}y & x > 0 \\ 0 & x \leqslant 0 \end{cases} = \begin{cases} 2\mathrm{e}^{-2x} & x > 0 \\ 0 & x \leqslant 0 \end{cases}.$$

同理可得

$$\varphi_\eta(y) = \int_{-\infty}^{+\infty} \varphi(x,y)\mathrm{d}x = \begin{cases} 2\mathrm{e}^{-2y} & y > 0 \\ 0 & y \leqslant 0 \end{cases}.$$

思考题2

本节例 1 说明不同的联合分布可以有完全相同的边缘分布. 即联合分布不仅含有各分量的分布信息,也含有各分量间关系的信息. 那么,如果各分量间无任何关系,试设想此种情况下联合分布与边缘分布有何关系.

3.3　条件分布*

在第 1 章中,介绍过条件概率,在事件 B 发生的条件下,事件 A 发生的条件概率为

$$P(A \mid B) = \frac{P(AB)}{P(B)}.$$

类似地,可以定义随机变量的条件分布.

所谓条件分布,就是在一个随机变量取定某个值的条件下,另一个随机变量的分布.

3.3.1　离散型随机变量的条件分布

设 (ξ, η) 的联合和边缘概率分布分别为

$$P\{\xi = x_i, \eta = y_j\}, P\{\xi = x_i\}, P\{\eta = y_j\} \quad (i, j = 1, 2, \cdots).$$

当 $P\{\eta = y_j\} \neq 0$ 时,称

$$P\{\xi = x_i \mid \eta = y_j\} = \frac{P\{\xi = x_i, \eta = y_j\}}{P\{\eta = y_j\}} \quad (i = 1, 2, \cdots) \tag{3.3.1}$$

为在 $\eta = y_j$ 条件下 ξ 的条件概率分布.

当 $P\{\xi = x_i\} \neq 0$ 时,称

$$P\{\eta = y_j \mid \xi = x_i\} = \frac{P\{\xi = x_i, \eta = y_j\}}{P\{\xi = x_i\}} \quad (j = 1, 2, \cdots) \tag{3.3.2}$$

为在 $\xi = x_i$ 条件下 η 的条件概率分布.

例 1　在 3.2 节例 2 中,已算得 (ξ, η) 的联合分布和边缘分布如下:

η \ ξ	0	1	2	$P\{\xi = x_i\}$
0	4/16	4/16	1/16	9/16
1	4/16	2/16	0	6/16
2	1/16	0	0	1/16
$P\{\eta = y_j\}$	9/16	6/16	1/16	

求：(1) 在 $\eta = 1$ 条件下 ξ 的条件概率分布；

(2) 在 $\xi = 0$ 条件下 η 的条件概率分布.

解 (1) $P\{\xi = 0 \mid \eta = 1\} = \dfrac{P\{\xi = 0, \eta = 1\}}{P\{\eta = 1\}} = \dfrac{4/16}{6/16} = \dfrac{2}{3}$,

$P\{\xi = 1 \mid \eta = 1\} = \dfrac{P\{\xi = 1, \eta = 1\}}{P\{\eta = 1\}} = \dfrac{2/16}{6/16} = \dfrac{1}{3}$,

$P\{\xi = 2 \mid \eta = 1\} = \dfrac{P\{\xi = 2, \eta = 1\}}{P\{\eta = 1\}} = \dfrac{0}{6/16} = 0$.

所以在 $\eta = 1$ 条件下, ξ 的条件概率分布为

ξ	0	1	2
$P\{\xi = x_i \mid \eta = 1\}$	2/3	1/3	0

(2) $P\{\eta = 0 \mid \xi = 0\} = \dfrac{P\{\xi = 0, \eta = 0\}}{P\{\xi = 0\}} = \dfrac{4/16}{9/16} = \dfrac{4}{9}$,

$P\{\eta = 1 \mid \xi = 0\} = \dfrac{P\{\xi = 0, \eta = 1\}}{P\{\xi = 0\}} = \dfrac{4/16}{9/16} = \dfrac{4}{9}$,

$P\{\eta = 2 \mid \xi = 0\} = \dfrac{P\{\xi = 0, \eta = 2\}}{P\{\xi = 0\}} = \dfrac{1/16}{9/16} = \dfrac{1}{9}$.

所以在 $\xi = 0$ 条件下, η 的条件概率分布为

η	0	1	2
$P\{\eta = y_j \mid \xi = 0\}$	4/9	4/9	1/9

3.3.2 连续型随机变量的条件分布

设 (ξ, η) 的联合概率密度为 $\varphi(x, y)$, 边缘概率密度为 $\varphi_\xi(x)$ 和 $\varphi_\eta(y)$.

当 $\varphi_\eta(y) > 0$ 时, 称

$$F_{\xi|\eta}(x \mid y) = P\{\xi \leqslant x \mid \eta = y\} = \frac{\int_{-\infty}^{x} \varphi(u, y)\mathrm{d}u}{\varphi_\eta(y)}$$

为在 $\eta = y$ 条件下 ξ 的条件分布函数, 称

$$\varphi_{\xi|\eta}(x \mid y) = \frac{\varphi(x, y)}{\varphi_\eta(y)} \tag{3.3.3}$$

为在 $\eta = y$ 条件下 ξ 的条件概率密度.

当 $\varphi_\xi(x) > 0$ 时,称

$$F_{\eta|\xi}(y \mid x) = P\{\eta \leqslant y \mid \xi = x\} = \frac{\int_{-\infty}^{y} \varphi(x,v)\mathrm{d}v}{\varphi_\xi(x)}$$

为在 $\xi = x$ 条件下 η 的条件分布函数,称

$$\varphi_{\eta|\xi}(y \mid x) = \frac{\varphi(x,y)}{\varphi_\xi(x)} \tag{3.3.4}$$

为在 $\xi = x$ 条件下 η 的条件概率密度.

例 2　　设二维随机变量(ξ,η)具有联合概率密度

$$\varphi(x,y) = \begin{cases} 4\mathrm{e}^{-2(x+y)} & x > 0, y > 0 \\ 0 & \text{其他} \end{cases},$$

在 3.2 节例 3 中,已求得它的边缘概率密度为

$$\varphi_\xi(x) = \begin{cases} 2\mathrm{e}^{-2x} & x > 0 \\ 0 & x \leqslant 0 \end{cases}, \quad \varphi_\eta(y) = \begin{cases} 2\mathrm{e}^{-2y} & y > 0 \\ 0 & y \leqslant 0 \end{cases}.$$

求:(1) 在 $\eta = y(y > 0)$ 条件下 ξ 的条件概率密度 $\varphi_{\xi|\eta}(x \mid y)$;

(2) 在 $\xi = x(x > 0)$ 条件下 η 的条件概率密度 $\varphi_{\eta|\xi}(y \mid x)$.

解

$$\varphi_{\xi|\eta}(x \mid y) = \frac{\varphi(x,y)}{\varphi_\eta(y)} = \begin{cases} \dfrac{4\mathrm{e}^{-2(x+y)}}{2\mathrm{e}^{-2y}} = 2\mathrm{e}^{-2x} & x > 0 \\ \dfrac{0}{2\mathrm{e}^{-2y}} = 0 & x \leqslant 0 \end{cases};$$

$$\varphi_{\eta|\xi}(y \mid x) = \frac{\varphi(x,y)}{\varphi_\xi(x)} = \begin{cases} \dfrac{4\mathrm{e}^{-2(x+y)}}{2\mathrm{e}^{-2x}} = 2\mathrm{e}^{-2y} & y > 0 \\ \dfrac{0}{2\mathrm{e}^{-2x}} = 0 & y \leqslant 0 \end{cases}.$$

3.4　　随机变量的独立性

在上述论述中,大家已经看到,对二维随机变量(ξ,η)来说,由其联合分布可以得出其边缘分布,而由边缘分布一般不能唯一确定联合分布.因而(ξ,η)的联合分布所包含的 ξ 与 η 之间相互联系的内容是它们的边缘分布所无法提供的.

但在 3.2 节例 1 的有放回取球的情形中,我们看到

$$P\{\xi = 0, \eta = 0\} = 0.36 = P\{\xi = 0\}P\{\eta = 0\},$$
$$P\{\xi = 0, \eta = 1\} = 0.24 = P\{\xi = 0\}P\{\eta = 1\},$$
$$P\{\xi = 1, \eta = 0\} = 0.24 = P\{\xi = 1\}P\{\eta = 0\},$$
$$P\{\xi = 1, \eta = 1\} = 0.16 = P\{\xi = 1\}P\{\eta = 1\}.$$

即对任一对(x_i, y_j),有

$$P\{\xi = x_i, \eta = y_j\} = P\{\eta = x_i\}P\{\eta = y_j\}.$$

联合分布恰为两个边缘分布的乘积,它们之间有着非常简单而自然的关系,ξ 与 η 的取

值规律互不影响. 这一点从试验的性质也可直接看出, 这时我们称 ξ 与 η 是独立的.

一般地, 对随机变量 ξ 与 η, 若对任何 $(x, y) \in \mathbf{R}^2$, 有

$$P\{\xi \leqslant x, \eta \leqslant y\} = P\{\xi \leqslant x\}P\{\eta \leqslant y\},$$

即

$$F(x, y) = F_\xi(x)F_\eta(y), \tag{3.4.1}$$

即联合分布函数等于边缘分布函数之积, 则称随机变量 ξ 与 η 是**相互独立**的.

例 1 设 (ξ, η) 的联合分布函数为

$$F(x, y) = \frac{1}{(\mathrm{e}^{-x} + 1)(\mathrm{e}^{-y} + 1)},$$

问 ξ, η 是否独立?

解 $F_\xi(x) = F(x, +\infty) = \lim_{y \to +\infty} F(x, y) = \lim_{y \to +\infty} \frac{1}{(\mathrm{e}^{-x} + 1)(\mathrm{e}^{-y} + 1)} = \frac{1}{\mathrm{e}^{-x} + 1},$

$F_\eta(y) = F(+\infty, \eta) = \lim_{x \to +\infty} F(x, y) = \lim_{x \to +\infty} \frac{1}{(\mathrm{e}^{-x} + 1)(\mathrm{e}^{-y} + 1)} = \frac{1}{\mathrm{e}^{-y} + 1}.$

因为

$$F_\xi(x)F_\eta(y) = \frac{1}{(\mathrm{e}^{-x} + 1)(\mathrm{e}^{-y} + 1)} = F(x, y),$$

所以 ξ, η 相互独立.

随机变量独立性的定义与第 1 章中随机事件的独立性定义是相似的.

具体地对离散型与连续型随机变量的独立性, 我们可分别用概率分布与概率密度描述.

离散型随机变量 ξ 与 η 独立的充分必要条件是, 对一切 (x_i, y_j) $(i, j = 1, 2, \cdots)$, 有

$$P\{\xi = x_i, \eta = y_j\} = P\{\xi = x_i\}P\{\eta = y_j\} \quad (i, j = 1, 2, \cdots), \tag{3.4.2}$$

即联合概率分布等于边缘概率分布之积.

3.2 节例 1 中, 无放回取球时 ξ 与 η 不独立, 有放回取球时 ξ 与 η 独立.

连续型随机变量 ξ 与 η 独立的充分必要条件是, 对任何 $(x, y) \in \mathbf{R}^2$, 有

$$\varphi(x, y) = \varphi_\xi(x)\varphi_\eta(y), \tag{3.4.3}$$

即联合概率密度等于边缘概率密度之积.

这样根据联合分布、边缘分布、条件分布三者关系可以知道, 对独立随机变量 ξ, η 来说, 它们的联合分布等于边缘分布之积, 从而条件分布就等于边缘分布.

例 2 一个男孩和一个女孩约定中午 12 点到下午 1 点之间在某地相会. 假定每人到达的时间是相互独立的均匀随机变量, 试求先到者要等待 10 min 以上的概率.

解 设男孩来到的时间为 12 点 ξ 分, 女孩来到的时间为 12 点 η 分, 则 ξ 和 η 是独立的随机变量, 都服从 $[0, 60]$ 上的均匀分布(图 3 - 3). 所求概率为

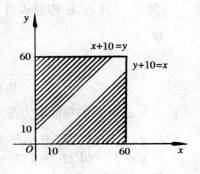

图 3 - 3

$$P\{\mid \xi - \eta \mid > 10\} = P\{\xi + 10 < \eta\} + P\{\eta + 10 < \xi\}.$$

由对称性知,它等于

$$2P\{\xi + 10 < \eta\} = 2\iint\limits_{x+10<y} \varphi(x,y)\mathrm{d}x\mathrm{d}y = 2\iint\limits_{x+10<y} \varphi_{\xi}(x)\varphi_{\eta}(y)\mathrm{d}x\mathrm{d}y$$

$$= 2\int_{10}^{60}\mathrm{d}y\int_{0}^{y-10}\left(\frac{1}{60}\right)^2\mathrm{d}x = \frac{2}{60^2}\int_{10}^{60}(y-10)\mathrm{d}y$$

$$= \frac{25}{36}.$$

随机变量的独立性往往由实际问题给出,在独立的情况下,边缘分布唯一确定联合分布,这样就将多维随机变量的问题化为了一维随机变量的问题,所以独立性是非常值得重视的概念之一. 至于不独立的变量,则仅当我们具备充分的数学信息,足以直接决定或通过分析推演来决定联合概率时,才能导出它们的联合分布;如果没有这种信息,就必须依据复合事件的相对频率去做经验估计了.

最后,我们指出,关于有限多个随机变量的独立性的定义也不难根据有限多个随机事件的独立性得到,这里不再赘述.

思考题3

试说明随机事件的独立性与随机变量的独立性之间的关系,并推导公式(3.4.3).

3.5　多维随机变量函数的分布

与一维随机变量的情形相似,对多维随机变量的函数的分布,我们主要讨论如何由(ξ,η)的分布,求出$\zeta = f(\xi,\eta)$的分布. 或更一般地,由$(\xi_1,\xi_2,\cdots,\xi_n)$的分布求出$\zeta = f(\xi_1,\xi_2,\cdots,\xi_n)$的分布.

3.5.1　和的分布

对两个离散型随机变量的和的概率分布的求法,我们用例子说明.

例1　设ξ_1,ξ_2均服从$b(1,p)$分布,且相互独立,求$\eta = \xi_1 + \xi_2$的概率分布.

解

ξ_i	0	1
$P\{\xi_i = x_j\}$	q	p

$(i = 1,2)$,

所以$\eta = \xi_1 + \xi_2$的可能取值是$0,1,2$.

$$P\{\eta = 0\} = P\{\xi_1 = 0, \xi_2 = 0\} = P\{\xi_1 = 0\}P\{\xi_2 = 0\} = q^2,$$
$$P\{\eta = 1\} = P\{\xi_1 = 1, \xi_2 = 0\} + P\{\xi_1 = 0, \xi_2 = 1\} = 2pq,$$
$$P\{\eta = 2\} = P\{\xi_1 = 1, \xi_2 = 1\} = P\{\xi_1 = 1\}P\{\xi_2 = 1\} = p^2.$$

故η的概率分布为

η	0	1	2
$P\{\eta=y_j\}$	q^2	$2pq$	p^2

，

即 $\eta \sim b(2,p)$.

一般地，若 ξ,η 相互独立，且 $\xi \sim b(n_1,p),\eta \sim b(n_2,p)$，则 $\zeta = \xi + \eta \sim b(n_1+n_2,p)$，即二项分布在独立的条件下具有可加性.

例 2 一个仪器由两个主要部件组成，其总长度为此两部件长度之和. 这两个部件的长度 ξ 和 η 为 2 个相互独立的随机变量，其概率分布如下所示，求此仪器总长度的概率分布.

ξ	9	10	11
$P\{\xi=x_i\}$	0.3	0.5	0.2

，

η	6	7
$P\{\eta=y_j\}$	0.4	0.6

.

解 设仪器总长度为 ζ，则 $\zeta = \xi + \eta$，其可能取值为 $15,16,17,18$. 又由 ξ,η 独立可算得

$$P\{\zeta=15\} = P\{\xi+\eta=15\} = P\{\xi=9,\eta=6\} = P\{\xi=9\}P\{\eta=6\}$$
$$= 0.3 \times 0.4 = 0.12,$$
$$P\{\zeta=16\} = P\{\xi+\eta=16\} = P\{\xi=9,\eta=7\} + P\{\xi=10,\eta=6\}$$
$$= 0.3 \times 0.6 + 0.5 \times 0.4 = 0.38,$$
$$P\{\zeta=17\} = P\{\xi+\eta=17\} = P\{\xi=10,\eta=7\} + P\{\xi=11,\eta=6\}$$
$$= 0.5 \times 0.6 + 0.2 \times 0.4 = 0.38,$$
$$P\{\zeta=18\} = P\{\xi+\eta=18\} = P\{\xi=11,\eta=7\}$$
$$= 0.2 \times 0.6 = 0.12,$$

所以 $\zeta = \xi + \eta$ 的概率分布为

ζ	15	16	17	18
$P\{\zeta=z_k\}$	0.12	0.38	0.38	0.12

.

对于两个连续型随机变量和的分布，可由下列定理求出其概率密度.

定理 3.1 设连续型随机变量 (ξ,η) 的联合概率密度为 $\varphi(x,y)$，则 $\zeta = \xi + \eta$ 的概率密度为

$$\varphi_\zeta(z) = \int_{-\infty}^{+\infty} \varphi(x,z-x)\mathrm{d}x = \int_{-\infty}^{+\infty} \varphi(z-y,y)\mathrm{d}y. \tag{3.5.1}$$

如果 ξ、η 相互独立，概率密度分别为 $\varphi_\xi(x)$ 和 $\varphi_\eta(y)$，则 $\zeta = \xi + \eta$ 的概率密度为

$$\varphi_\zeta(z) = \int_{-\infty}^{+\infty} \varphi_\xi(x)\varphi_\eta(z-x)\mathrm{d}x = \int_{-\infty}^{+\infty} \varphi_\xi(z-y)\varphi_\eta(y)\mathrm{d}y \tag{3.5.2}$$

上述公式称为求连续型随机变量和 $\zeta = \xi + \eta$ 的概率密度的**卷积公式**.

例 3 设随机变量 ξ,η 相互独立，且均服从 $N(0,1)$，求 $\zeta = \xi + \eta$ 的概率密度.

解 设 ξ,η 均服从 $N(0,1)$，它们的概率密度分别为

$$\varphi_\xi(x) = \frac{1}{\sqrt{2\pi}}\mathrm{e}^{-\frac{x^2}{2}} \quad \text{和} \quad \varphi_\eta(y) = \frac{1}{\sqrt{2\pi}}\mathrm{e}^{-\frac{y^2}{2}},$$

代入公式 (3.5.2)，即可得到 $\zeta = \xi + \eta$ 的概率密度

$$\varphi_\zeta(z) = \int_{-\infty}^{+\infty} \varphi_\xi(x)\varphi_\eta(z-x)\mathrm{d}x = \int_{-\infty}^{+\infty} \frac{1}{\sqrt{2\pi}}\mathrm{e}^{-\frac{x^2}{2}} \frac{1}{\sqrt{2\pi}}\mathrm{e}^{-\frac{(z-x)^2}{2}} \mathrm{d}x$$

$$= \int_{-\infty}^{+\infty} \frac{1}{2\pi}\mathrm{e}^{-\frac{2x^2-2zx+z^2}{2}} \mathrm{d}x$$

$$= \frac{1}{\sqrt{2\pi}\sqrt{2}}\mathrm{e}^{-\frac{z^2}{4}} \int_{-\infty}^{+\infty} \frac{1}{\sqrt{2\pi}}\mathrm{e}^{-\frac{\left(\sqrt{2}x-\frac{z}{\sqrt{2}}\right)^2}{2}} \mathrm{d}\left(\sqrt{2}x - \frac{z}{\sqrt{2}}\right)$$

$$= \frac{1}{\sqrt{2\pi}\sqrt{2}}\mathrm{e}^{-\frac{z^2}{4}} \cdot 1$$

$$= \frac{1}{\sqrt{2\pi}\sqrt{2}}\mathrm{e}^{-\frac{z^2}{2(\sqrt{2})^2}},$$

即 $\zeta \sim N(0, \sqrt{2}^2)$,也就是 $\zeta \sim N(0, 2)$.

用类似的推导方法,可进一步推广得到下列结论.

(1) 若 $\xi_i \sim N(0, 1)$ $(i = 1, 2, \cdots, n)$ 且相互独立,则

$$\sum_{i=1}^{n} \xi_i \sim N(0, n).$$

(2) 若 $\xi_i \sim N(\mu_i, \sigma_i^2)$ $(i = 1, 2, \cdots, n)$ 且相互独立,则

$$\sum_{i=1}^{n} \xi_i \sim N\left(\sum_{i=1}^{n} \mu_i, \sum_{i=1}^{n} \sigma_i^2\right).$$

即**服从正态分布的独立随机变量之和仍服从正态分布**,在这个意义上我们说,正态分布具有**可加性**.

由于正态随机变量的线性函数仍是正态随机变量,所以可以得出更一般的结论.

(3) 若 $\xi_i \sim N(\mu_i, \sigma_i^2)$ $(i = 1, 2, \cdots, n)$ 且相互独立,$c_1, c_2, \cdots, c_n$ 是常数,则

$$\sum_{i=1}^{n} c_i\xi_i \sim N\left(\sum_{i=1}^{n} c_i\mu_i, \sum_{i=1}^{n} c_i^2\sigma_i^2\right).$$

也就是说,**服从正态分布的独立随机变量的线性组合仍服从正态分布**.

例 4 设随机变量 ξ, η 相互独立,它们的概率密度分别为

$$\varphi_\xi(x) = \begin{cases} \dfrac{x^n}{n!}\mathrm{e}^{-x} & x > 0 \\ 0 & x \leqslant 0 \end{cases}, \varphi_\eta(y) = \begin{cases} \mathrm{e}^{-y} & y > 0 \\ 0 & y \leqslant 0 \end{cases}.$$

求 $\zeta = \xi + \eta$ 的概率密度.

解 因为 ξ, η 相互独立,由卷积公式(3.5.2),得 $\zeta = \xi + \eta$ 的概率密度为

$$\varphi_\zeta(z) = \int_{-\infty}^{+\infty} \varphi_\xi(x)\varphi_\eta(z-x)\mathrm{d}x.$$

当 $z \leqslant 0$ 时,$x > 0$ 和 $z - x > 0$ 不可能同时成立,故此时有

$$\varphi_\zeta(z) = \int_{-\infty}^{+\infty} \varphi_\xi(x)\varphi_\eta(z-x)\mathrm{d}x = \int_{-\infty}^{+\infty} 0\mathrm{d}x = 0;$$

当 $z > 0$ 时,要 $x > 0$ 和 $z - x > 0$ 同时成立,只需 $0 < x < z$,故有

$$\varphi_\zeta(z) = \int_{-\infty}^{+\infty} \varphi_\xi(x)\varphi_\eta(z-x)\mathrm{d}x$$

$$= \int_{-\infty}^{0} 0\,\mathrm{d}x + \int_{0}^{z} \frac{x^n}{n!}\mathrm{e}^{-x} \cdot \mathrm{e}^{-(z-x)}\mathrm{d}x + \int_{z}^{+\infty} 0\,\mathrm{d}x$$

$$= \frac{\mathrm{e}^{-z}}{n!}\int_{0}^{z} x^n\mathrm{d}x = \frac{\mathrm{e}^{-z}}{n!} \cdot \frac{z^{n+1}}{n+1} = \frac{z^{n+1}}{(n+1)!}\mathrm{e}^{-z}.$$

所以

$$\varphi_\zeta(z) = \begin{cases} \dfrac{z^{n+1}}{(n+1)!}\mathrm{e}^{-z} & z > 0 \\ 0 & z \leqslant 0 \end{cases}.$$

3.5.2　极值分布

设随机变量 $\xi_1, \xi_2, \cdots, \xi_n$ 相互独立,分布函数分别为 $F_i(x)$ $(i=1,2,\cdots,n)$,我们来求最大值 $\eta = \max(\xi_1, \xi_2, \cdots, \xi_n)$ 及最小值 $\zeta = \min(\xi_1, \xi_2, \cdots, \xi_n)$ 的分布函数 $F_\eta(x) = F_{\max}(x)$ 及 $F_\zeta(x) = F_{\min}(x)$.

由于事件 $\{\max(\xi_1, \xi_2, \cdots, \xi_n) \leqslant x\}$ 等价于 $\{\xi_1 \leqslant x, \xi_2 \leqslant x, \cdots, \xi_n \leqslant x\}$,所以

$$F_{\max}(x) = P\{\max(\xi_1, \xi_2, \cdots, \xi_n) \leqslant x\} = P\{\xi_1 \leqslant x, \xi_2 \leqslant x, \cdots, \xi_n \leqslant x\}$$

$$= P\{\xi_1 \leqslant x\}P\{\xi_2 \leqslant x\}\cdots P\{\xi_n \leqslant x\} = F_1(x)F_2(x)\cdots F_n(x) = \prod_{i=1}^{n} F_i(x).$$

而事件 $\{\min(\xi_1, \xi_2, \cdots, \xi_n) \leqslant x\}$ 的对立事件 $\{\min(\xi_1, \xi_2, \cdots, \xi_n) > x\}$ 则等价于 $\{\xi_1 > x, \xi_2 > x, \cdots, \xi_n > x\}$,所以

$$F_{\min}(x) = P\{\min(\xi_1, \xi_2, \cdots, \xi_n) \leqslant x\} = 1 - P\{\min(\xi_1, \xi_2, \cdots, \xi_n) > x\}$$

$$= 1 - P\{\xi_1 > x, \xi_2 > x, \cdots, \xi_n > x\} = 1 - P\{\xi_1 > x\}P\{\xi_2 > x\}\cdots P\{\xi_n > x\}$$

$$= 1 - \prod_{i=1}^{n}(1 - F_i(x)).$$

特别地,如果 $\xi_1, \xi_2, \cdots, \xi_n$ 独立同分布,设分布函数为 $F(x)$,则

$$F_{\max}(x) = P\{\max(\xi_1, \xi_2, \cdots, \xi_n) \leqslant x\} = [F(x)]^n,$$

$$F_{\min}(x) = P\{\min(\xi_1, \xi_2, \cdots, \xi_n) \leqslant x\} = 1 - [1 - F(x)]^n.$$

这是常见的极值分布情形.

例5　电子仪器由 6 个相互独立的部件 L_{ij} $(i=1,2; j=1,2,3)$ 组成,连接方式如图3-4所示.设各个部件的使用寿命 ξ_{ij} 服从相同的指数分布 $E(\lambda)$,求仪器使用寿命的概率密度.

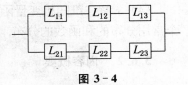

图 3-4

解　因为 $\xi_{ij} \sim E(\lambda)(i=1,2; j=1,2,3)$,所以它们的分布函数都是

$$F(x) = \begin{cases} 1 - \mathrm{e}^{-\lambda x} & x > 0 \\ 0 & x \leqslant 0 \end{cases}.$$

先求各串联组的使用寿命 η_i $(i=1,2)$ 的分布函数.因为当串联的 3 个部件 L_{i1}, L_{i2}, L_{i3} 中任一个损坏时,第 i 个串联组即停止工作,所以有

$$\eta_i = \min(\xi_{i1}, \xi_{i2}, \xi_{i3}),$$

η_i 的分布函数

$$F_{\eta_i}(y) = 1 - [1 - F(y)]^3 = \begin{cases} 1 - e^{-3\lambda y} & y > 0 \\ 0 & y \leqslant 0 \end{cases} \quad (i = 1, 2).$$

现求整个仪器的使用寿命 ζ 的分布函数. 因为当 2 个串联组都停止工作时,仪器才停止工作,所以有

$$\zeta = \max(\eta_1, \eta_2),$$

ζ 的分布函数

$$F_{\zeta}(z) = F_{\eta_1}(z) F_{\eta_2}(z) = \begin{cases} (1 - e^{-3\lambda z})^2 & z > 0 \\ 0 & z \leqslant 0 \end{cases},$$

由此得 ζ 的概率密度

$$\varphi_{\zeta}(z) = \frac{\mathrm{d}}{\mathrm{d}z} F_{\zeta}(z) = \begin{cases} 6\lambda e^{-3\lambda z}(1 - e^{-3\lambda z}) & z > 0 \\ 0 & z \leqslant 0 \end{cases}.$$

 思考题4

试从 $\xi + \eta$ 的分布函数入手,证明定理 3.1.

3.6　本章小结

3.6.1　基本要求

(1) 了解多维随机变量及其分布函数的概念,理解二维随机变量的联合分布(分布函数、概率分布、概率密度)和边缘分布的概念与性质及它们之间的关系,并会用来求解具体问题.

(2) 了解二维随机变量的条件分布的概念及计算,了解概率密度、边缘概率密度和条件概率密度的关系.

(3) 理解随机变量独立性的概念,并能熟练运用独立性解决具体问题.

(4) 了解二维随机变量函数的概念,会求两个独立随机变量的常用函数的分布,记住几个常用分布的和函数的分布.

3.6.2　内容概要

1) 二维随机变量的分布函数

(1) 定义:

二维随机变量 (ξ, η) 的联合分布函数 $F(x, y) \overset{\triangle}{=} P\{\xi \leqslant x, \eta \leqslant y\}$.

(2) 性质:

① $F(x, y)$ 是单调不减函数:

$$\forall x_2 > x_1, y_2 > y_1 \Rightarrow F(x_2,y) \geqslant F(x_1,y), F(x,y_2) \geqslant F(x,y_1);$$

②$F(x,y)$ 是有界函数：$0 \leqslant F(x,y) \leqslant 1$，且

$$F(+\infty,+\infty) = 1, F(-\infty,-\infty) = F(x,-\infty) = F(-\infty,y) = 0;$$

③$F(x,y)$ 是右连续的：$F(x+0,y) = F(x,y), F(x,y+0) = F(x,y);$

2) 二维随机变量的边缘分布

若二维随机变量(ξ,η)的联合分布函数为$F(x,y)$，则(ξ,η)的边缘分布函数为

$$F_\xi(x) = F(x,+\infty) = \lim_{y \to +\infty} F(x,y), F_\eta(y) = F(+\infty,y) = \lim_{x \to +\infty} F(x,y).$$

3) 二维离散型随机变量

所有可能取值为有限多对或可列无穷多对的二维随机变量称为二维离散型随机变量.

(1) (ξ,η) 的联合概率分布：

$P\{\xi = x_i, \eta = y_j\} = p_{ij}(i,j = 1,2,\cdots)$，常用表格表示

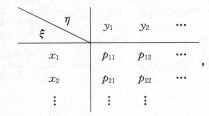

$$,$$

满足：①$p_{ij} \geqslant 0$；②$\sum\limits_{i=1}^{+\infty} \sum\limits_{j=1}^{+\infty} p_{ij} = 1.$

(2) (ξ,η) 的边缘分布：

$$P\{\xi = x_i\} = P\{\xi = x_i, \eta < +\infty\} = \sum_{j=1}^{+\infty} p_{ij} \quad (i = 1,2,\cdots);$$

$$P\{\eta = y_j\} = P\{\xi < +\infty, \eta = y_j\} = \sum_{i=1}^{+\infty} p_{ij} \quad (j = 1,2,\cdots).$$

(3) (ξ,η) 的条件分布：

$\eta = y_j$ 下 ξ 的条件概率分布

$$P\{\xi = x_i \mid \eta = y_j\} = \frac{P\{\xi = x_i, \eta = y_j\}}{P\{\eta = y_j\}} \quad (i = 1,2,\cdots);$$

$\xi = x_i$ 下 η 的条件概率分布

$$P\{\eta = y_j \mid \xi = x_i\} = \frac{P\{\xi = x_i, \eta = y_j\}}{P\{\xi = x_i\}} \quad (j = 1,2,\cdots).$$

4) 二维连续型随机变量

(1) 定义：

设二维随机变量(ξ,η)的分布函数为$F(x,y)$，若存在非负函数$\varphi(x,y)$，使对一切实数x,y成立

$$F(x,y) = \int_{-\infty}^{x} \int_{-\infty}^{y} \varphi(x,y) \mathrm{d}x \mathrm{d}y,$$

则称(ξ,η)为二维连续型随机变量，$\varphi(x,y)$ 称为(ξ,η)的联合概率密度函数.

(2) 性质：

①$\varphi(x,y) \geqslant 0$;

②$\int_{-\infty}^{+\infty} \int_{-\infty}^{+\infty} \varphi(x,y) \mathrm{d}x \mathrm{d}y = 1$;

③ 在 $\varphi(x,y)$ 的连续点处有 $\dfrac{\partial^2 F(x,y)}{\partial x \partial y} = \varphi(x,y)$;

④$P\{(\xi,\eta) \in G\} = \iint\limits_{G} \varphi(x,y) \mathrm{d}x \mathrm{d}y$,$G$ 为 xOy 平面上的区域.

(3) 边缘分布:

$$\varphi_{\xi}(x) = \int_{-\infty}^{+\infty} \varphi(x,y) \mathrm{d}y, \; \varphi_{\eta}(y) = \int_{-\infty}^{+\infty} \varphi(x,y) \mathrm{d}x.$$

(4) 条件分布:

① 条件分布函数:

$\eta = y$ 下 ξ 的条件分布函数为 $F_{\xi|\eta}(x \mid y) = \dfrac{\displaystyle\int_{-\infty}^{x} \varphi(x,y) \mathrm{d}x}{\varphi_{\eta}(y)}$;

$\xi = x$ 下 η 的条件分布函数为 $F_{\eta|\xi}(y \mid x) = \dfrac{\displaystyle\int_{-\infty}^{y} \varphi(x,y) \mathrm{d}y}{\varphi_{\xi}(x)}$.

② 条件概率密度:

$\eta = y$ 下 ξ 的条件概率密度为 $\varphi_{\xi|\eta}(x \mid y) = \dfrac{\varphi(x,y)}{\varphi_{\eta}(y)}$;

$\xi = x$ 下 η 的条件概率密度为 $\varphi_{\eta|\xi}(y \mid x) = \dfrac{\varphi(x,y)}{\varphi_{\xi}(x)}$.

5) 随机变量的独立性

(1) 定义:

若二维随机变量(ξ,η) 的联合分布函数等于边缘分布函数的乘积,即

$$F(x,y) = F_{\xi}(x) F_{\eta}(y),$$

则称 ξ 与 η 是相互独立的.

同样对 n 维随机变量$(\xi_1,\xi_2,\cdots,\xi_n)$,若有

$$F(x_1,x_2,\cdots,x_n) = \prod_{i=1}^{n} F_{\xi_i}(x_i)$$

成立,则称 $\xi_1,\xi_2,\cdots,\xi_n$ 是相互独立的.

(2) 判别方法:

离散型随机变量 ξ 与 η 相互独立的充分必要条件是:

$$\forall (x_i,y_j), P\{\xi = x_i, \eta = y_j\} = P\{\xi = x_i\} P\{\eta = y_j\};$$

连续型随机变量 ξ 与 η 相互独立的充分必要条件是 $\varphi(x,y) = \varphi_{\xi}(x) \varphi_{\eta}(y)$.

6) 随机变量函数的分布

(1) $\zeta = \xi + \eta$ 的分布:

① 卷积公式:(ξ,η) 是连续型随机变量,其概率密度为 $\varphi(x,y)$,则 ζ 的概率密度

$$\varphi_\zeta(z) = \int_{-\infty}^{+\infty} \varphi(x, z-x)\mathrm{d}x = \int_{-\infty}^{+\infty} \varphi(z-y, y)\mathrm{d}y.$$

当 ξ 与 η 相互独立时,有

$$\varphi_\zeta(z) = \int_{-\infty}^{+\infty} \varphi_\xi(x)\varphi_\eta(z-x)\mathrm{d}x = \int_{-\infty}^{+\infty} \varphi_\xi(z-y)\varphi_\eta(y)\mathrm{d}y.$$

② 当 ξ 与 η 相互独立时,有下列结论:

若 $\xi \sim b(n_1, p)$,$\eta \sim b(n_2, p)$,则 $\zeta = \xi + \eta \sim b(n_1 + n_2, p)$;

若 $\xi \sim P(\lambda_1)$,$\eta \sim P(\lambda_2)$,则 $\zeta = \xi + \eta \sim P(\lambda_1 + \lambda_2)$;

若 $\xi \sim N(\mu_1, \sigma_1^2)$,$\eta \sim N(\mu_2, \sigma_2^2)$,则 $\zeta = \xi + \eta \sim N(\mu_1 + \mu_2, \sigma_1^2 + \sigma_2^2)$.

更一般地,若 $\xi_i \sim N(\mu_i, \sigma_i^2)(i = 1, 2, \cdots, n)$ 且相互独立,$c_i(i = 1, 2, \cdots, n)$ 是常数,则

$$\sum_{i=1}^n c_i\xi_i \sim N\left(\sum_{i=1}^n c_i\mu_i, \sum_{i=1}^n c_i^2\sigma_i^2\right).$$

也就是说,服从正态分布的独立随机变量的线性组合仍服从正态分布.

(2) $U = \max\{\xi_1, \xi_2, \cdots, \xi_n\}$,$V = \min\{\xi_1, \xi_2, \cdots, \xi_n\}$ 的分布:

设 $\xi_1, \xi_2, \cdots, \xi_n$ 相互独立,则随机变量 U, V 的分布函数分别为

$$F_U(x) = \prod_{i=1}^n F_{\xi_i}(x), F_V(x) = 1 - \prod_{i=1}^n (1 - F_{\xi_i}(x)).$$

特别地,如果连续型随机变量 $\xi_1, \xi_2, \cdots, \xi_n$ 独立同分布,ξ_i 的分布函数和概率密度分别设为 $F(x)$ 和 $\varphi(x)$,则

$$F_U(x) = [F(x)]^n, F_V(x) = 1 - [1 - F(x)]^n$$

$$\varphi_U(x) = n[F(x)]^{n-1}\varphi(x), \varphi_V(x) = n[1 - F(x)]^{n-1}\varphi(x).$$

习　题　三

3.1 假设电子显示牌上有 3 个灯泡在第一排,5 个灯泡在第二排,令 ξ、η 分别表示在某一规定时间内第一排和第二排烧坏的灯泡数. 若 ξ 与 η 的联合分布如下表所示,试计算在规定时间内下列事件的概率:

第 3.1 题表

ξ \ η	0	1	2	3	4	5
0	0.01	0.01	0.03	0.05	0.07	0.09
1	0.01	0.02	0.04	0.05	0.06	0.08
2	0.01	0.03	0.05	0.05	0.05	0.06
3	0.01	0.02	0.04	0.06	0.06	0.05

(1) 第一排烧坏的灯泡数不超过一个;

(2) 第一排与第二排烧坏的灯泡数相等;

(3) 第一排烧坏的灯泡数不超过第二排烧坏的灯泡数.

3.2 某盒中有形状相同的 a 个白球,b 个黑球,每次从中任取一球,共取两次. 设 ξ 及 η 分别表示第一次及第二次取出的黑球数. 在下列情况下,求二维随机变量 (ξ, η) 的联合分

布及边缘分布：(1) 每次取出的球仍放回去(放回抽样)；(2) 每次取出的球不放回去(不放回抽样).

3.3 在10件产品中有2件一级品,7件二级品和1件次品.从10件产品中任取3件,用 ξ 表示其中的一级品数,η 表示其中的二级品数,求二维随机变量 (ξ, η) 的联合分布.

3.4 考虑独立重复试验序列,其中每次试验成功的概率为 p,令 ξ_1 是在第一次成功之前的失败次数,ξ_2 是在头两次成功之间的失败次数,求二维随机变量 (ξ_1, ξ_2) 的联合分布.

3.5 设二维随机变量 (ξ, η) 的分布函数为

$$F(x, y) = A\left(B + \arctan \frac{x}{2}\right)\left(C + \arctan \frac{y}{3}\right),$$

求：(1) 系数 A, B, C；　(2) (ξ, η) 的联合概率密度；　(3) 边缘分布函数及边缘概率密度.

3.6 设二维随机变量 (ξ, η) 的联合概率密度为

$$\varphi(x, y) = \begin{cases} \dfrac{12}{7}(x^2 + xy) & 0 \leqslant x \leqslant 1, 0 \leqslant y \leqslant 1 \\ 0 & \text{其他} \end{cases}.$$

求 $P\{\xi > \eta\}$.

3.7 设二维随机变量 (ξ, η) 的联合概率密度为

$$\varphi(x, y) = \begin{cases} A\mathrm{e}^{-(2x+3y)} & x > 0, y > 0 \\ 0 & \text{其他} \end{cases}.$$

求：(1) 系数 A；　(2) (ξ, η) 的分布函数；　(3) 边缘概率密度；

(4) (ξ, η) 落在区域 $D = \{(x, y) \mid x > 0, y > 0, 2x + 3y < 6\}$ 内的概率.

3.8 在3.3题中,求 $\xi = 0$ 的条件下 η 的条件分布和在 $\eta = 2$ 的条件下 ξ 的条件分布,并问 ξ 与 η 相互独立吗？

3.9 设二维随机变量 (ξ, η) 的联合概率密度为

$$\varphi(x, y) = \begin{cases} \dfrac{1 + xy}{4} & |x| < 1, |y| < 1 \\ 0 & \text{其他} \end{cases}.$$

(1) 求证：ξ 与 η 不独立；

(2) 求在 $\eta = y(|y| < 1)$ 的条件下 ξ 的条件概率密度 $\varphi_{\xi|\eta}(x \mid y)$.

3.10 设随机变量 ξ 关于随机变量 η 的条件概率密度为

$$\varphi_{\xi|\eta}(x \mid y) = \begin{cases} \dfrac{3x^2}{y^3} & 0 < x < y, \\ 0 & \text{其他} \end{cases},$$

而 η 的概率密度为

$$\varphi_\eta(y) = \begin{cases} 5y^4 & 0 < y < 1 \\ 0 & \text{其他} \end{cases}.$$

求 $P\left\{\xi > \dfrac{1}{2}\right\}$.

3.11 一个电子部件包含两个主要元件,分别以 ξ、η 表示这两个元件的寿命(以小时计),设 (ξ,η) 的分布函数为

$$F(x,y) = \begin{cases} 1 - e^{-0.01x} - e^{-0.01y} + e^{-0.01(x+y)} & x \geqslant 0, y \geqslant 0 \\ 0 & \text{其他} \end{cases}.$$

(1) 问 ξ 与 η 是否相互独立?　(2) 求两个元件寿命都超过 120 h 的概率.

3.12 设随机变量 ξ 与 η 独立,ξ 在区间 $[0,2]$ 上服从均匀分布,η 服从指数分布 $E(2)$,求:
(1) 二维随机变量 (ξ,η) 的概率密度;　(2) 概率 $P\{\xi \leqslant \eta\}$.

3.13 两人约定在下午 2 点到 3 点的时间内在某地会面,先到的人应等候另一个人 15 min 才能离去.假定每人到达的时间均匀分布于 2 点到 3 点之间,且是相互独立的,问他们两人能会面的概率是多少?

3.14 袋中装有标上号码 1,2,3 的三个球,依次从中不放回地一个一个取球,连取两次.设 ξ,η 分别为第一次和第二次取到的球的号码数,求两个号码之和 $\zeta = \xi + \eta$ 的概率分布.

3.15 在电子仪器中,为某个电子元件配置一个备用的电子元件,当原有的元件损坏时,备用的元件即可接替使用.设这两个元件的使用寿命 ξ 及 η 分别服从指数分布 $E(\lambda)$ 及 $E(\mu)$,求它们的使用寿命总和 $\xi + \eta$ 的概率密度(考虑 $\lambda = \mu$ 与 $\lambda \neq \mu$ 两种情形).

3.16 假设一电路装有三个同种电气元件,其工作状态相互独立,且无故障工作时间都服从参数为 $\lambda > 0$ 的指数分布.当三个元件都无故障时,电路正常工作,否则整个电路不能正常工作,试求电路正常工作的时间 T 的概率密度.

3.17 电子仪器由 6 个相互独立的部件 L_{ij} $(i=1,2;j=1,2,3)$ 组成,联结方式如图所示.设各个部件的使用寿命 ξ_{ij} 服从相同的指数分布 $E(\lambda)$,求仪器使用寿命的概率密度.

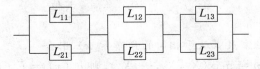

第 3.17 题图

3.18 设随机变量 ξ_1,ξ_2,ξ_3 相互独立,且 $\xi_1 \sim N(1,2)$;$\xi_2 \sim N(0,3)$;$\xi_3 \sim N(2,1)$.试求 $P\{0 \leqslant 2\xi_1 + 3\xi_2 - \xi_3 \leqslant 6\}$ 的值.

自测题三

一、判断题(正确用"＋",错误用"－")

1. 设二维随机变量 (ξ,η) 的联合分布函数为 $F(x,y)$,则
$$F(x,y) = P\{\xi \leqslant x, \eta \leqslant y\} = 1 - P\{\xi > x, \eta > y\}.\qquad (\quad)$$

2. 设二维随机变量 (ξ,η) 的联合分布函数为 $F(x,y)$,则
$$P\{x_1 < \xi \leqslant x_2, y_1 < \eta \leqslant y_2\} = F(x_2,y_2) - F(x_1,y_1).\qquad (\quad)$$

3. 二维连续型随机变量 (ξ,η) 的边缘分布函数为 $F_\xi(x),F_\eta(y)$,若 ξ 与 η 相互独立,则其联合

分布函数 $F(x,y)$ 可分解为 $F(x,y) = F_\xi(x)F_\eta(y)$.　　　　　　　　　　( )

4. 设 ξ 与 η 的概率密度分别为 $\varphi_\xi(x), \varphi_\eta(y)$,而 $\varphi(x,y) = \varphi_\xi(x)\varphi_\eta(y) + f(x,y)$ 是随机变量 (ξ, η) 的概率密度,则 $f(x,y) \geqslant -\varphi_\xi(x)\varphi_\eta(y)$ 且 $\int_{-\infty}^{+\infty}\int_{-\infty}^{+\infty} f(x,y)\mathrm{d}x\mathrm{d}y = 0$.　　( )

5. 设随机变量 ξ 与 η 相互独立,它们的概率分布分别为

ξ	-1	1
P	$\frac{1}{2}$	$\frac{1}{2}$

,

η	-1	1
P	$\frac{1}{2}$	$\frac{1}{2}$

,

则 $P\{\xi = \eta\} = 1$.　　　　　　　　　　　　　　　　　　　　( )

6. 设 (ξ, η) 的概率分布为

ξ \ η	0	1
0	$\frac{3}{10}$	$\frac{3}{10}$
1	$\frac{3}{10}$	$\frac{1}{10}$

,

则 ξ 与 η 相互独立.　　　　　　　　　　　　　　　　　　　( )

7. 在第 6 题中,$\zeta = \xi + \eta$ 的概率分布为

ζ	0	1	2
P	$\frac{3}{10}$	$\frac{4}{10}$	$\frac{3}{10}$

.　　　　　　( )

8. 若 (ξ, η) 的联合概率密度

$$\varphi(x,y) = \begin{cases} \mathrm{e}^{-(x+y)} & x \geqslant 0, y \geqslant 0 \\ 0 & \text{其他} \end{cases},$$

则 ξ 与 η 相互独立.　　　　　　　　　　　　　　　　　　　( )

9. 已知 $X_1, X_2, \cdots, X_n$ 独立且服从于相同的分布 $F(x)$,若令
$$\eta = \max(X_1, X_2, \cdots, X_n), 则 F_\eta(x) = F^n(x).$$　　　( )

10. 设 ξ、η 是两个随机变量,则 $\xi + \eta$ 是二维随机变量.　　　( )

二、选择题

1. 设 ξ, η 为随机变量,则事件 $\{\xi \leqslant 1, \eta \leqslant 1\}$ 的逆事件为( ).
   (A) $\{\xi > 1, \eta > 1\}$　　　　　　　(B) $\{\xi > 1, \eta \leqslant 1\}$
   (C) $\{\xi \leqslant 1, \eta > 1\}$　　　　　　(D) $\{\xi > 1\} \bigcup \{\eta > 1\}$

2. $p_{ij} = P\{\xi = x_i, \eta = y_j\}(i,j = 1,2,\cdots)$ 是二维离散型随机变量 (ξ, η) 的( ).
   (A) 联合概率分布　　　　　　　(B) 联合分布函数
   (C) 概率密度　　　　　　　　　(D) 边缘概率分布

3. 设随机变量 (ξ, η) 的分布函数为 $F(x,y)$,其边缘分布函数 $F_\xi(x)$ 是( ).
   (A) $\lim_{y \to -\infty} F(x,y)$　　　　　　(B) $\lim_{y \to +\infty} F(x,y)$
   (C) $F(x,0)$　　　　　　　　　(D) $F(0,x)$

4. 设随机变量 (ξ, η) 的分布函数为 $F(x,y) = A\left(\arctan\dfrac{x}{2} + B\right)\left(\arctan\dfrac{y}{3} + \dfrac{\pi}{2}\right)$，则 A, B 的值分别为（   ）.

(A) $\dfrac{1}{\pi}, \dfrac{\pi}{2}$ 　　 (B) $\dfrac{1}{\pi^2}, \dfrac{2}{\pi}$ 　　 (C) $\dfrac{1}{\pi}, \dfrac{\pi}{4}$ 　　 (D) $\dfrac{1}{\pi^2}, \dfrac{\pi}{2}$

5. 设随机变量 ξ 与 η 相互独立，服从相同的 $0-1$ 分布：

ξ	0	1
P	0.4	0.6

，

η	0	1
P	0.4	0.6

，

则下列结论正确的是（   ）.

(A) $P\{\xi = \eta\} = 0$ 　　　　　　　 (B) $P\{\xi = \eta\} = 0.5$

(C) $P\{\xi = \eta\} = 0.52$ 　　　　　 (D) $P\{\xi = \eta\} = 1$

6. 设 $\xi \sim N(1,3)$，$\eta \sim N(1,3)$，且 ξ 与 η 相互独立，则 $\xi + \eta \sim$（   ）.

(A) $N(2,8)$ 　　 (B) $N(2,6)$ 　　 (C) $N(1,18)$ 　　 (D) $N(2,18)$

7. 设 ξ 与 η 是相互独立的随机变量，且 $\xi \sim N(0,1)$，$\eta \sim N(1,1)$，则（   ）.

(A) $P\{\xi + \eta \leqslant 0\} = P\{\xi - \eta \leqslant 0\}$ 　　 (B) $P\{\xi + \eta \leqslant 1\} = P\{\xi - \eta \leqslant 1\}$

(C) $P\{\xi + \eta \leqslant 0\} = P\{\xi - \eta \leqslant 1\}$ 　　 (D) $P\{\xi + \eta \leqslant 1\} = P\{\xi - \eta \leqslant -1\}$

8. 设随机变量 ξ 与 η 相互独立，且均服从标准正态分布 $N(0,1)$，则下列正确的是（   ）.

(A) $P\{\xi + \eta \geqslant 0\} = \dfrac{1}{4}$ 　　　　　　 (B) $P\{\xi - \eta \geqslant 0\} = \dfrac{1}{4}$

(C) $P\{\max(\xi, \eta) \geqslant 0\} = \dfrac{1}{4}$ 　　 (D) $P\{\min(\xi, \eta) \geqslant 0\} = \dfrac{1}{4}$

9. 设 ξ 与 η 独立同分布，$\xi \sim U(0,1)$，令 $\zeta = \xi + \eta$，$\varphi_\zeta(z)$ 为 ζ 的概率密度，则 $\varphi_\zeta\left(\dfrac{3}{2}\right) =$（   ）.

(A) 0 　　　　 (B) $\dfrac{1}{2}$ 　　　　 (C) $\dfrac{3}{2}$ 　　　　 (D) 1

10. 已知随机变量 ξ 与 η 相互独立，它们的分布函数分别为 $F_\xi(x)$ 与 $F_\eta(y)$，则随机变量 $\zeta = \max(\xi, \eta)$ 的分布函数 $F_\zeta(z)$ 等于（   ）.

(A) $\max\{F_\xi(z), F_\eta(z)\}$ 　　　　　 (B) $F_\xi(z)F_\eta(z)$

(C) $\dfrac{1}{2}[F_\xi(z) + F_\eta(z)]$ 　　　　 (D) $F_\xi(z) + F_\eta(z) - F_\xi(z)F_\eta(z)$

三、填空题

1. 设二维随机变量 (ξ, η) 的联合概率分布为

ξ ＼ η	0	1	2
0	0.1	0.2	0
1	0.3	0.1	0.1
2	0.1	0	0.1

，

则 $P\{\xi\eta = 0\} = $ _____.

2. 设二维随机变量(ξ,η)的概率密度为

$$\varphi(x,y) = \begin{cases} e^{-y} & 0 < x < y, \\ 0 & \text{其他} \end{cases},$$

则 η 的边缘概率密度为 $\varphi_\eta(y)$，则 $\varphi_\eta(2) = $ _____.

3. 设二维随机变量(ξ,η)的概率密度为

$$\varphi(x,y) = \begin{cases} 1 & 0 < x < 1, 0 < y < 1, \\ 0 & \text{其他} \end{cases},$$

则概率 $P\{\xi < 0.5, \eta < 0.6\} = $ _____.

4. 设二维随机变量(ξ,η)的概率密度为

$$\varphi(x,y) = \begin{cases} 4xy & 0 < x < 1, 0 < y < 1, \\ 0 & \text{其他} \end{cases},$$

则 $P\left\{0 < \xi < \dfrac{1}{2}, \dfrac{1}{4} < \eta < 1\right\} = $ _____，$P\{\xi = \eta\} = $ _____，
$P\{\xi < \eta\} = $ _____.

5. 设随机变量 ξ 与 η 相互独立，其概率分布为

ξ	-1	1
P	$\dfrac{2}{5}$	a

η	-1	1
P	b	$\dfrac{2}{3}$

则 $a = $ _____，$b = $ _____，$P\{\xi = \eta\} = $ _____.

6. 已知随机变量 ξ,η 的联合概率分布为

ξ＼η	0	1	2
-1	$\dfrac{1}{15}$	t	$\dfrac{1}{5}$
1	s	$\dfrac{1}{5}$	$\dfrac{3}{10}$

则当 $s = $ _____，$t = $ _____ 时，ξ,η 相互独立.

7. 若 ξ、η 相互独立，已知 $\xi \sim U(0,2)$，$\eta \sim N(1,1)$，则 (ξ,η) 的联合概率密度 $\varphi(x,y) = $
_____.

8. 若 ξ、η 独立同分布，已知 $\xi \sim E(2)$，则 (ξ,η) 的联合分布函数 $F(x,y) = $ _____.

9. 设相互独立的两个随机变量 ξ、η 具有同一概率分布，且 ξ 的概率分布为

ξ	0	1
P	0.5	0.5

则 $\zeta = \max\{\xi,\eta\}$ 的概率分布为 _____.

10. 设 ξ_1、ξ_2 独立同服从 $0-1$ 分布，且 $P\{\xi_1 = 1\} = P\{\xi_2 = 1\} = 0.6$，则 $\eta = \min\{\xi_1,\xi_2\}$ 的概率分布为 _____.

4

随机变量的数字特征

随机变量 ξ 的分布已经完整地描述了随机变量的概率性质,但是在许多实际问题中,由于很难求出随机变量 ξ 的分布或者不需要知道随机变量 ξ 的一切统计特性,而只需知道它的若干特征就足够了. 例如在分析一批元件的质量情况时,常常是只需看元件的平均寿命,以及元件的寿命与平均寿命的偏离程度,如果平均寿命长,且各元件的寿命与平均寿命的偏离程度小,可以认为这批元件的质量好. 这就是以下要讨论的随机变量的数字特征 —— **数学期望、方差、协方差和相关系数**. 本章重点要求掌握数学期望,方差的定义,性质和计算. 熟记常见分布的期望和方差,并理解相关系数的含义、性质和计算.

本章内容框图如下.

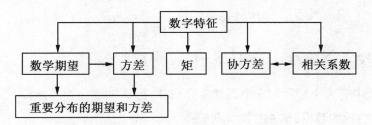

4.1 一维随机变量的数学期望

4.1.1 离散型随机变量的数学期望

例1 甲、乙两射击手,他们击中的环数分别为随机变量 ξ 和 η,且他们的概率分布已知如下

甲击中环数	8	9	10
概率	0.3	0.2	0.5

乙击中环数	8	9	10
概率	0.2	0.5	0.3

试问哪一个射手水平高些?

这个问题的答案并不能一眼看出. 我们这样来分析,设甲、乙两射击手各射了 N 发,打中的总环数大约为

$$甲:\ 8 \times 0.3N + 9 \times 0.2N + 10 \times 0.5N = 9.2N,$$

乙: $8 \times 0.2N + 9 \times 0.5N + 10 \times 0.3N = 9.1N$.

由此可知,平均起来甲每发射中 9.2 环,乙每发射中 9.1 环,故甲射手平均水平高于乙射手.

受例 1 启发,我们引入离散型随机变量的数学期望的定义.

定义 1 设 ξ 是一离散型随机变量,其概率分布为 $P\{\xi = x_k\} = p(x_k)$ $(k = 1, 2, \cdots)$.
若级数 $\sum\limits_{k=1}^{\infty} x_k p(x_k)$ 绝对收敛,则称 $\sum\limits_{k=1}^{\infty} x_k p(x_k)$ 为 ξ 的**数学期望**,记为 $E\xi$,即

$$E\xi = \sum_{k=1}^{\infty} x_k p(x_k). \tag{4.1.1}$$

若 $\sum\limits_{k=1}^{\infty} |x_k| p(x_k)$ 发散,则称 ξ 的数学期望不存在.

数学期望简称为**期望**或称为**均值**.

定义中要求此级数绝对收敛,不仅是为了数学处理的方便,而且是因为随机变量 ξ 的取值 x_k 的排列次序并不固定,反映在数学期望的定义中应该允许改变 x_k 的次序而不影响其收敛性及收敛值,在数学上相当于要求级数绝对收敛.

例 2 0—1 概率分布

ξ	0	1
$P\{\xi = x_k\}$	q	p

其数学期望值 $E\xi = \sum\limits_{k=0}^{1} x_k p(x_k) = 1 \cdot p + 0 \cdot q = p$.

例 3 袋中有大小相同的 5 个黑球 3 个白球,每次抽取一个不放回,直到取到黑球为止. 记 ξ 为取到白球的数目,求 ξ 的数学期望.

解 白球数 ξ 只可能是 $0, 1, 2, 3$. 对应的概率分别为

$P\{\xi = 0\} = \dfrac{5}{8}$, $P\{\xi = 1\} = \dfrac{P_3^1 P_5^1}{P_8^2} = \dfrac{15}{56}$, $P\{\xi = 2\} = \dfrac{P_3^2 P_5^1}{P_8^3} = \dfrac{5}{56}$,

$P\{\xi = 3\} = \dfrac{P_3^3 P_5^1}{P_8^4} = \dfrac{1}{56}$.

因此,对应 ξ 的概率分布为

ξ	0	1	2	3
P	$\frac{35}{56}$	$\frac{15}{56}$	$\frac{5}{56}$	$\frac{1}{56}$

由式(4.1.1) 可得

$$E\xi = 0 \times \frac{35}{56} + 1 \times \frac{15}{56} + 2 \times \frac{5}{56} + 3 \times \frac{1}{56} = \frac{1}{2}.$$

例 4 设随机变量 ξ 的取值 $x_k = (-1)^k \dfrac{2^k}{k}$ $(k = 1, 2, \cdots)$,对应的概率为 $p(x_k) = \dfrac{1}{2^k}$,试证明其数学期望不存在.

证　由于 $p(x_k) \geqslant 0$，$\sum\limits_{k=1}^{\infty} p(x_k) = \sum\limits_{k=1}^{\infty} \dfrac{1}{2^k} = 1$，知道它是对应 ξ 的概率分布，尽管有

$$\sum_{k=1}^{\infty} x_k p(x_k) = \sum_{k=1}^{\infty} (-1)^k \frac{2^k}{k} \cdot \frac{1}{2^k} = \sum_{k=1}^{\infty} \frac{(-1)^k}{k} = -\ln 2,$$

但由于 $\sum\limits_{k=1}^{\infty} |x_k| p(x_k) = \sum\limits_{k=1}^{\infty} \dfrac{1}{k} = \infty$，　故级数发散.

因此 ξ 的数学期望不存在.

4.1.2　连续型随机变量的数学期望

设 ξ 是一个连续型随机变量，其概率密度为 $\varphi(x)$，取分点 $x_0 < x_1 < \cdots < x_n < \cdots$，则随机变量 ξ 落在区间 $[x_i, x_{i+1})$ 中的概率为

$$P\{x_i \leqslant \xi < x_{i+1}\} = \int_{x_i}^{x_{i+1}} \varphi(x) \mathrm{d}x,$$

当 $\Delta x_i = x_{i+1} - x_i$ 相当小时，有

$$P\{x_i \leqslant \xi < x_{i+1}\} \approx \varphi(x_i) \Delta x_i,$$

这时概率分布为

η	x_0	x_1	$\cdots$	x_n	$\cdots$
$P\{\eta = x_i\}$	$\varphi(x_0)\Delta x_0$	$\varphi(x_1)\Delta x_1$	$\cdots$	$\varphi(x_n)\Delta x_n$	$\cdots$

其离散型随机变量可以看作 ξ 的一种近似，而这个离散型随机变量的数学期望为

$$\sum_{k=0}^{n} x_k \varphi(x_k) \Delta x_k. \tag{4.1.2}$$

它近似地表达了连续型随机变量 ξ 的平均值. 当分点无限密集时，数学上称式(4.1.2)以积分

$$\int_{-\infty}^{+\infty} x\varphi(x) \mathrm{d}x$$

为极限. 因而引入连续型随机变量的数学期望的定义.

定义 2　设 ξ 是具有概率密度为 $\varphi(x)$ 的连续型随机变量，当 $\int_{-\infty}^{+\infty} x\varphi(x) \mathrm{d}x$ 绝对收敛时，称 $\int_{-\infty}^{+\infty} x\varphi(x) \mathrm{d}x$ 为 ξ 的**数学期望**，记为 $E\xi$，即

$$E\xi = \int_{-\infty}^{+\infty} x\varphi(x) \mathrm{d}x. \tag{4.1.3}$$

若 $\int_{-\infty}^{+\infty} |x| \varphi(x) \mathrm{d}x$ 发散时，称随机变量 ξ 的数学期望不存在.

例 5　设随机变量 ξ 的概率密度为

$$\varphi(x) = \begin{cases} 1+x & -1 \leqslant x \leqslant 0 \\ 1-x & 0 < x \leqslant 1 \\ 0 & \text{其他} \end{cases},$$

求 ξ 的数学期望 $E\xi$.

解 由数学期望的定义式(4.1.3) 可知

$$E\xi = \int_{-\infty}^{+\infty} x\varphi(x)\mathrm{d}x = \int_{-1}^{0} x(1+x)\mathrm{d}x + \int_{0}^{1} x(1-x)\mathrm{d}x = 0.$$

随机变量的数学期望表示随机变量取值的一个"中心",并且,连续型随机变量的数学期望其几何意义为概率密度曲线与 x 轴围成的几何图形的重心的横坐标(如图 $4-1$ 所示).

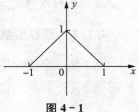

图 $4-1$

思考题1

若一个随机变量的概率密度关于 $x = \mu$ 对称,试估计这个随机变量的数学期望(若存在).

4.1.3 随机变量函数的数学期望

我们已经知道,研究随机变量函数的分布是普遍而又重要的问题. 因此,计算随机变量函数的数学期望也显得尤为重要. 问题是已知随机变量 ξ 的分布,求随机变量函数 $\eta = f(\xi)$ 的数学期望. 先让我们来看一个例子.

例 6 设 ξ 服从$[0,1]$上均匀分布,其概率密度为

$$\varphi_\xi(x) = \begin{cases} 1 & 0 \leqslant x \leqslant 1 \\ 0 & \text{其他} \end{cases},$$

$\eta = \mathrm{e}^\xi$,求 $E\eta$.

解 由于已知 ξ 的概率密度为 $\varphi_\xi(x)$,而 $\eta = \mathrm{e}^\xi$ 是 ξ 的函数,用 2.5 节中求一维随机变量的函数的分布定理 2.1 的结论,可求得 $\eta = \mathrm{e}^\xi$ 概率密度

$$\varphi_\eta(y) = \begin{cases} \varphi_\xi(f^{-1}(y)) \left| \dfrac{\mathrm{d}}{\mathrm{d}y} f^{-1}(y) \right| = \dfrac{1}{y} & 1 \leqslant y \leqslant \mathrm{e} \\ 0 & \text{其他} \end{cases},$$

因此

$$E\eta = \int_{-\infty}^{+\infty} y\varphi_\eta(y)\mathrm{d}y = \int_{1}^{\mathrm{e}} y \cdot \frac{1}{y}\mathrm{d}y = \mathrm{e} - 1.$$

尽管理论上先求随机变量函数的分布,再用定义求数学期望是可行的,但实际上有时求随机变量函数的分布并不容易,使得计算随机变量函数的数学期望变得十分困难. 下面的定理给出了求随机变量函数的数学期望的更直接的公式.

定理 1 设 η 为随机变量 ξ 的函数,即 $\eta = f(\xi)$,其中 f 为连续的实值函数.

(1) 当 ξ 为离散型随机变量时,其概率分布为 $P\{\xi = x_k\} = p(x_k)$ $(k = 1, 2, \cdots)$.

若 $\sum\limits_{k=1}^{\infty} f(x_k)p(x_k)$ 绝对收敛,则有

$$E\eta = Ef(\xi) = \sum_{k=1}^{\infty} f(x_k)p(x_k). \tag{4.1.4}$$

(2) 当 ξ 为连续型随机变量时,其概率密度为 $\varphi(x)$.

若 $\int_{-\infty}^{+\infty} f(x)\varphi(x)\mathrm{d}x$ 绝对收敛,则有

$$E\eta = Ef(\xi) = \int_{-\infty}^{+\infty} f(x)\varphi(x)\mathrm{d}x. \tag{4.1.5}$$

这个定理的意义在于不必知道 η 的分布,仅需知道 ξ 的分布就可计算 η 的数学期望. 例 6 的数学期望 $E\eta$ 用式(4.1.5)直接计算更为方便,即

$$E\eta = E\mathrm{e}^{\xi} = \int_0^1 \mathrm{e}^x \cdot 1\mathrm{d}x = \mathrm{e} - 1.$$

例 7　ξ 的概率分布为

ξ	-2	-1	0	1	2	3
$P\{\xi = x_k\}$	0.1	0.2	0.25	0.2	0.15	0.1

求 $\eta = \xi^2$ 的数学期望 $E\eta$.

解法 1　容易求得 η 的概率分布

η	0	1	4	9
$P\{\eta = y_k\}$	0.25	0.4	0.25	0.1

由式(4.1.1)知

$$E\eta = 0 \times 0.25 + 1 \times 0.4 + 4 \times 0.25 + 9 \times 0.1 = 2.3.$$

解法 2　由式(4.1.4)直接计算

$$\begin{aligned} E\xi^2 &= (-2)^2 \times 0.1 + (-1)^2 \times 0.2 + 0^2 \times 0.25 + 1^2 \times 0.2 + 2^2 \times 0.15 \\ &\quad + 3^2 \times 0.1 = 2.3. \end{aligned}$$

例 8　通过经济预测,国际市场上每年对我国某出口商品的需求量为随机变量 ξ(单位:吨),它服从 $[2000, 4000]$ 上的均匀分布,设每售出这种商品 1 吨,可为国家创汇 3 万元,假如售不出去而囤积于仓库,则每吨需浪费保养费 1 万元,问应如何组织货源,使国家收益最大.

解　由题意可知,需求量 ξ 的概率密度为

$$\varphi(x) = \begin{cases} \dfrac{1}{2000} & 2000 \leqslant x \leqslant 4000 \\ 0 & \text{其他} \end{cases}.$$

设 y 为预备出口的这种商品量(只考虑 $2000 \leqslant y \leqslant 4000$ 情况),收益函数为

$$\eta = f(\xi) = \begin{cases} 3y & \text{当 } \xi \geqslant y \text{ 时} \\ 3\xi - (y - \xi) & \text{当 } \xi < y \text{ 时} \end{cases},$$

则

$$E\eta = \int_{-\infty}^{+\infty} f(x)\varphi(x)\mathrm{d}x = \int_{2000}^{y} (3x - (y - x)) \cdot \frac{1}{2000}\mathrm{d}x + \int_{y}^{4000} 3y \cdot \frac{1}{2000}\mathrm{d}x$$

$$= \frac{1}{1000}(-y^2 + 7000y - 4 \times 10^6)$$

组织的货源量要使平均收益最大,即 $(E\eta)_y' = -\dfrac{y}{500} + 7 = 0$,得 $y = 3500$,这时

$(E\eta)_y'' = -\dfrac{1}{500} < 0$,故 $y = 3500$ 吨时,$E\eta$ 达到最大.

因此组织此种商品 3500 吨是最好的决策.

4.1.4　数学期望的性质

现在给出随机变量 ξ 的数学期望的几个重要的性质.

性质 1　若 ξ 是随机变量,B,C 是常量,则

$$E(B\xi + C) = BE\xi + C. \tag{4.1.6}$$

证　设 ξ 为离散型随机变量,概率分布为 $P\{\xi = x_k\} = p(x_k)$,则

$$E(B\xi + C) = \sum_k (Bx_k + C)p(x_k) = B\sum_k x_k p(x_k) + C\sum_k p(x_k) = BE\xi + C.$$

设 ξ 为连续型随机变量,概率密度为 $\varphi(x)$,则

$$E(B\xi + C) = \int_{-\infty}^{+\infty} (Bx + C)\varphi(x)\mathrm{d}x = B\int_{-\infty}^{+\infty} x\varphi(x)\mathrm{d}x + C\int_{-\infty}^{+\infty} \varphi(x)\mathrm{d}x = BE\xi + C.$$

推论　若 C 是常量,则

$$EC = C. \tag{4.1.7}$$

性质 2　若 $f(\xi)$ 和 $g(\xi)$ 都是随机变量 ξ 的函数,则

$$E[f(\xi) \pm g(\xi)] = Ef(\xi) \pm Eg(\xi). \tag{4.1.8}$$

证　设 ξ 为离散型随机变量,概率分布为 $P\{\xi = x_k\} = p(x_k)$,则

$$E[f(\xi) \pm g(\xi)] = \sum_k [f(x_k) \pm g(x_k)]p(x_k)$$

$$= \sum_k f(x_k)p(x_k) \pm \sum_k g(x_k)p(x_k) = Ef(\xi) \pm Eg(\xi).$$

设 ξ 为连续型随机变量,概率密度为 $\varphi(x)$,则

$$E[f(\xi) \pm g(\xi)] = \int_{-\infty}^{+\infty} [f(x) \pm g(x)]\varphi(x)\mathrm{d}x$$

$$= \int_{-\infty}^{+\infty} f(x)\varphi(x)\mathrm{d}x \pm \int_{-\infty}^{+\infty} g(x)\varphi(x)\mathrm{d}x = Ef(\xi) \pm Eg(\xi).$$

性质 3　若随机变量 ξ 的取值落在常量 a,b 之间,则其数学期望也必落在 a,b 之间,即

$$\text{若 } a \leqslant \xi \leqslant b, \text{ 则 } a \leqslant E\xi \leqslant b. \tag{4.1.9}$$

证 当 ξ 为离散型随机变量时,其概率分布为 $P\{\xi = x_k\} = p(x_k) \ (k = 1, 2, \cdots)$,由于 $a \leqslant \xi \leqslant b$,知 ξ 的取值 x_k 也有 $a \leqslant x_k \leqslant b \ (k = 1, 2, \cdots)$,所以

$$a = \sum_{k=1}^{\infty} a p(x_k) \leqslant \sum_{k=1}^{\infty} x_k p(x_k) \leqslant \sum_{k=1}^{\infty} b p(x_k) = b.$$

当 ξ 为连续型随机变量时,其概率密度为 $\varphi(x)$,由于 $a \leqslant \xi \leqslant b$,知 ξ 的取值 x 也有 $a \leqslant x \leqslant b$,所以

$$a = \int_{-\infty}^{+\infty} a\varphi(x)\mathrm{d}x \leqslant \int_{-\infty}^{+\infty} x\varphi(x)\mathrm{d}x \leqslant \int_{-\infty}^{+\infty} b\varphi(x)\mathrm{d}x = b.$$

综上所述,当 $a \leqslant \xi \leqslant b$ 时,必有 $a \leqslant E\xi \leqslant b$.

例 9 据统计,在一年内健康人的死亡率为 2‰,保险公司开展保险业务,参加者每年支付 20 元保险费,若一年内死亡,公司赔偿 A 元,问 A 应为多少,才能使保险公司期望获益?

解 设随机变量 ξ 为保险公司从每一个参加保险者处获得的净收益,ξ 的概率分布为

ξ	$20 - A$	20
$P\{\xi = x_k\}$	0.002	0.998

$$E\xi = (20 - A) \times 0.002 + 20 \times 0.998 = 20 - 0.002A,$$

要使 $E\xi > 0$,得到 $A < 10000$,这时公司期望获益.

当 $A = 5000$ 时,$E\xi = 20 - 0.002 \times 5000 = 10$.

此时如果有 10 万人参加保险,公司可期望获益 100 万元.

4.2 一维随机变量的方差

4.2.1 方差的定义

数学期望是随机变量的重要特征之一,它表示了分布的"中心",但许多实际问题还需要我们研究随机变量分布的离散程度这一重要特征.

例 1 甲、乙两台机床生产同一种机轴,轴的直径为 10mm,公差为 0.2mm,即直径在 9.8 ~ 10.2mm 的为合格品,超出范围的均为废品. 现从甲、乙两台机床的产品中各随机地抽取 6 件进行测试,机轴直径的测试尺寸(单位:mm) 如下所示.

甲: 9.8   9.9   10.0   10.0   10.1   10.2

乙: 9.0   9.2   9.4   10.6   10.8   11.0

易知甲、乙两组产品的直径均值都为 10.0mm,但两组的质量显然差异甚大,甲组全为合格品,乙组全为废品. 这里质量差异的原因在于两组产品关于均值的离散程度不同,甲组的离散程度小,质量较稳定;乙组的离散程度大,质量不稳定.

为了衡量一个随机变量关于均值的离散程度可以用 $|\xi - E\xi|$ 的均值来表示,并用

$E|\xi - E\xi|$ 记之,这在实际统计中有一定的作用. 但由于绝对值的均值不易计算,常用随机变量与均值差的平方的均值来描述离散程度,这样便引入方差的概念.

定义 1　若 $E(\xi - E\xi)^2$ 存在,称它为随机变量 ξ 的**方差**,记为 $D\xi$ 或 $\text{Var}(\xi)$,即

$$D\xi = E(\xi - E\xi)^2. \tag{4.2.1}$$

而与随机变量 ξ 具有相同量纲的量 $\sqrt{D\xi}$,记为 σ_ξ,称为**标准差**.

由方差的定义可知,方差总是一个非负数,且方差 $D\xi$ 为 ξ 的函数 $f(\xi) = (\xi - E\xi)^2$ 的数学期望,根据随机变量函数的期望公式,可得对于离散型随机变量,有

$$D\xi = \sum_{k=1}^{\infty} (x_k - E\xi)^2 p(x_k), \tag{4.2.2}$$

其中 $p(x_k) = P\{\xi = x_k\}\ (k = 1, 2, \cdots)$ 为 ξ 的概率分布.

对于连续型随机变量,有

$$D\xi = \int_{-\infty}^{+\infty} (x - E\xi)^2 \varphi(x)\mathrm{d}x, \tag{4.2.3}$$

其中 $\varphi(x)$ 为 ξ 的概率密度.

显然,当随机变量的可能取值密集在数学期望的附近时,方差较小;相反的情况下,方差较大. 所以根据方差的大小可以判断随机变量分布的离散程度.

关于随机变量的方差的计算有如下重要的公式:

$$D\xi = E\xi^2 - (E\xi)^2. \tag{4.2.4}$$

证　由式(4.1.6)及式(4.1.10)可知

$$D\xi = E(\xi - E\xi)^2 = E[\xi^2 - 2\xi E\xi + (E\xi)^2]$$
$$= E\xi^2 - 2E\xi\,E\xi + (E\xi)^2 = E\xi^2 - (E\xi)^2.$$

例 2　设随机变量 ξ 服从于 0 - 1 分布,其概率分布为

$$
\begin{array}{c|cc}
\xi & 0 & 1 \\
\hline
P\{\xi = x_k\} & q & p
\end{array}
\quad (p + q = 1),
$$

求方差 $D\xi$.

解　由于

$$E\xi = 0 \cdot q + 1 \cdot p = p, \quad E\xi^2 = 0^2 \cdot q + 1^2 \cdot p = p,$$

则

$$D\xi = E\xi^2 - (E\xi)^2 = p - p^2 = p(1 - p) = pq.$$

例 3　计算 4.1 节例 5 中 ξ 的方差 $D\xi$.

解　由式(4.1.3)、式(4.1.5)得

$$E\xi = \int_{-1}^{0} x(1+x)\mathrm{d}x + \int_{0}^{1} x(1-x)\mathrm{d}x = 0,$$

$$E\xi^2 = \int_{-1}^{0} x^2(1+x)\mathrm{d}x + \int_{0}^{1} x^2(1-x)\mathrm{d}x = \frac{1}{6},$$

由式(4.2.4) 得

$$D\xi = E\xi^2 - (E\xi)^2 = \frac{1}{6}.$$

例 4 设 ξ 服从$[0, \pi]$上均匀分布, 且 $\eta = \sin\xi$, 求 $D\eta$.

解 由已知条件可得 ξ 的概率密度为

$$\varphi(x) = \begin{cases} \dfrac{1}{\pi} & 0 \leqslant x \leqslant \pi, \\ 0 & \text{其他} \end{cases}$$

由式(4.1.5) 可知

$$E\eta = \int_{-\infty}^{+\infty} (\sin x)\varphi(x)\mathrm{d}x = \int_0^\pi \frac{\sin x}{\pi}\mathrm{d}x = \frac{2}{\pi},$$

$$E\eta^2 = \int_{-\infty}^{+\infty} (\sin x)^2\varphi(x)\mathrm{d}x = \int_0^\pi \frac{\sin^2 x}{\pi}\mathrm{d}x = \frac{1}{2},$$

由式(4.2.4) 得

$$D\eta = E\eta^2 - (E\eta)^2 = \frac{1}{2} - \left(\frac{2}{\pi}\right)^2.$$

4.2.2 方差的性质

方差的定义告诉我们, 方差本身是随机变量函数的数学期望, 所以由期望的性质可以得到方差的重要性质.

性质 1 若 ξ 是随机变量, B, C 是常量, 则

$$D(B\xi + C) = B^2 D\xi. \tag{4.2.5}$$

证 由式(4.1.6) 及式(4.2.1) 可知

$$\begin{aligned} D(B\xi + C) &= E[B\xi + C - E(B\xi + C)]^2 \\ &= E[B(\xi - E\xi)]^2 = E[B^2(\xi - E\xi)^2] \\ &= B^2 E(\xi - E\xi)^2 = B^2 D\xi. \end{aligned}$$

推论 1 若 C 是常量, 则

$$DC = O. \tag{4.2.6}$$

推论 2 若 ξ 是随机变量, C 是常量, 则

$$D(\xi + C) = D\xi. \tag{4.2.7}$$

推论 3 若 ξ 是随机变量, C 是常量, 则

$$D(C\xi) = C^2 D\xi. \tag{4.2.8}$$

性质 2 若 ξ 是随机变量, C 是任意常量, 则

$$D\xi \leqslant E(\xi - C)^2. \tag{4.2.9}$$

当且仅当 $C = E\xi$ 时, $E(\xi - C)^2$ 达到最小值 $D\xi$.

证 由式(4.1.8)、式(4.2.1)、式(4.2.4)、式(4.2.7) 可知

$$D\xi = D(\xi - C) = E(\xi - C)^2 - [E(\xi - C)]^2 = E(\xi - C)^2 - (E\xi - C)^2 \leqslant E(\xi - C)^2.$$

等号当且仅当 $E\xi = C$ 时成立,这时 $E(\xi - C)^2$ 达到最小值 $D\xi$.

性质 3 (切比雪夫(чибыщев) 不等式) **对于任何具有有限方差的随机变量 ξ,都有**

$$P\{|\xi - E\xi| \geqslant \varepsilon\} \leqslant \frac{D\xi}{\varepsilon^2}, \tag{4.2.10}$$

其中 ε 是任一正数.

证 我们仅对连续型随机变量 ξ 的概率密度 $\varphi(x)$ 的情形证明,离散型随机变量的情形留给读者自己完成.

$$P\{|\xi - E\xi| \geqslant \varepsilon\} = \int_{|x - E\xi| \geqslant \varepsilon} \varphi(x)\mathrm{d}x \leqslant \int_{|x - E\xi| \geqslant \varepsilon} \frac{|x - E\xi|^2}{\varepsilon^2} \varphi(x)\mathrm{d}x$$

$$\leqslant \frac{1}{\varepsilon^2} \int_{-\infty}^{+\infty} (x - E\xi)^2 \varphi(x)\mathrm{d}x = \frac{1}{\varepsilon^2} D\xi.$$

由于 $|\xi - E\xi| \geqslant \varepsilon$ 与 $|\xi - E\xi| < \varepsilon$ 为对立事件,所以

$$P\{|\xi - E\xi| \geqslant \varepsilon\} + P\{|\xi - E\xi| < \varepsilon\} = 1,$$

由此得到切比雪夫不等式的另两种形式

$$P\{|\xi - E\xi| < \varepsilon\} \geqslant 1 - \frac{D\xi}{\varepsilon^2}, \tag{4.2.11}$$

$$P\left\{\frac{|\xi - E\xi|}{\sqrt{D\xi}} \geqslant \delta\right\} \leqslant \frac{1}{\delta^2}. \tag{4.2.12}$$

切比雪夫不等式的作用在于,即使随机变量 ξ 的分布未知,也能对随机变量关于数学期望的偏差程度进行概率估计. 更重要的是,它是第 5 章大数定理的基础.

性质 4 **如果随机变量的方差为零,则随机变量 ξ 以概率 1 取值为 $E\xi$. 即**

$$P\{\xi = E\xi\} = 1. \tag{4.2.13}$$

证 由式(4.2.10) 及 $D\xi = 0$ 知

$$P\{|\xi - E\xi| \geqslant \varepsilon\} \leqslant \frac{D\xi}{\varepsilon^2} = 0.$$

对于任意的 $\varepsilon > 0$,有 $P\{|\xi - E\xi| \geqslant \varepsilon\} = 0$,由此得到

$$P\{\xi \neq E\xi\} = 0,$$

即

$$P\{\xi = E\xi\} = 1.$$

例 5 已知随机变量 ξ 的概率密度为 $\varphi(x) = \begin{cases} 2x & 0 < x < 1 \\ 0 & \text{其他} \end{cases}$,求 $P\{|\xi - E\xi| < \sqrt{2D\xi}\}$ 的值.

解 由于 $E\xi = \int_{-\infty}^{+\infty} x\varphi(x)\mathrm{d}x = \int_0^1 x \cdot 2x\mathrm{d}x = \frac{2}{3}$,

$$E\xi^2 = \int_{-\infty}^{+\infty} x^2 \varphi(x)\mathrm{d}x = \int_0^1 x^2 \cdot 2x\mathrm{d}x = \frac{1}{2},$$

$$D\xi = E\xi^2 - (E\xi)^2 = \frac{1}{2} - \left(\frac{2}{3}\right)^2 = \frac{1}{18}.$$

因此

$$P\{|\xi - E\xi| < \sqrt{2D\xi}\} = P\left\{\left|\xi - \frac{2}{3}\right| < \frac{1}{3}\right\} = P\left\{\frac{1}{3} < \xi < 1\right\}$$

$$= \int_{\frac{1}{3}}^1 2x\mathrm{d}x = 1 - \frac{1}{9} = \frac{8}{9}.$$

但是,如果上式用切比雪夫不等式估计可得

$$P\{|\xi - E\xi| < \sqrt{2D\xi}\} \geqslant 1 - \frac{D\xi}{(\sqrt{2D\xi})^2} = 1 - \frac{1}{4} = \frac{3}{4}.$$

只知道所求概率在 $\left[\frac{3}{4}, 1\right]$ 之间,即使用 $\frac{3}{4}$ 和 1 的平均去近似还是有一定的误差.

4.2.3 标准化随机变量

随机变量 ξ 的均值为 $E\xi$,方差为 $D\xi$,则称 $\xi^* = \dfrac{\xi - E\xi}{\sqrt{D\xi}}$ 为 ξ 的标准化随机变量. 此时有

$$E\xi^* = E\left(\frac{\xi - E\xi}{\sqrt{D\xi}}\right) = \frac{1}{\sqrt{D\xi}}E(\xi - E\xi) = 0,$$

$$D\xi^* = \frac{D(\xi - E\xi)}{D\xi} = \frac{D\xi}{D\xi} = 1.$$

在理论分析和数值计算中经常会用到随机变量 ξ 的**标准化变换**.

思考题2

设 X 为某厂生产的灯管的寿命,单位为小时,试问 X 的数学期望、方差、标准差,以及标准化随机变量 X^* 的单位分别是什么?

4.3 若干重要分布的数学期望和方差

4.3.1 离散型重要分布的期望和方差

(1) 二项分布 $\xi \sim b(n, p)$

$$p_k = \mathrm{C}_n^k p^k q^{n-k} \quad (k = 0, 1, 2, \cdots, n),\text{其中 } p + q = 1.$$

$$E\xi = \sum_{k=0}^n k p_k = \sum_{k=0}^n k\mathrm{C}_n^k p^k q^{n-k} = \sum_{k=1}^n \frac{n!}{(k-1)!(n-k)!} p^k q^{n-k}$$

$$= np \sum_{k=1}^n \mathrm{C}_{n-1}^{k-1} p^{k-1} q^{n-k} = np(p+q)^{n-1} = np. \tag{4.3.1}$$

$$E\xi^2 = \sum_{k=0}^{n} k^2 C_n^k p^k q^{n-k} = \sum_{k=1}^{n} k(k-1) C_n^k p^k q^{n-k} + \sum_{k=1}^{n} k C_n^k p^k q^{n-k}$$

$$= \sum_{k=2}^{n} \frac{n!}{(n-k)!(k-2)!} p^k q^{n-k} + np = n(n-1)p^2 \sum_{k=2}^{n} C_{n-2}^{k-2} p^{k-2} q^{n-k} + np$$

$$= n(n-1)p^2 (p+q)^{n-2} + np = n^2 p^2 - np^2 + np,$$

$$D\xi = E\xi^2 - (E\xi)^2 = n^2 p^2 + np(1-p) - n^2 p^2 = npq. \tag{4.3.2}$$

二项分布的期望和方差恰好分别为 **0 - 1** 分布的期望和方差的 **n** 倍.

(2) 普阿松分布　ξ ~ P(λ)

$$p_k = \frac{\lambda^k}{k!} e^{-\lambda} \qquad (k = 0,1,2,\cdots),$$

$$E\xi = \sum_{k=0}^{\infty} k p_k = \lambda \sum_{k=1}^{\infty} \frac{\lambda^{k-1}}{(k-1)!} e^{-\lambda} = \lambda. \tag{4.3.3}$$

$$E\xi^2 = \sum_{k=0}^{\infty} k^2 p_k = \sum_{k=1}^{\infty} k(k-1) p_k + \sum_{k=1}^{\infty} k p_k$$

$$= \lambda^2 \sum_{k=2}^{\infty} \frac{\lambda^{k-2}}{(k-2)!} e^{-\lambda} + \lambda = \lambda^2 + \lambda.$$

$$D\xi = E\xi^2 - (E\xi)^2 = \lambda. \tag{4.3.4}$$

普阿松分布的均值和方差均为 **λ**.

(3) 几何分布　ξ ~ g(p)

$$p_k = q^{k-1} p \qquad (k = 1,2,\cdots),$$

$$E\xi = \sum_{k=1}^{\infty} k p_k = \sum_{k=1}^{\infty} k q^{k-1} p = p \sum_{k=1}^{\infty} k q^{k-1},$$

而　　$$\sum_{k=1}^{\infty} k x^{k-1} = \Big(\sum_{k=1}^{\infty} x^k\Big)' = \Big(\frac{x}{1-x}\Big)' = \frac{1}{(1-x)^2} \ (|x|<1), 故$$

$$E\xi = p \cdot \frac{1}{(1-q)^2} = \frac{1}{p}. \tag{4.3.5}$$

$$E\xi^2 = \sum_{k=1}^{\infty} k^2 q^{k-1} p = \sum_{k=1}^{\infty} k(k-1) q^{k-1} p + \sum_{k=1}^{\infty} k q^{k-1} p$$

$$= pq \sum_{k=2}^{\infty} k(k-1) q^{k-2} + \frac{1}{p},$$

而　　$$\sum_{k=2}^{\infty} k(k-1) x^{k-2} = \Big(\sum_{k=2}^{\infty} x^k\Big)'' = \Big(\frac{x^2}{1-x}\Big)'' = \frac{2}{(1-x)^3} \ (|x|<1), 故$$

$$E\xi^2 = \frac{2pq}{(1-q)^3} + \frac{1}{p} = \frac{2q}{p^2} + \frac{1}{p},$$

$$D\xi = E\xi^2 - (E\xi)^2 = \frac{2q}{p^2} + \frac{1}{p} - \Big(\frac{1}{p}\Big)^2 = \frac{2q+p-1}{p^2} = \frac{q}{p^2}. \tag{4.3.6}$$

几何分布的均值为 $\dfrac{1}{p}$，方差为 $\dfrac{q}{p^2}$.

4.3.2 连续型重要分布的期望和方差

(1) 正态分布 $\xi \sim N(\mu, \sigma^2)$

$$E\xi = \int_{-\infty}^{+\infty} x\varphi(x)\mathrm{d}x = \int_{-\infty}^{+\infty} x \frac{1}{\sqrt{2\pi}\sigma} \mathrm{e}^{-\frac{(x-\mu)^2}{2\sigma^2}} \mathrm{d}x,$$

令 $\dfrac{x-\mu}{\sigma} = z$, 可得

$$
\begin{aligned}
E\xi &= \frac{1}{\sqrt{2\pi}} \int_{-\infty}^{+\infty} (\sigma z + \mu) \mathrm{e}^{-\frac{z^2}{2}} \mathrm{d}z \\
&= \frac{\sigma}{\sqrt{2\pi}} \int_{-\infty}^{+\infty} z \mathrm{e}^{-\frac{z^2}{2}} \mathrm{d}z + \frac{\mu}{\sqrt{2\pi}} \int_{-\infty}^{+\infty} \mathrm{e}^{-\frac{z^2}{2}} \mathrm{d}z \\
&= 0 + \mu = \mu.
\end{aligned}
\tag{4.3.7}
$$

$$D\xi = \int_{-\infty}^{+\infty} (x-\mu)^2 \varphi(x) \mathrm{d}x = \int_{-\infty}^{+\infty} (x-\mu)^2 \frac{1}{\sqrt{2\pi}\sigma} \mathrm{e}^{-\frac{(x-\mu)^2}{2\sigma^2}} \mathrm{d}x,$$

令 $\dfrac{x-\mu}{\sigma} = z$, 可得

$$
\begin{aligned}
D\xi &= \frac{\sigma^2}{\sqrt{2\pi}} \int_{-\infty}^{+\infty} z^2 \mathrm{e}^{-\frac{z^2}{2}} \mathrm{d}z = -\frac{\sigma^2}{\sqrt{2\pi}} \int_{-\infty}^{+\infty} z \mathrm{d}\mathrm{e}^{-\frac{z^2}{2}} \\
&= -\frac{\sigma^2}{\sqrt{2\pi}} z \mathrm{e}^{-\frac{z}{2}} \Big|_{-\infty}^{+\infty} + \int_{-\infty}^{+\infty} \frac{\sigma^2}{\sqrt{2\pi}} \mathrm{e}^{-\frac{z^2}{2}} \mathrm{d}z \\
&= 0 + \sigma^2 = \sigma^2.
\end{aligned}
\tag{4.3.8}
$$

正态分布的参数 μ 为均值, σ^2 为方差, σ 为标准差.

(2) 均匀分布 $\xi \sim U(a,b)$

$$E\xi = \int_{-\infty}^{+\infty} x\varphi(x)\mathrm{d}x = \int_a^b \frac{x}{b-a} \mathrm{d}x = \frac{1}{b-a} \cdot \frac{1}{2} x^2 \Big|_a^b = \frac{1}{2}(a+b). \tag{4.3.9}$$

$$E\xi^2 = \int_{-\infty}^{+\infty} x^2 \varphi(x)\mathrm{d}x = \int_a^b \frac{x^2}{b-a} \mathrm{d}x = \frac{1}{b-a} \cdot \frac{x^3}{3} \Big|_a^b = \frac{a^2+b^2+ab}{3},$$

$$D\xi = E\xi^2 - (E\xi)^2 = \frac{(b-a)^2}{12}. \tag{4.3.10}$$

均匀分布的均值为分布区间的中点值, 标准差为分布区间长度的 $\dfrac{1}{\sqrt{12}}$.

(3) 指数分布 $\xi \sim E(\lambda)$

$$
\begin{aligned}
E\xi &= \int_{-\infty}^{+\infty} x\varphi(x)\mathrm{d}x = \int_0^{+\infty} x \cdot \lambda \mathrm{e}^{-\lambda x} \mathrm{d}x = \int_0^{+\infty} -x \mathrm{d}\mathrm{e}^{-\lambda x} \\
&= -x\mathrm{e}^{-\lambda x} \Big|_0^{+\infty} + \int_0^{+\infty} \mathrm{e}^{-\lambda x} \mathrm{d}x = -\frac{1}{\lambda} \mathrm{e}^{-\lambda x} \Big|_0^{+\infty} = \frac{1}{\lambda}.
\end{aligned}
\tag{4.3.11}
$$

$$E\xi^2 = \int_{-\infty}^{+\infty} x^2 \varphi(x)\mathrm{d}x = \int_0^{+\infty} x^2 \cdot \lambda \mathrm{e}^{-\lambda x} \mathrm{d}x = -\int_0^{+\infty} x^2 \mathrm{d}\mathrm{e}^{-\lambda x}$$

$$= -x^2 e^{-\lambda x} \Big|_0^{+\infty} + \int_0^{+\infty} e^{-\lambda x} dx^2 = \int_0^{+\infty} 2x e^{-\lambda x} dx$$

$$= \frac{2}{\lambda} \int_0^{+\infty} x \cdot \lambda e^{-\lambda x} dx = \frac{2}{\lambda} E\xi = \frac{2}{\lambda} \cdot \frac{1}{\lambda} = \frac{2}{\lambda^2},$$

$$D\xi = E\xi^2 - (E\xi)^2 = \frac{2}{\lambda^2} - \left(\frac{1}{\lambda}\right)^2 = \frac{1}{\lambda^2}. \tag{4.3.12}$$

指数分布的均值与标准差同为参数 λ 的倒数.

例 1　有 100 个单选题,每题 4 个选项,若任意勾选,问平均能选对多少道题?

解　设选对的题目数为 X,则 $X \sim b\left(100, \frac{1}{4}\right)$.

平均选对的题数为 EX,因 $EX = np = 100 \times \frac{1}{4} = 25$.

即平均选对的题数为 25 题.

例 2　教材中每页含有的错误个数可近似认为服从普阿松分布. 若某教材平均每页有 2 个错误,问任取该教材的一页,该页中恰好有 3 个错误的概率是多少?

解　该书每页含有的错误数 $X \sim P(2)$

$$P\{X = 3\} = \frac{2^3}{3!} e^{-2} \approx 0.1805$$

例 3　设 $\xi \sim N(1, 2^2)$,试证明 $3\xi + 1$ 与 $-3\xi + 7$ 具有相同的分布.

证明　因 $\xi \sim N(1, 2^2)$,即 $E\xi = 1, D\xi = 4$.

故 $E(3\xi + 1) = 3E\xi + 1 = 4, D(3\xi + 1) = 3^2 D\xi = 36,$

　$E(-3\xi + 7) = -3E\xi + 7 = 4, D(-3\xi + 7) = (-3)^2 D\xi = 36.$

又因正态分布的线性函数仍服从正态分布,故有

$$3\xi + 1 \sim N(4, 6^2) \text{ 且 } -3\xi + 7 \sim N(4, 6^2),$$

即 $3\xi + 1$ 与 $-3\xi + 7$ 同分布.

4.4　二维随机变量的数字特征

4.4.1　二维随机变量的期望和方差的定义

二维随机变量 (ξ, η) 的重要数字特征有反映二维随机变量关于各个分量的平均程度的**数学期望 $E\xi$ 和 $E\eta$**,反映二维随机变量关于各个分量的离散程度的**方差 $D\xi$ 和 $D\eta$**. 用公式表示如下.

对于离散型随机变量,有

$$E\xi = \sum_i x_i P\{\xi = x_i\} = \sum_i x_i \sum_j P\{\xi = x_i, \eta = y_j\} = \sum_i \sum_j x_i p(x_i, y_j), \tag{4.4.1}$$

同理:

$$E\eta = \sum_i \sum_j y_j p(x_i, y_j), \tag{4.4.2}$$

$$D\xi = \sum_i \sum_j (x_i - E\xi)^2 p(x_i, y_j), \tag{4.4.3}$$

$$D\eta = \sum_i \sum_j (y_j - E\eta)^2 p(x_i, y_j). \tag{4.4.4}$$

其中 $p(x_i, y_j)$ $(i = 1, 2, \cdots; j = 1, 2, \cdots)$ 为二维随机变量 (ξ, η) 的联合概率分布.

对连续型随机变量,有

$$E\xi = \int_{-\infty}^{+\infty} x\varphi_\xi(x)\mathrm{d}x = \int_{-\infty}^{+\infty} x\left(\int_{-\infty}^{+\infty} \varphi(x, y)\mathrm{d}y\right)\mathrm{d}x = \int_{-\infty}^{+\infty}\int_{-\infty}^{+\infty} x\varphi(x, y)\mathrm{d}x\mathrm{d}y, \tag{4.4.5}$$

同理:

$$E\eta = \int_{-\infty}^{+\infty}\int_{-\infty}^{+\infty} y\varphi(x, y)\mathrm{d}x\mathrm{d}y, \tag{4.4.6}$$

$$D\xi = \int_{-\infty}^{+\infty}\int_{-\infty}^{+\infty} (x - E\xi)^2 \varphi(x, y)\mathrm{d}x\mathrm{d}y, \tag{4.4.7}$$

$$D\eta = \int_{-\infty}^{+\infty}\int_{-\infty}^{+\infty} (y - E\eta)^2 \varphi(x, y)\mathrm{d}x\mathrm{d}y. \tag{4.4.8}$$

其中 $\varphi(x, y)$ 为二维随机变量 (ξ, η) 的联合概率密度.

例 1 袋中有 2 个白球,3 个黑球,进行有放回地摸球,定义

$$\xi = \begin{cases} 1 & \text{第一次摸到白球} \\ 0 & \text{第一次摸到黑球} \end{cases}, \qquad \eta = \begin{cases} 1 & \text{第二次摸到白球} \\ 0 & \text{第二次摸到黑球} \end{cases}.$$

求 (ξ, η) 联合概率分布及 $E\eta, D\eta$.

解 易求得 (ξ, η) 的联合概率分布为

ξ \ η	0	1
0	$\frac{3}{5} \times \frac{3}{5}$	$\frac{3}{5} \times \frac{2}{5}$
1	$\frac{2}{5} \times \frac{3}{5}$	$\frac{2}{5} \times \frac{2}{5}$

由式 (4.4.2) 得

$$E\eta = \sum_i \sum_j y_j p(x_i, y_j)$$

$$= 0 \times \frac{3}{5} \times \frac{3}{5} + 0 \times \frac{2}{5} \times \frac{3}{5} + 1 \times \frac{3}{5} \times \frac{2}{5} + 1 \times \frac{2}{5} \times \frac{2}{5} = \frac{2}{5}.$$

也可先求边缘概率分布

η	0	1
$P\{\eta = y_j\}$	$\frac{3}{5}$	$\frac{2}{5}$

$$E\eta = 0 \times \frac{3}{5} + 1 \times \frac{2}{5} = \frac{2}{5},$$

$$E\eta^2 = 0^2 \times \frac{3}{5} + 1^2 \times \frac{2}{5} = \frac{2}{5},$$

$$D\eta = E\eta^2 - (E\eta)^2 = \frac{2}{5} - \left(\frac{2}{5}\right)^2 = \frac{2}{5} \times \frac{3}{5} = \frac{6}{25}.$$

例 2　设 (ξ, η) 的联合概率密度为(图 4 - 2)

$$\varphi(x, y) = \begin{cases} 2 & x > 0, y > 0, x + y < 1 \\ 0 & \text{其他} \end{cases}.$$

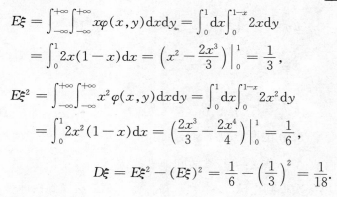

图 4 - 2

求 $E\xi, E\eta, D\xi, D\eta$.

　　解法 1

$$E\xi = \int_{-\infty}^{+\infty}\int_{-\infty}^{+\infty} x\varphi(x, y)\mathrm{d}x\mathrm{d}y = \int_0^1 \mathrm{d}x \int_0^{1-x} 2x\mathrm{d}y$$

$$= \int_0^1 2x(1-x)\mathrm{d}x = \left(x^2 - \frac{2x^3}{3}\right)\Big|_0^1 = \frac{1}{3},$$

$$E\xi^2 = \int_{-\infty}^{+\infty}\int_{-\infty}^{+\infty} x^2\varphi(x, y)\mathrm{d}x\mathrm{d}y = \int_0^1 \mathrm{d}x \int_0^{1-x} 2x^2\mathrm{d}y$$

$$= \int_0^1 2x^2(1-x)\mathrm{d}x = \left(\frac{2x^3}{3} - \frac{2x^4}{4}\right)\Big|_0^1 = \frac{1}{6},$$

$$D\xi = E\xi^2 - (E\xi)^2 = \frac{1}{6} - \left(\frac{1}{3}\right)^2 = \frac{1}{18}.$$

同理可得

$$E\eta = \frac{1}{3}, D\eta = \frac{1}{18}.$$

　　解法 2

先求 ξ 的边缘概率密度

$$\varphi_\xi(x) = \int_{-\infty}^{+\infty} \varphi(x, y)\mathrm{d}y = \begin{cases} \int_0^{1-x} 2\mathrm{d}y = 2(1-x) & 0 < x < 1 \\ \int_{-\infty}^{+\infty} 0\mathrm{d}y = 0 & \text{其他} \end{cases},$$

$$E\xi = \int_{-\infty}^{+\infty} x\varphi_\xi(x)\mathrm{d}x = \int_0^1 2x(1-x)\mathrm{d}x = \left(x^2 - \frac{2x^3}{3}\right)\Big|_0^1 = \frac{1}{3},$$

$$E\xi^2 = \int_{-\infty}^{+\infty} x^2\varphi_\xi(x)\mathrm{d}x = \int_0^1 2x^2(1-x)\mathrm{d}x = \left(\frac{2x^3}{3} - \frac{2x^4}{4}\right)\Big|_0^1 = \frac{1}{6},$$

$$D\xi = E\xi^2 - (E\xi)^2 = \frac{1}{6} - \left(\frac{1}{3}\right)^2 = \frac{1}{18},$$

同理可得

$$E\eta = \frac{1}{3}, D\eta = \frac{1}{18}.$$

4.4.2　二维随机变量函数的期望和方差

与一维随机变量函数一样,确定 $\zeta = f(\xi, \eta)$ 随机变量函数的期望也不需要知道 ζ 的分布,可以直接计算.

定义 2 对离散型随机变量 ξ 和 η 及实值函数 f,有

$$E f(\xi,\eta) = \sum_i \sum_j f(x_i,y_j) p(x_i,y_j), \tag{4.4.9}$$

其中 $p(x_i,y_j)$ $(i = 1,2,\cdots,j = 1,2,\cdots)$ 为二维联合概率分布.

对连续型随机变量 ξ 和 η 及实值函数 f,有

$$E f(\xi,\eta) = \int_{-\infty}^{+\infty} \int_{-\infty}^{+\infty} f(x,y) \varphi(x,y) \mathrm{d}x \mathrm{d}y, \tag{4.4.10}$$

其中 $\varphi(x,y)$ 为二维联合概率密度.

特别地,当 $f(\xi,\eta) = \xi$ 时,可得公式(4.4.1) 和公式(4.4.5);

当 $f(\xi,\eta) = \eta$ 时,可得公式(4.4.2) 和公式(4.4.6);

当 $f(\xi,\eta) = (\xi - E\xi)^2$ 时,可得公式(4.4.3) 和公式(4.4.7);

当 $f(\xi,\eta) = (\eta - E\eta)^2$ 时,可得公式(4.4.4) 和公式(4.4.8).

例 3 对 4.4 节中的例 1 计算 $\zeta = \sin \dfrac{(\xi - \eta)\pi}{2}$ 的数学期望.

解法 1 直接由 (ξ,η) 的二维联合概率分布求 ζ 的数学期望

$$E\zeta = \sin \frac{(0-0)\pi}{2} \times \frac{9}{25} + \sin \frac{(0-1)\pi}{2} \times \frac{6}{25} + \sin \frac{(1-0)\pi}{2} \times \frac{6}{25} + \sin \frac{(1-1)\pi}{2} \times \frac{4}{25} = 0.$$

解法 2 先用求离散型随机变量函数分布的方法求出 $\zeta = \sin \dfrac{(\xi - \eta)\pi}{2}$ 的概率分布:

ζ	-1	0	1
$P\{\zeta = z_k\}$	$\frac{6}{25}$	$\frac{13}{25}$	$\frac{6}{25}$

再从这个概率分布求出 ζ 的数学期望

$$E\zeta = -1 \times \frac{6}{25} + 0 \times \frac{13}{25} + 1 \times \frac{6}{25} = 0.$$

例 4 设随机变量 ξ,η 相互独立,且都服从于 $N(\mu,\sigma^2)$,求 $\zeta = \sqrt{\xi^2 + \eta^2}$ 的数学期望.

解 (ξ,η) 的联合概率密度为

$$\varphi(x,y) = \frac{1}{2\pi} \mathrm{e}^{-\frac{x^2+y^2}{2}},$$

由式(4.4.10) 可得

$$E\zeta = \int_{-\infty}^{+\infty} \int_{-\infty}^{+\infty} \sqrt{x^2 + y^2} \varphi(x,y) \mathrm{d}x \mathrm{d}y = \int_0^{2\pi} \mathrm{d}\theta \int_0^{+\infty} r^2 \cdot \frac{1}{2\pi} \mathrm{e}^{-\frac{r^2}{2}} \mathrm{d}r$$

$$= -\int_0^{+\infty} r \mathrm{d}\mathrm{e}^{-\frac{r^2}{2}} = -r \mathrm{e}^{-\frac{r^2}{2}} \Big|_0^{+\infty} + \int_0^{+\infty} \mathrm{e}^{-\frac{r^2}{2}} \mathrm{d}r = 0 + \sqrt{\frac{\pi}{2}} = \sqrt{\frac{\pi}{2}}.$$

4.4.3 随机变量的和的数学期望

定理 1 两个随机变量的和的数学期望等于它们数学期望之和. 即

$$E(\xi + \eta) = E\xi + E\eta. \qquad (4.4.11)$$

证　当 ξ, η 为离散型随机变量时,

$$E(\xi + \eta) = \sum_i \sum_j (x_i + y_j) p(x_i, y_j) = \sum_i \sum_j x_i p(x_i, y_j) + \sum_i \sum_j y_j p(x_i, y_j)$$
$$= E\xi + E\eta;$$

当 ξ, η 为连续型随机变量时,

$$E(\xi + \eta) = \int_{-\infty}^{+\infty} \int_{-\infty}^{+\infty} (x + y) \varphi(x, y) \mathrm{d}x \mathrm{d}y$$
$$= \int_{-\infty}^{+\infty} \int_{-\infty}^{+\infty} x\varphi(x, y) \mathrm{d}x \mathrm{d}y + \int_{-\infty}^{+\infty} \int_{-\infty}^{+\infty} y\varphi(x, y) \mathrm{d}x \mathrm{d}y$$
$$= E\xi + E\eta.$$

用数学归纳法可推广为

$$E\left(\sum_{k=1}^n \xi_k\right) = \sum_{k=1}^n E\xi_k. \qquad (4.4.12)$$

例 5　某人先写了 n 封投向不同地址的信,再写了 n 个标有这些地址的信封,随意地将 n 封信装入 n 个信封,求信与信封配对个数这个随机变量的数学期望.

解　我们知道,随机变量 ξ 取值为 $0, 1, 2, \cdots, n$. 当然可以先求出对应的概率,再用定义计算数学期望,但计算概率非常麻烦,我们这里用数学期望的定理 1 来考虑.

定义 n 个随机变量 $\xi_1, \xi_2, \cdots, \xi_n$ 如下

$$\xi_i = \begin{cases} 1 & \text{第 } i \text{ 封信与信封配对} \\ 0 & \text{第 } i \text{ 封信与信封不配对} \end{cases} \quad (i = 1, 2, \cdots, n).$$

设 A_i 为第 i 封信配对的事件,则

$$P(A_i) = \frac{(n-1)!}{n!} = \frac{1}{n},$$

$$P\{\xi_i = 1\} = \frac{1}{n}, \quad P\{\xi_i = 0\} = 1 - \frac{1}{n} = \frac{n-1}{n}.$$

令 $\xi = \xi_1 + \xi_2 + \cdots + \xi_n$,可得

$$E\xi = E\xi_1 + E\xi_2 + \cdots + E\xi_n = nE\xi_i = n\left(1 \cdot \frac{1}{n} + 0 \cdot \frac{n-1}{n}\right) = 1.$$

计算某个随机变量 ξ 的数学期望时,如果能将 ξ 分解为若干个随机变量之和,再用求随机变量之和的数学期望的定理计算,往往要方便得多,不失为一种好的方法.

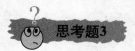
思考题3

试参照例 5 的方法证明二项分布 $b(n, p)$ 的数学期望为 np.

4.5 矩、协方差与相关系数

4.5.1 k 阶原点矩与 k 阶中心矩

为了更好地描述随机变量分布的特征,除了数学期望和方差两个数字特征外,还有随机变量的各阶矩 —— k 阶原点矩和 k 阶中心矩.

定义 1 随机变量 ξ 的 k 次幂的数学期望称为随机变量 ξ 的 k 阶原点矩,记为

$$v_k = E\xi^k. \tag{4.5.1}$$

显然,一阶原点矩就是数学期望,即

$$v_1 = E\xi. \tag{4.5.2}$$

定义 2 随机变量 ξ 关于 $E\xi$ 的偏差的 k 次幂的数学期望为 ξ 的 k 阶中心矩,记为

$$\mu_k = E(\xi - E\xi)^k. \tag{4.5.3}$$

显然,$\mu_1 = 0$,且二阶中心矩就是方差

$$\mu_2 = D\xi. \tag{4.5.4}$$

例 1 指数分布的概率密度为

$$\varphi(x) = \begin{cases} \lambda e^{-\lambda x} & x > 0 \\ 0 & x \leqslant 0 \end{cases},$$

求 k 阶原点矩,三阶中心矩.

解 由重要分布的期望和方差知

$$E\xi = \frac{1}{\lambda}, \quad D\xi = \frac{1}{\lambda^2}.$$

k 阶原点矩

$$v_k = E\xi^k = \int_0^{+\infty} x^k \cdot \lambda e^{-\lambda x} \, dx = -\int_0^{+\infty} x^k \, de^{-\lambda x}$$

$$= -x^k e^{-\lambda x} \Big|_0^{+\infty} + \int_0^{+\infty} e^{-\lambda x} \, dx^k = k \int_0^{+\infty} x^{k-1} e^{-\lambda x} \, dx = \frac{k}{\lambda} v_{k-1}$$

$$= \cdots = \frac{k!}{\lambda^k} v_0 = \frac{k!}{\lambda^k}.$$

三阶中心矩

$$\mu_3 = \int_0^{+\infty} \left(x - \frac{1}{\lambda}\right)^3 \cdot \lambda e^{-\lambda x} \, dx = \int_0^{+\infty} \left(x^3 - \frac{3x^2}{\lambda} + \frac{3x}{\lambda^2} - \frac{1}{\lambda^3}\right) \cdot \lambda e^{-\lambda x} \, dx$$

$$= v_3 - \frac{3}{\lambda} v_2 + \frac{3}{\lambda^2} v_1 - \frac{1}{\lambda^3} = \frac{3!}{\lambda^3} - \frac{3}{\lambda} \cdot \frac{2!}{\lambda^2} + \frac{3}{\lambda^2} \cdot \frac{1}{\lambda} - \frac{1}{\lambda^3} = \frac{2}{\lambda^3}.$$

4.5.2 协方差与相关系数

对于二维随机变量 (ξ, η),除了讨论 ξ 与 η 的数学期望和方差外,还需讨论各个分量 ξ 与 η

之间的相互关系的数学特征.

定义 3　称 $E(\xi-E\xi)(\eta-E\eta)$ 为随机变量 ξ 与 η 的**协方差**,记为 $\mathrm{Cov}(\xi,\eta)$,即

$$\mathrm{Cov}(\xi,\eta)=E(\xi-E\xi)(\eta-E\eta). \qquad (4.5.5)$$

从定义 3 容易看出

$$\mathrm{Cov}(\xi,\xi)=D\xi, \quad \mathrm{Cov}(\eta,\eta)=D\eta. \qquad (4.5.6)$$

协方差的性质有以下几条.

性质 1　若 ξ,η 为随机变量,则

$$\mathrm{Cov}(\xi,\eta)=E(\xi\eta)-E\xi E\eta. \qquad (4.5.7)$$

证　　$\mathrm{Cov}(\xi,\eta)=E(\xi-E\xi)(\eta-E\eta)=E(\xi\eta-\xi E\eta-\eta E\xi+E\xi E\eta)$
　　　　　$=E(\xi\eta)-E\xi E\eta-E\eta E\xi+E\xi E\eta=E(\xi\eta)-E\xi E\eta.$

性质 2　若 ξ,η 为随机变量,则

$$D(\xi\pm\eta)=D\xi+D\eta\pm2\mathrm{Cov}(\xi,\eta). \qquad (4.5.8)$$

证　　$D(\xi\pm\eta)=E[(\xi\pm\eta)-E(\xi\pm\eta)]^2=E[(\xi-E\xi)\pm E(\eta-E\eta)]^2$
　　　　　$=E(\xi-E\xi)^2+E(\eta-E\eta)^2\pm2E(\xi-E\xi)(\eta-E\eta)$
　　　　　$=D\xi+D\eta\pm2\mathrm{Cov}(\xi,\eta).$

性质 3　若 ξ,η 为随机变量,则

$$\mathrm{Cov}(\xi,\eta)=\mathrm{Cov}(\eta,\xi). \qquad (4.5.9)$$

性质 4　若 ξ,η 为随机变量,a,b,c,d 为常量,则

$$\mathrm{Cov}(a\xi+b,\ c\eta+d)=ac\mathrm{Cov}(\xi,\eta). \qquad (4.5.10)$$

证　$\mathrm{Cov}(a\xi+b,\ c\eta+d)=E[(a\xi+b)-E(a\xi+b)][(c\eta+d)-E(c\eta+d)]$
　　　$=E[a(\xi-E\xi)][c(\eta-E\eta)]=acE(\xi-E\xi)(\eta-E\eta)=ac\mathrm{Cov}(\xi,\eta).$

性质 5　若 ξ_1,ξ_2,η 为随机变量,则

$$\mathrm{Cov}(\xi_1+\xi_2,\eta)=\mathrm{Cov}(\xi_1,\eta)+\mathrm{Cov}(\xi_2,\eta). \qquad (4.5.11)$$

证　由式(4.5.10),式(4.4.11) 可知

$\mathrm{Cov}(\xi_1+\xi_2,\eta)=E[(\xi_1+\xi_2)\eta]-E(\xi_1+\xi_2)E\eta$
　　　　　　　　$=E(\xi_1\eta)+E(\xi_2\eta)-(E\xi_1+E\xi_2)E\eta$
　　　　　　　　$=E(\xi_1\eta)-E\xi_1E\eta+E(\xi_2\eta)-E\xi_2E\eta$
　　　　　　　　$=\mathrm{Cov}(\xi_1,\eta)+\mathrm{Cov}(\xi_2,\eta).$

由于在 ξ,η 的协方差中,ξ,η 的地位是对称的,因此还可以得到

$$\mathrm{Cov}(\xi_1,\eta_1+\eta_2)=\mathrm{Cov}(\xi,\eta_1)+\mathrm{Cov}(\xi,\eta_2). \qquad (4.5.12)$$

更一般地,有　$\mathrm{Cov}(\xi_1+\xi_2,\eta_1+\eta_2)$
　　　　$=\mathrm{Cov}(\xi_1,\eta_1)+\mathrm{Cov}(\xi_1,\eta_2)+\mathrm{Cov}(\xi_2,\eta_1)+\mathrm{Cov}(\xi_2,\eta_2). \qquad (4.5.13)$

由此可见,求随机变量多项式的协方差,可以用类似于代数多项式相乘的方法来运算.

定义 4 称 $\dfrac{\text{Cov}(\xi,\eta)}{\sqrt{D\xi\,D\eta}}$ 为随机变量 ξ 与 η 的**相关系数**，记为 $\rho_{\xi\eta}$，即

$$\rho_{\xi\eta} = \frac{\text{Cov}(\xi,\eta)}{\sqrt{D\xi\,D\eta}}, \tag{4.5.14}$$

$\rho_{\xi\eta}$ 是一个量纲为 1 的数.

设 $\xi^* = \dfrac{\xi - E\xi}{\sqrt{D\xi}}$，$\eta^* = \dfrac{\eta - E\eta}{\sqrt{D\eta}}$ 分别是 ξ,η 的标准化随机变量，由式(4.5.13)可知，它们的协方差

$$\text{Cov}(\xi^*,\eta^*) = \text{Cov}\left(\frac{\xi - E\xi}{\sqrt{D\xi}}, \frac{\eta - E\eta}{\sqrt{D\eta}}\right) = \frac{\text{Cov}(\xi,\eta)}{\sqrt{D\xi\,D\eta}} = \rho_{\xi\eta}. \tag{4.5.15}$$

由此可见，ξ,η 的相关系数也就是它们标准化后的随机变量 ξ^*,η^* 的协方差.

从式(4.5.14)可得

$$\text{Cov}(\xi,\eta) = \rho_{\xi\eta}\sqrt{D\xi\,D\eta}, \tag{4.5.16}$$

代入式(4.5.8)，有

$$D(\xi \pm \eta) = D\xi + D\eta \pm 2\rho_{\xi\eta}\sqrt{D\xi\,D\eta}. \tag{4.5.17}$$

例 2 设 $\xi \sim N(1,9)$，$\eta \sim N(0,16)$，$\rho_{\xi\eta} = -\dfrac{1}{2}$，随机变量 $\zeta = \dfrac{\xi}{3} + \dfrac{\eta}{2}$.

求：(1) $E\zeta, D\zeta$；(2) ξ 与 ζ 的相关系数 $\rho_{\xi\zeta}$.

解 (1)
$$E\zeta = E\left(\frac{\xi}{3} + \frac{\eta}{2}\right) = \frac{1}{3}E\xi + \frac{1}{2}E\eta = \frac{1}{3} \times 1 + \frac{1}{2} \times 0 = \frac{1}{3};$$

$$D\zeta = D\left(\frac{\xi}{3} + \frac{\eta}{2}\right) = D\left(\frac{\xi}{3}\right) + D\left(\frac{\eta}{2}\right) + 2\text{Cov}\left(\frac{\xi}{3}, \frac{\eta}{2}\right)$$

$$= \frac{1}{9}D\xi + \frac{1}{4}D\eta + 2 \times \frac{1}{3} \times \frac{1}{2}\rho_{\xi\eta}\sqrt{D\xi D\eta}$$

$$= \frac{1}{9} \times 9 + \frac{1}{4} \times 16 + \frac{1}{3} \times \left(-\frac{1}{2}\right) \times \sqrt{9 \times 16} = 1 + 4 - 2 = 3.$$

(2) $\text{Cov}(\xi,\zeta) = \text{Cov}\left(\xi, \frac{\xi}{3} + \frac{\eta}{2}\right) = \frac{1}{3}\text{Cov}(\xi,\xi) + \frac{1}{2}\text{Cov}(\xi,\eta)$

$$= \frac{1}{3}D\xi + \frac{1}{2}\rho_{\xi\eta}\sqrt{D\xi D\eta} = \frac{1}{3} \times 9 + \frac{1}{2} \times \left(-\frac{1}{2}\right) \times \sqrt{9 \times 16} = 3 - 3 = 0.$$

所以，ξ 与 ζ 的相关系数 $\quad \rho_{\xi\zeta} = \dfrac{\text{Cov}(\xi,\zeta)}{\sqrt{D\xi\,D\zeta}} = 0.$

相关系数的性质如下.

性质 1 ξ 与 η 的相关系数的绝对值小于或等于 1，即

$$|\rho_{\xi\eta}| \leqslant 1. \tag{4.5.18}$$

证 设 $\xi^* = \dfrac{\xi - E\xi}{\sqrt{D\xi}}$，$\quad \eta^* = \dfrac{\eta - E\eta}{\sqrt{D\eta}}$. $\quad$ 令 $\zeta = \xi^* \pm \eta^*$，$\quad$ 可知

$$D\zeta = D(\xi^* \pm \eta^*) = D\xi^* + D\eta^* \pm 2\text{Cov}(\xi^*, \eta^*)$$
$$= 1 + 1 \pm 2\rho_{\xi\eta} = 2 \pm 2\rho_{\xi\eta},$$

因为方差为非负,故 $2 \pm 2\rho_{\xi\eta} \geqslant 0$,即

$$|\rho_{\xi\eta}| \leqslant 1.$$

性质 2　当且仅当 ξ 与 η 有线性关系 $\eta = a\xi + b$ 时,ξ, η 的相关系数的绝对值为 1,即

$$\rho_{\xi\eta} = \begin{cases} 1 & a > 0 \\ -1 & a < 0 \end{cases}. \tag{4.5.19}$$

证　"$\Rightarrow$"　设 $\eta = a\xi + b$,则 $E\eta = aE\xi + b$,　$D\eta = a^2 D\xi$,

$$\text{Cov}(\xi, \eta) = E(\xi - E\xi)(\eta - E\eta) = E(\xi - E\xi)(a\xi + b - aE\xi - b)$$
$$= aE(\xi - E\xi)^2 = aD\xi,$$
$$\rho_{\xi\eta} = \frac{\text{Cov}(\xi, \eta)}{\sqrt{D\xi}\sqrt{D\eta}} = \frac{aD\xi}{\sqrt{D\xi}\sqrt{a^2 D\xi}} = \frac{a}{|a|},$$

当 $a > 0$ 时,$\rho_{\xi\eta} = 1$;当 $a < 0$ 时,$\rho_{\xi\eta} = -1$.

"$\Leftarrow$"　设 $\rho_{\xi\eta} = \pm 1$,令 $\zeta = \xi^* \mp \eta^*$,由

$$D\zeta = D(\xi^* \mp \eta^*) = D\xi^* + D\eta^* \mp 2\text{Cov}(\xi^*, \eta^*)$$
$$= 2 \mp 2\rho_{\xi\eta} = 2(1 \mp \rho_{\xi\eta}),$$

当 $\rho_{\xi\eta} = \pm 1$ 时,$D\zeta = 0$,由式(4.2.13)可知 ζ 以概率 1 取其数学期望值,有

$$P\{\zeta = E\zeta\} = 1,$$

而

$$E\zeta = E(\xi^* \mp \eta^*) = E\xi^* \mp E\eta^* = 0,$$

故 ζ 以概率 1 取零,即

$$P\left\{\frac{\xi - E\xi}{\sqrt{D\xi}} \mp \frac{\eta - E\eta}{\sqrt{D\eta}} = 0\right\} = 1,$$

由此可得

$$P\{\eta = a\xi + b\} = 1,$$

其中 $a = \pm \dfrac{\sqrt{D\eta}}{\sqrt{D\xi}}$,　$b = E\eta \mp \dfrac{\sqrt{D\eta}}{\sqrt{D\xi}}E\xi$.

由此可知,随机变量的相关系数实质上只表示随机变量之间的线性相关性.

定义 5　若随机变量 ξ 与 η 的相关系数为零,则称 ξ 与 η **不相关**.

为了进一步研究 ξ, η 的不相关性,我们引入下面的定理.

定理 1　对随机变量 ξ 与 η,下面的各项是等价的:

(1) $\text{Cov}(\xi, \eta) = 0$;

(2) ξ 与 η 不相关;

(3) $E\xi\eta = E\xi E\eta$;

(4) $D(\xi + \eta) = D\xi + D\eta$.

证　由定义 5 及式(4.5.17)可知(1)与(2)等价;

由式(4.5.10) $\mathrm{Cov}(\xi,\eta)=E\xi\eta-E\xi E\eta$ 可知(1)与(3)等价;

由式(4.5.11) $D(\xi+\eta)=D\xi+D\eta+2\mathrm{Cov}(\xi,\eta)$ 可知(1)与(4)等价.

定理 2　若 ξ 与 η 独立,则 ξ 与 η 不相关.

证　仅对连续型随机变量情形证明,离散型随机变量情形留给读者完成.

因为 ξ 与 η 独立,所以其概率密度有

$$\varphi(x,y)=\varphi_\xi(x)\varphi_\eta(y),$$

则

$$\begin{aligned}
\mathrm{Cov}(\xi,\eta)&=\int_{-\infty}^{+\infty}\int_{-\infty}^{+\infty}(x-E\xi)(y-E\eta)\varphi(x,y)\mathrm{d}x\mathrm{d}y\\
&=\int_{-\infty}^{+\infty}(x-E\xi)\varphi_\xi(x)\mathrm{d}x\int_{-\infty}^{+\infty}(y-E\eta)\varphi_\eta(y)\mathrm{d}y\\
&=E(\xi-E\xi)E(\eta-E\eta)=0,
\end{aligned}$$

因此 ξ 与 η 不相关.

推论 1　若 ξ 与 η 独立,则有　$E\xi\eta=E\xi E\eta.$　　　　　　(4.5.20)

推论 2　若 ξ 与 η 独立,则有　$D(\xi+\eta)=D\xi+D\eta.$　　　　　　(4.5.21)

推广到 n 个随机变量,有如下结论.

若 $\xi_1,\cdots,\xi_n$ 独立,则有　$E(\xi_1\xi_2\cdots\xi_n)=E\xi_1 E\xi_2\cdots E\xi_n.$　　　　(4.5.22)

若 $\xi_1,\cdots,\xi_n$ 独立,则有　$D(\xi_1+\xi_2+\cdots+\xi_n)=D\xi_1+D\xi_2+\cdots+D\xi_n.$　(4.5.23)

例 3　已知离散型随机变量 ξ 的概率分布为

ξ	-1	0	1
$P\{\xi=x_i\}$	$\frac{1}{3}$	$\frac{1}{3}$	$\frac{1}{3}$

令 $\eta=\xi^2$,问: ξ 与 η 是否不相关? ξ 与 η 是否独立?

解　易求得

$$E\xi=-1\times\frac{1}{3}+0\times\frac{1}{3}+1\times\frac{1}{3}=0,$$

$$E\eta=E\xi^2=(-1)^2\times\frac{1}{3}+0^2\times\frac{1}{3}+1^2\times\frac{1}{3}=\frac{2}{3},$$

$$E\xi\eta=E\xi^3=(-1)^3\times\frac{1}{3}+0^3\times\frac{1}{3}+1^3\times\frac{1}{3}=0,$$

这时, $\mathrm{Cov}(\xi,\eta)=E\xi\eta-E\xi E\eta=0-0\times\frac{2}{3}=0$,说明 ξ 与 η 不相关.

因 ξ 与 η 有函数关系: $\eta=\xi^2$,说明 ξ 与 η 不独立.

例 4　已知二维均匀分布的概率密度为

$$\varphi(x,y)=\begin{cases}\dfrac{1}{\pi r^2} & x^2+y^2\leqslant r^2\\[2mm]0 & \text{其他}\end{cases}.$$

(1) 求 $\rho_{\xi\eta}$；(2) 讨论 ξ 与 η 的独立性.

解　(1) 由式(4.4.5) 可知

$$E\xi = \int_{-\infty}^{+\infty}\int_{-\infty}^{+\infty} x\varphi(x,y)\mathrm{d}x\mathrm{d}y = \int_{-r}^{r} x\mathrm{d}x \int_{-\sqrt{r^2-x^2}}^{\sqrt{r^2-x^2}} \frac{1}{\pi r^2}\mathrm{d}y = 0.$$

由式(4.4.6) 可知

$$E\eta = \int_{-\infty}^{+\infty}\int_{-\infty}^{+\infty} y\varphi(x,y)\mathrm{d}x\mathrm{d}y = \int_{-r}^{r} y\mathrm{d}y \int_{-\sqrt{r^2-y^2}}^{\sqrt{r^2-y^2}} \frac{1}{\pi r^2}\mathrm{d}x = 0.$$

由式(4.5.11) 知

$$\mathrm{Cov}(\xi,\eta) = E(\xi - E\xi)(\eta - E\eta) = E\xi\eta = \int_{-r}^{r} x\mathrm{d}x \int_{-\sqrt{r^2-x^2}}^{\sqrt{r^2-x^2}} \frac{y}{\pi r^2}\mathrm{d}y = 0,$$

所以 ξ 与 η 不相关,即 $\rho_{\xi\eta} = 0$.

(2) 由边缘概率密度公式可知

$$\varphi_\xi(x) = \int_{-\infty}^{+\infty}\varphi(x,y)\mathrm{d}y = \begin{cases} \int_{-\sqrt{r^2-x^2}}^{\sqrt{r^2-x^2}} \dfrac{1}{\pi r^2}\mathrm{d}y = \dfrac{2\sqrt{r^2-x^2}}{\pi r^2} & -r\leqslant x\leqslant r, \\ 0 & \text{其他} \end{cases}$$

$$\varphi_\eta(y) = \int_{-\infty}^{+\infty}\varphi(x,y)\mathrm{d}x = \begin{cases} \int_{-\sqrt{r^2-y^2}}^{\sqrt{r^2-y^2}} \dfrac{1}{\pi r^2}\mathrm{d}x = \dfrac{2\sqrt{r^2-y^2}}{\pi r^2} & -r\leqslant y\leqslant r. \\ 0 & \text{其他} \end{cases}$$

这时

$$\varphi(x,y) \neq \varphi_\xi(x)\varphi_\eta(y),$$

所以 ξ 与 η 不独立.

由此可知,随机变量相互独立必定不相关,但不相关却未必独立.

例5　二维正态分布 $N(\mu_1,\sigma_1^2;\mu_2,\sigma_2^2;r)$ 的联合概率密度为

$$\varphi(x,y) = \frac{1}{2\pi\sigma_1\sigma_2\sqrt{1-r^2}}\exp\left\{-\frac{1}{2(1-r^2)}\left[\frac{(x-\mu_1)^2}{\sigma_1^2} - \frac{2r(x-\mu_1)(y-\mu_2)}{\sigma_1\sigma_2} + \frac{(y-\mu_2)^2}{\sigma_2^2}\right]\right\}.$$

计算二维正态分布的相关系数,并说明对服从二维正态分布的随机变量来说,ξ 与 η 独立和 ξ 与 η 不相关等价.

解　由式(4.5.8) 可知

$$\mathrm{Cov}(\xi,\eta) = \int_{-\infty}^{+\infty}\int_{-\infty}^{+\infty} (x-\mu_1)(y-\mu_2)\varphi(x,y)\mathrm{d}x\mathrm{d}y$$

$$= \frac{1}{2\pi\sigma_1\sigma_2\sqrt{1-r^2}}\int_{-\infty}^{+\infty} e^{-(y-\mu_2)^2/2\sigma_2^2}\mathrm{d}y \int_{-\infty}^{+\infty}(x-\mu_1)(y-\mu_2)\exp\left\{-\frac{1}{2(1-r^2)}\left[\frac{x-\mu_1}{\sigma_1} - r\frac{y-\mu_2}{\sigma_2}\right]^2\right\}\mathrm{d}x$$

令 $z = \dfrac{1}{\sqrt{1-r^2}}\left(\dfrac{x-\mu_1}{\sigma_1} - r\dfrac{y-\mu_2}{\sigma_2}\right)$，$t = \dfrac{y-\mu_2}{\sigma_2}$，则 $\mathrm{d}x\mathrm{d}y = \sqrt{1-r^2}\,\sigma_1\sigma_2\mathrm{d}z\mathrm{d}t$，

$$\mathrm{Cov}(\xi,\eta) = \frac{1}{2\pi}\int_{-\infty}^{+\infty}\int_{-\infty}^{+\infty} (\sqrt{1-r^2}\,z + rt)\sigma_1\sigma_2 t e^{-\frac{z^2}{2}-\frac{t^2}{2}}\mathrm{d}z\mathrm{d}t$$

$$= \frac{\sigma_1 \sigma_2 \sqrt{1-r^2}}{2\pi} \int_{-\infty}^{+\infty} \int_{-\infty}^{+\infty} zt\, \mathrm{e}^{-\frac{z^2+t^2}{2}} \mathrm{d}z \mathrm{d}t + \frac{\sigma_1 \sigma_2 r}{2\pi} \int_{-\infty}^{+\infty} \int_{-\infty}^{+\infty} t^2 \mathrm{e}^{-\frac{z^2+t^2}{2}} \mathrm{d}z \mathrm{d}t$$

$$= \frac{\sigma_1 \sigma_2 \sqrt{1-r^2}}{2\pi} \int_{-\infty}^{+\infty} z\mathrm{e}^{-\frac{z^2}{2}} \mathrm{d}z \int_{-\infty}^{+\infty} t\mathrm{e}^{-\frac{t^2}{2}} \mathrm{d}t + \frac{\sigma_1 \sigma_2 r}{2\pi} \int_{-\infty}^{+\infty} t^2 \mathrm{e}^{-\frac{t^2}{2}} \mathrm{d}t \int_{-\infty}^{+\infty} \mathrm{e}^{-\frac{z^2}{2}} \mathrm{d}z$$

$$= 0 - \frac{\sigma_1 \sigma_2 r}{\sqrt{2\pi}} \int_{-\infty}^{+\infty} t\mathrm{d}\mathrm{e}^{-\frac{t^2}{2}} = -\frac{\sigma_1 \sigma_2 r}{\sqrt{2\pi}} t\mathrm{e}^{-\frac{t^2}{2}} \Big|_{-\infty}^{+\infty} + \frac{\sigma_1 \sigma_2 r}{\sqrt{2\pi}} \int_{-\infty}^{+\infty} \mathrm{e}^{-\frac{t^2}{2}} \mathrm{d}t$$

$$= 0 + \sigma_1 \sigma_2 r = \sigma_1 \sigma_2 r.$$

$$\rho_{\xi\eta} = \frac{\mathrm{Cov}(\xi,\eta)}{\sqrt{D\xi}\sqrt{D\eta}} = \frac{\sigma_1 \sigma_2 r}{\sigma_1 \sigma_2} = r.$$

这说明二维正态分布中的参数 r 正好是 ξ 与 η 的相关系数 $\rho_{\xi\eta}$.

当 $\rho_{\xi\eta} = 0$ 时,即 $r = 0$,这时

$$\varphi(x,y) = \frac{1}{2\pi\sigma_1\sigma_2} \exp\left\{ -\frac{1}{2}\left[\left(\frac{x-\mu_1}{\sigma_1}\right)^2 + \left(\frac{y-\mu_2}{\sigma_2}\right)^2 \right] \right\}$$

$$= \frac{1}{\sqrt{2\pi}\sigma_1} \exp\left\{ -\frac{(x-\mu_1)^2}{2\sigma_1^2} \right\} \cdot \frac{1}{\sqrt{2\pi}\sigma_2} \exp\left\{ -\frac{(y-\mu_2)^2}{2\sigma_2^2} \right\}$$

$$= \varphi_\xi(x)\varphi_\eta(y),$$

得 ξ 与 η 独立.

说明对于二维正态分布,ξ 与 η 独立和 ξ 与 η 不相关是等价的.

思考题4

随机抛币 100 次,记出现正面的次数为 ξ,出现反面的次数为 η,求 ξ 与 η 的相关系数.

4.6　本章小结

4.6.1　基本要求

(1) 理解数学期望、方差的概念,掌握它们的性质与计算.

(2) 熟记二项分布、普阿松分布、正态分布、均匀分布、指数分布的数学期望和方差.

(3) 会算随机变量函数的数学期望.

(4) 了解矩、协方差与相关系数的概念、性质和计算.

4.6.2　内容概要

1) 一维随机变量的数学期望

(1) 设离散型随机变量 ξ 的概率分布为 $P\{\xi = x_k\} = p(x_k) \ (k=1,2,\cdots)$,若级数 $\sum_{k=1}^{\infty} x_k p(x_k)$ 绝对收敛,则称 $\sum_{k=1}^{\infty} x_k p(x_k)$ 为 ξ 的数学期望,记为 $E\xi$,即

$$E\xi = \sum_{k=1}^{\infty} x_k p(x_k).$$

若 $\sum\limits_{k=1}^{\infty} |x_k| p(x_k)$ 发散,则称 ξ 的数学期望不存在.

(2) 设连续型随机变量 ξ 的概率密度为 $\varphi(x)$,若 $\int_{-\infty}^{+\infty} x\varphi(x)\mathrm{d}x$ 绝对收敛,称 $\int_{-\infty}^{+\infty} x\varphi(x)\mathrm{d}x$ 为 ξ 的数学期望,记为 $E\xi$,即

$$E\xi = \int_{-\infty}^{+\infty} x\varphi(x)\mathrm{d}x.$$

若 $\int_{-\infty}^{+\infty} |x| \varphi(x)\mathrm{d}x$ 发散,称 ξ 的数学期望不存在.

2) 一维随机变量函数的数学期望

设 $y = f(x)$ 为连续函数,$\eta = f(\xi)$ 为随机变量 ξ 的函数.

(1) 离散型随机变量的概率分布为 $P\{\xi = x_k\} = p(x_k)$ $(k = 1,2,\cdots)$. 若级数 $\sum\limits_{k=1}^{\infty} f(x_k) p(x_k)$ 绝对收敛时,

$$E\eta = Ef(\xi) = \sum_{k=1}^{\infty} f(x_k) p(x_k).$$

(2) 连续型随机变量的概率密度为 $\varphi(x)$,若 $\int_{-\infty}^{+\infty} f(x)\varphi(x)\mathrm{d}x$ 绝对收敛时,

$$E\eta = Ef(\xi) = \int_{-\infty}^{+\infty} f(x)\varphi(x)\mathrm{d}x.$$

3) 一维随机变量的数学期望的性质

(1) $EC = C$,其中 C 为常数;

(2) $E(B\xi + C) = BE\xi + C$,其中 B,C 为常数;

(3) $E(f(\xi) + g(\xi)) = Ef(\xi) + Eg(\xi)$,其中 $f(\xi),g(\xi)$ 都是随机变量 ξ 的函数;

(4) 若 $a \leqslant \xi \leqslant b (a,b$ 为常数$)$,则 $a \leqslant E\xi \leqslant b$.

4) 一维随机变量的方差

若 $E(\xi - E\xi)^2$ 存在,称它为随机变量的方差,记为 $D\xi$ 或 $\mathrm{Var}(\xi)$,即
$$D\xi = E(\xi - E\xi)^2,$$
称 $\sqrt{D\xi}$ 为 ξ 的标准差,记为 σ_ξ.

离散型:$D\xi = \sum\limits_{k=1}^{\infty} (x_k - E\xi)^2 p(x_k)$;

连续型:$D\xi = \int_{-\infty}^{+\infty} (x - E\xi)^2 \varphi(x)\mathrm{d}x.$

由数学期望的性质即得计算方差的常用公式
$$D\xi = E\xi^2 - (E\xi)^2.$$

5) 一维随机变量的方差的性质

(1) $DC = 0$,其中 C 为常数;

(2) $D(B\xi + C) = B^2 D\xi$,其中 B、C 为常数;

(3) $D\xi \leqslant E(\xi - C)^2$,当且仅当 $C = E\xi$ 时,$E(\xi - C)^2$ 达到最小值 $D\xi$;

(4) 若 $E\xi$、$D\xi$ 存在,则有 $P\{|\xi - E\xi| \geqslant \varepsilon\} \leqslant \dfrac{D\xi}{\varepsilon^2}$,其中 ε 为一正数;

(5) 若 $D\xi = 0$,则 $P\{\xi = E\xi\} = 1$.

6) 随机变量的矩

(1) k 阶原点矩:$v_k = E\xi^k$;

(2) k 阶中心矩:$\mu_k = E(\xi - E\xi)^k$.

显然一阶原点矩为数学期望,二阶中心矩为方差.

7) 常用分布的数学期望和方差

常用且需要熟记的分布有 0—1 分布、二项分布、普阿松分布、均匀分布、正态分布、指数分布,其余的分布作为了解. 现列表 4 - 1 如下.

表 4 - 1 常用离散型和连续型分布

分布名称	分布记号	概率分布或概率密度	数学期望	方差
0—1分布	$b(1,p)$	$P\{\xi = k\} = p^k(1-p)^{1-k}$ $(k = 0,1)$	p	$p(1-p)$
二项分布	$b(n,p)$	$P\{\xi = k\} = C_n^k p^k(1-p)^{n-k}$ $(k = 0,1,\cdots,n)$	np	$np(1-p)$
普阿松分布	$P(\lambda)$	$P\{\xi = k\} = \dfrac{\lambda^k}{k!}e^{-\lambda}$ $(k = 0,1,2,\cdots)$	λ	λ
几何分布	$g(p)$	$P\{\xi = k\} = (1-p)^{k-1}p$ $(k = 1,2,\cdots)$	$\dfrac{1}{p}$	$\dfrac{1-p}{p^2}$
均匀分布	$U(a,b)$	$\varphi(x) = \begin{cases} \dfrac{1}{b-a} & a \leqslant x \leqslant b \\ 0 & 其他 \end{cases}$	$\dfrac{a+b}{2}$	$\dfrac{(b-a)^2}{12}$
指数分布	$E(\lambda)$	$\varphi(x) = \begin{cases} \lambda e^{-\lambda x} & x > 0 \\ 0 & x \leqslant 0 \end{cases}$	$\dfrac{1}{\lambda}$	$\dfrac{1}{\lambda^2}$
正态分布	$N(\mu,\sigma^2)$	$\varphi(x) = \dfrac{1}{\sqrt{2\pi}\sigma}e^{-\frac{(x-\mu)^2}{2\sigma^2}}$	μ	σ^2

8) 二维随机变量的期望和方差

$$
离散型\begin{cases}
E\xi = \sum_i \sum_j x_i p(x_i, y_j) = \sum_i x_i p_\xi(x_i) \\
E\eta = \sum_i \sum_j y_j p(x_i, y_j) = \sum_j y_j p_\eta(y_j) \\
D\xi = \sum_i \sum_j (x_i - E\xi)^2 p(x_i, y_j) = \sum_i (x_i - E\xi)^2 p_\xi(x_i) \\
D\eta = \sum_i \sum_j (y_j - E\eta)^2 p(x_i, y_j) = \sum_j (y_j - E\eta)^2 p_\eta(y_j)
\end{cases}
$$

$$连续型\begin{cases} E\xi = \int_{-\infty}^{+\infty}\int_{-\infty}^{+\infty} x\varphi(x,y)\mathrm{d}x\mathrm{d}y = \int_{-\infty}^{+\infty} x\varphi_{\xi}(x)\mathrm{d}x \\[2mm] E\eta = \int_{-\infty}^{+\infty}\int_{-\infty}^{+\infty} y\varphi(x,y)\mathrm{d}x\mathrm{d}y = \int_{-\infty}^{+\infty} y\varphi_{\eta}(y)\mathrm{d}y \\[2mm] D\xi = \int_{-\infty}^{+\infty}\int_{-\infty}^{+\infty}(x-E\xi)^2\varphi(x,y)\mathrm{d}x\mathrm{d}y = \int_{-\infty}^{+\infty}(x-E\xi)^2\varphi_{\xi}(x)\mathrm{d}x \\[2mm] D\eta = \int_{-\infty}^{+\infty}\int_{-\infty}^{+\infty}(y-E\eta)^2\varphi(x,y)\mathrm{d}x\mathrm{d}y = \int_{-\infty}^{+\infty}(y-E\eta)^2\varphi_{\eta}(y)\mathrm{d}y \end{cases}$$

9) 二维随机变量函数的数学期望

离散型　　$Ef(\xi,\eta) = \sum_i \sum_j f(x_i,y_j)p(x_i,y_j)$

连续型　　$Ef(\xi,\eta) = \int_{-\infty}^{+\infty}\int_{-\infty}^{+\infty} f(x,y)\varphi(x,y)\mathrm{d}x\mathrm{d}y$

10) 多维随机变量的期望和方差的性质

(1) $E\left(\sum_{i=1}^n C_i\xi_i\right) = \sum_{i=1}^n C_i E\xi_i$,其中 $C_1,C_2,\cdots,C_n$ 为常数.

(2) 当 ξ 与 η 独立时,有
$$E(\xi\eta) = E\xi E\eta,\ E(f(\xi)g(\eta)) = Ef(\xi)Eg(\eta).$$

一般地,当 $\xi_1,\xi_2,\cdots,\xi_n$ 独立时,$E\left(\prod_{i=1}^n \xi_i\right) = \prod_{i=1}^n E\xi_i$.

(3) 当 ξ 与 η 独立时,有
$$D(\xi\pm\eta) = D\xi + D\eta$$

一般地,当 $\xi_1,\xi_2,\cdots,\xi_n$ 独立时,$D\left(\sum_{i=1}^n C_i\xi_i\right) = (C_i)^2\sum_{i=1}^n D\xi_i$.

11) 协方差和相关系数

(1) 协方差:称 $E(\xi-E\xi)(\eta-E\eta)$ 为随机变量 ξ 与 η 的协方差,记为$\mathrm{Cov}(\xi,\eta)$,即
$$\mathrm{Cov}(\xi,\eta) = E(\xi-E\xi)(\eta-E\eta) = E(\xi\eta) - E\xi E\eta.$$
显然 $\mathrm{Cov}(\xi,\xi) = D\xi$,$\mathrm{Cov}(\eta,\eta) = D\eta$.

(2) 相关系数:称$\dfrac{\mathrm{Cov}(\xi,\eta)}{\sqrt{D\xi D\eta}} = \dfrac{E(\xi\eta)-E\xi E\eta}{\sqrt{D\xi D\eta}}$ 为 ξ 与 η 的相关系数,记为 $\rho_{\xi\eta}$,即
$$\rho_{\xi\eta} = \frac{\mathrm{Cov}(\xi,\eta)}{\sqrt{D\xi D\eta}}.$$

12) 协方差的性质

(1) $\mathrm{Cov}(\xi,\eta) = \mathrm{Cov}(\eta,\xi)$;

(2) $\mathrm{Cov}(a\xi+b,c\eta+d) = ac\,\mathrm{Cov}(\xi,\eta)$;

(3) $\mathrm{Cov}(\xi+\eta,\zeta) = \mathrm{Cov}(\xi,\zeta) + \mathrm{Cov}(\eta,\zeta)$;

(4) $\mathrm{Cov}(\xi,\eta) = E(\xi\eta) - E\xi E\eta$;

(5) $D(\xi\pm\eta) = D\xi + D\eta \pm 2\mathrm{Cov}(\xi,\eta)$;

(6) $D(C_1\xi_1 + C_2\xi_2 + \cdots + C_n\xi_n) = \sum_{i=1}^n C_i^2 D\xi_i + \sum_{i\neq j} C_i C_j \mathrm{Cov}(\xi_i,\xi_j)$.

13) 相关系数的性质

(1) $|\rho_{\xi\eta}| \leqslant 1$;

(2) $|\rho_{\xi\eta}| = 1 \Leftrightarrow P\{\eta = a\xi + b\} = 1$ (a,b 为常数,且 $a \neq 0$),即

$$\rho_{\xi\eta} = \begin{cases} 1 & \text{当 } a > 0 \\ -1 & \text{当 } a < 0 \end{cases};$$

(3) $\rho_{\xi\eta} = 0 (\text{不相关}) \Leftrightarrow \mathrm{Cov}(\xi,\eta) = 0 \Leftrightarrow E(\xi\eta) = E\xi E\eta$

$$\Leftrightarrow D(\xi \pm \eta) = D\xi + D\eta.$$

(4) 当 ξ 与 η 独立时,则 ξ 与 η 不相关,即 $\rho_{\xi\eta} = 0$;反之未必. 只有在 (ξ,η) 服从二维正态分布时,ξ 与 η 独立和 ξ 与 η 不相关等价.

习 题 四

4.1 一袋中有 5 个乒乓球,编号为 $1,2,3,4,5$. 现从中任取 3 个,求取出的 3 个乒乓球的最大编号的数学期望.

4.2 某工厂生产的一种产品,其寿命 ξ(以年为单位)服从指数分布 $E\left(\dfrac{1}{4}\right)$. 工厂规定售出产品在一年内损坏可以调换. 已知售出一个产品,若在一年内不损坏,工厂可获利 100 元;若在一年内损坏,调换一个产品,工厂净损失 300 元. 试问该厂售出一个产品平均能获利多少?

4.3 对球的直径进行测量,设其值服从于 $[a, b]$ 上的均匀分布,求球体积的均值.

4.4 某商品每周需求量 ξ(以个为单位)是一个随机变量,服从 $[10,30]$ 上的均匀分布. 经销商店每周进货量为 $[10,30]$ 中的一个整数,商店每销售 1 个商品可获利 500 元. 若供大于求则削价处理,每处理 1 个商品亏损 100 元;若供不应求,则可从外部调剂供应,此时每销售 1 个商品可获利 300 元.

(1) 为使商店期望获利不少于 9280 元,进货量应满足什么条件?

(2) 为使商店期望获利最大,试确定如何组织进货量.

4.5 有 2 个独立工作的电子装置,它们的寿命 $\xi_k(k = 1,2)$ 服从指数分布 $E(\lambda)$. (1) 将 2 个电子装置串联组成整机,其中一个装置损坏时,则整机不能工作,求整机寿命 ξ 的数学期望;(2) 将 2 个电子装置并联组成整机,只有当全部装置损坏时,整机才不能工作,求整机寿命 η 的数学期望.

4.6 某人用一串形状相同的钥匙 n 把去开门,只有一把能打开门,今逐个任取一把试开,求打开此门需开门次数 ξ 的数学期望和方差. 假设:(1) 打不开的钥匙不放回;(2) 打不开的钥匙仍放回.

4.7 已知随机变量 ξ 的概率分布为

ξ	-2	0	2
$P\{\xi = x_i\}$	0.4	0.3	0.3

求 $E\xi,D\xi,E(\xi^2+2)$.

4.8 已知随机变量 ξ 的概率密度为 $\varphi(x)=\dfrac{1}{2}\mathrm{e}^{-|x|}$,求 $E\xi,D\xi$.

4.9 设 ξ 是一个非负连续型随机变量,$E\xi$ 存在,证明对任意 $a>0$,有 $P\{\xi<a\}\geqslant1-\dfrac{E\xi}{a}$.

4.10 某人乘车到学校的途中遇到 3 个交通岗,假设在各个交通岗遇到红灯的事件是相互独立的,并且其概率都是 $\dfrac{2}{5}$,设 ξ 为途中遇到红灯的次数,求随机变量 ξ 的数学期望和方差.

4.11 已知随机变量 ξ 服从参数为 1 的指数分布,求 $E(\xi+\mathrm{e}^{-2\xi})$ 及 $D(3\xi-2)$.

4.12 已知 (ξ,η) 的二维概率分布为

ξ ＼ η	0	1	2
0	0.1	0.25	0.15
1	0.15	0.2	0.15

求 $E\xi,E\eta,E\left[\sin\dfrac{\pi(\xi+\eta)}{2}\right],E[\max(\xi,\eta)],D[\max(\xi,\eta)]$.

4.13 已知二维随机变量的联合概率密度为

$$\varphi(x,y)=\begin{cases}\dfrac{1}{8}(x+y) & 0<x<2,0<y<2\\[2mm]0 & 其他\end{cases}$$

求 $E\xi,E\eta,E\xi\eta$.

4.14 已知 $D\xi=4,D\eta=9$. (1) 当 $D(\xi-\eta)=12$ 时,求 $\rho_{\xi\eta}$;(2) 当 $\rho_{\xi\eta}=0.4$ 时,求 $D(\xi+\eta)$.

4.15 已知二维随机变量的联合概率密度为

$$\varphi(x,y)=\begin{cases}1 & |y|<x,0<x<1\\0 & 其他\end{cases}$$

(1) 求 $E\xi,E\eta,\mathrm{Cov}(\xi,\eta)$; (2) ξ 与 η 独立否?

4.16 设二维随机变量 (ξ,η) 的联合概率分布为

ξ ＼ η	0	1	2	3
1	0	$\dfrac{3}{8}$	$\dfrac{3}{8}$	0
3	$\dfrac{1}{8}$	0	0	$\dfrac{1}{8}$

(1) 求 $E\xi,E\eta,\mathrm{Cov}(\xi,\eta),\rho_{\xi\eta}$；(2) ξ 与 η 独立否？

4.17 已知随机变量 ξ 服从参数为 λ 的普阿松分布，且成立 $E(\xi-1)(\xi-2)=1$，求 λ.

4.18 设 ξ_1,ξ_2,ξ_3 为独立随机变量，且 $\xi_1\sim U(0,6),\xi_2\sim N(0,4),\xi_3\sim E(3)$，求 $\eta=\xi_1-2\xi_2+3\xi_3$ 的期望和方差.

自测题四

一、判断题(正确用"+"，错误用"—")

1. 设离散型随机变量 ξ 的概率分布为

ξ	-1	0	a
P	0.4	0.4	b

且 $E\xi=0.2$，则 $a=3,b=0.2$. 　　　　　　　　　　　　　　( )

2. 设随机变量 ξ 的概率密度为 $f(x)=\begin{cases}Ae^{-x} & x\geqslant 0\\ 0 & x<0\end{cases}$，则 $E\xi=1$. 　( )

3. 一袋中有 5 个乒乓球，编号为 1，2，3，4，5. 现从中任取 3 个，求取出的 3 个乒乓球的最大编号的数学期望为 4.5. 　　　　　　　　　　　　　( )

4. 已知二项分布 $b(n,p)$ 的均值为 60，方差为 20，则 $p=\dfrac{2}{3}$. 　　　( )

5. 设随机变量 $\xi_1\sim N(2,1),\xi_2\sim N(-1,1)$，且 ξ_1 与 ξ_2 相互独立，令 $\zeta=3\xi-2\eta-6$，则 $\zeta\sim N(2,13)$. 　　　　　　　　　　　　　( )

6. 设随机变量 ξ,η 的概率密度分别为 $f(x)=\begin{cases}e^{-x} & x\geqslant 0\\ 0 & x<0\end{cases}$，$f(y)=\begin{cases}\dfrac{1}{4} & 0<y<4\\ 0 & 其他\end{cases}$，且相互独立，则 $E(\xi\eta)=2$. 　　　　　　　　　　　　　　( )

7. 两个不相关的随机变量一定相互独立. 　　　　　　　　　　( )

8. 两随机变量 ξ,η 满足 $\mathrm{Cov}(2\xi+3,3\eta-5)=6\mathrm{Cov}(\xi,\eta)$. 　　( )

9. 已知随机变量 ξ,η 满足 $E\xi=-2,E\eta=2,D\xi=1,D\eta=4,\rho_{\xi\eta}=-0.5$，用切比雪夫不等式估计 $P\{|\xi+\eta|\geqslant 6\}\leqslant\dfrac{1}{12}$. 　　　　　　　　　　( )

10. 设随机变量 $\xi\sim P(2)$ 服从普阿松分布，$\eta=2-3\xi$，则 $\rho_{\xi\eta}=-1$. 　( )

二、选择题

1. 已知随机变量 ξ 只能取 -1、0、1、2 四个值，其相应的概率依次为 $c,2c,3c,4c$，则 $D\xi$ 为( ).

(A) 0 　　　　　(B) 1 　　　　　(C) 2 　　　　　(D) 5

2. 已知 ξ 的分布函数为 $F(x)=\begin{cases}A+Be^{-2x} & x>0\\ 0 & x\leqslant 0\end{cases}$，则 $E\xi=$ ( ).

(A) 1/2 　　　　　(B) 1 　　　　　(C) 2 　　　　　(D) 4

3. 已知随机变量 $\xi \sim b(n,p)$，且 $E\xi = 2.4, D\xi = 1.44$，则二项分布的参数 n,p 的值分别为（　　）.

(A) $n = 4, p = 0.6$ （B) $n = 6, p = 0.4$

(C) $n = 8, p = 0.3$ （D) $n = 24, p = 0.1$

4. 已知随机变量 $\xi \sim P(\lambda)$，则 $\dfrac{E\xi}{D\xi} = ($　　$)$.

(A) 0 （B) 1 （C) 2 （D) λ

5. 设随机变量 ξ 的分布函数为 $F(x) = \begin{cases} 1 - \dfrac{A}{x^2} & x \geqslant 1 \\ 0 & x < 1 \end{cases}$，则数学期望 $E\left(\dfrac{1}{\xi}\right)$ 为（　　）.

(A) 1 （B) A （C) $\dfrac{2}{3}$ （D) 2

6. 设随机变量 ξ 的概率密度为 $\varphi(x) = \dfrac{1}{2\sqrt{\pi}} e^{-\frac{(x+2)^2}{4}}, x \in \mathbf{R}, \eta = a\xi + b$，其中 $a > 0$，已知 $\eta \sim N(0,1)$，则有（　　）.

(A) $a = \dfrac{1}{2}, b = 1$ （B) $a = \dfrac{\sqrt{2}}{2}, b = \sqrt{2}$

(C) $a = \dfrac{1}{2}, b = -1$ （D) $a = \dfrac{\sqrt{2}}{2}, b = -\sqrt{2}$

7. 设随机变量 ξ 和 η 相互独立，且 ξ 服从 $N(1,2^2)$，η 服从 $N(1,1)$，则 $\xi - \eta$ 服从（　　）.

(A) $N(2, (\sqrt{5})^2)$ （B) $N(0, (\sqrt{3})^2)$ （C) $N(0, (\sqrt{5})^2)$ （D) $N(2, (\sqrt{3})^2)$

8. 随机变量 ξ_1, ξ_2, ξ_3 相互独立，$\xi_1 \sim U(0,4), \xi_2 \sim N(0,4), \xi_3 \sim E(3)$，则 $E(\xi_1 - 2\xi_2 + 3\xi_3)$ $= ($　　$)$.

(A) 3 （B) 6 （C) 9 （D) 12

9. 设 $D(\xi + \eta) = D\xi + D\eta$，则（　　）.

(A) ξ, η 不相关 （B) ξ, η 相关 （C) ξ, η 不独立 （D) ξ, η 独立

10. 设相互独立的随机变量 ξ 和 η 的方差分别为 4 和 2，则 $D(3\xi - 2\eta)$ 为（　　）.

(A) 8 （B) 16 （C) 28 （D) 44

三、填空题

1. 已知离散型随机变量 ξ 的概率分布如下：

ξ	-2	-1	0	1	2
$P\{\xi = x_1\}$	$3a$	$1/6$	$3a$	a	$11/30$

则 $E\xi = $ _____.

2. 若某人射击的命中率为 0.2，则他命中目标时已经射击的次数 ξ 为 k 的数学期望 $E\xi = $ _____.

3. 随机变量 ξ 具有以下的分布律：

ξ	-2	0	2	3
P	0.2	0.2	0.3	0.3

则 $E\xi^2 = $ _____.

4. 已知随机变量 ξ 的概率密度 $\varphi(x) = \begin{cases} Ax & 0 < x < 1 \\ 0 & \text{其他} \end{cases}$，则 $D\xi = $ _____.

5. 设随机变量 $\xi \sim U(a,b)$，已知 $E\xi = 3, D\xi = \dfrac{1}{3}$，则 $a = $ _____，$b = $ _____.

6. 设随机变量 $\xi \sim N(1,3)$，$\eta \sim N(1,3)$，且 ξ 与 η 相互独立，则 $\xi + \eta \sim$ _____.

7. 设 ξ 与 η 独立，同服从均匀分布 $U(0,a)$，其中 $a > 0$，则 $E(\min(\xi,\eta)) = $ _____.

8. 已知随机变量 $\xi \sim P(1)$，$\eta \sim b(4,0.8)$，且 $D(\xi + \eta) = 2.6$，则 $\rho_{\xi\eta} = $ _____.

9. 设 $X_1, X_2, \cdots, X_n$ 为独立且同服从均匀分布 $\xi \sim U(a,b)$，则 $E\left(\dfrac{1}{n}\sum_{i=1}^{n} X_i\right) = $ _____，

$D\left(\dfrac{1}{n}\sum_{i=1}^{n} X_i\right) = $ _____.

10. 已知二维随机变量 (ξ,η) 的概率分布为

ξ ＼ η	1	2
1	1/2	1/4
2	1/4	0

，

则 $\rho_{\xi,\eta} = $ _____.

极限定理初步

本章介绍随机变量序列的极限定理的两个主要结论,大数定理和中心极限定理. 大数定理表示在一定条件下,大量随机试验的平均结果具有稳定性,而中心极限定理表示一定条件下大量随机变量之和的分布近似服从正态分布. 不同的条件对应不同的大数定理和中心极限定理,本章重点要求掌握独立同分布序列的大数定理和中心极限定理. 内容框图如下.

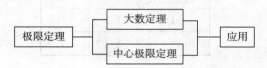

5.1 大数定理*

5.1.1 贝努里大数定理

在第 1 章中讲到频率与概率的关系时,我们讲到,当试验次数 n 充分大时,事件 A 的频率会越来越明显地稳定在某一常数值附近,这个常数度量了事件 A 发生的可能性的大小,我们把这种现象称为"频率的稳定性".

大量事实表明,频率的稳定性是普遍存在的客观规律,下面介绍的贝努里大数定理,对此给出了理论上的证明.

定理 5.1(贝努里大数定理) 设 μ_n 是在 n 次独立重复试验(n 重贝努里试验)中随机事件 A 发生的次数,$p = P(A)$ 是每次试验时事件 A 发生的概率,则对任何 $\varepsilon > 0$,有

$$\lim_{n \to \infty} P\left\{ \left| \frac{\mu_n}{n} - p \right| < \varepsilon \right\} = 1.$$

证 因为 μ_n 是在 n 次独立试验中事件 A 发生的次数,所以 $\mu_n \sim b(n,p)$. 对于二项分布,我们已经求得它的数学期望为 $E\mu_n = np$,方差为 $D\mu_n = np(1-p)$,因此对随机变量 $\frac{\mu_n}{n}$ 来说,就有

$$E\left(\frac{\mu_n}{n} \right) = \frac{E\mu_n}{n} = \frac{np}{n} = p,$$

$$D\left(\frac{\mu_n}{n} \right) = \frac{D\mu_n}{n^2} = \frac{np(1-p)}{n^2} = \frac{p(1-p)}{n}.$$

由切比雪夫不等式可知,对任何 $\varepsilon > 0$,有

$$P\left\{\left|\frac{\mu_n}{n}-E\left(\frac{\mu_n}{n}\right)\right|<\varepsilon\right\}\geqslant 1-\frac{D\left(\frac{\mu_n}{n}\right)}{\varepsilon^2}.$$

即有

$$P\left\{\left|\frac{\mu_n}{n}-p\right|<\varepsilon\right\}\geqslant 1-\frac{p(1-p)}{n\varepsilon^2}.$$

对上式两边取 $n\to\infty$ 的极限,则有

$$\lim_{n\to\infty}P\left\{\left|\frac{\mu_n}{n}-p\right|<\varepsilon\right\}\geqslant 1-\lim_{n\to\infty}\frac{p(1-p)}{n\varepsilon^2}=1.$$

因为概率不能大于 1,所以

$$\lim_{n\to\infty}P\left\{\left|\frac{\mu_n}{n}-p\right|<\varepsilon\right\}=1.$$

贝努里大数定理表明,事件发生的频率 $\frac{\mu_n}{n}$ 总是在它的概率 p 的附近摆动.随着试验次数的增多,频率 $\frac{\mu_n}{n}$ 与概率 p 发生很大偏差的可能性会越来越小,正是在这个意义上,我们说频率具有稳定性,频率会越来越明显地稳定在概率的附近. 也正因为如此,在实际应用中,当试验次数足够多时,我们往往用频率作为概率的近似.

5.1.2 辛钦大数定理

在实际中,还有一类现象也引起我们的注意,这种现象称为"平均值的稳定性". 例如,我们要测量一个物理量,由于每一次测量都不可避免地带有随机误差,所以每次测量得到的观测值都是随机变量. 这些随机变量相互独立,服从相同的分布,它们在我们要测量的物理量的真实值附近左右摆动,可以认为,物理量的真实值是它们共同的数学期望. 为了得到物理量的真实值,我们往往采用多次重复测量,然后计算它们的平均值的方法. 事实表明,只要测量次数足够多,平均值与真实值的偏差是很小的,而且随着测量次数增多,平均值与真实值发生很大偏差的可能性会越来越小,也就是说,平均值具有稳定性.

下面我们不加证明地给出一个定理,这个定理称为辛钦大数定理,它用数学理论的形式,表明了平均值的稳定性.

定理 5.2(辛钦大数定理) 设 $\xi_1,\xi_2,\cdots,\xi_n,\cdots$ 是相互独立的服从同一分布的随机变量序列,它们的数学期望是一个有限值 $E\xi_i=\mu(i=1,2,\cdots)$,则对任何 $\varepsilon>0$,有

$$\lim_{n\to\infty}P\left\{\left|\frac{1}{n}\sum_{i=1}^{n}\xi_i-\mu\right|<\varepsilon\right\}=1.$$

将辛钦大数定理应用于独立重复试验序列,设

$$\xi_i=\begin{cases}0 & \text{第 } i \text{ 次试验时事件 } A \text{ 不发生}\\1 & \text{第 } i \text{ 次试验时事件 } A \text{ 发生}\end{cases}\quad(i=1,2,\cdots),$$

显然随机变量序列 $\xi_1,\xi_2,\cdots,\xi_n,\cdots$ 相互独立,都服从 0—1 分布 $b(1,p)$,它们的数学期望 $E\xi_i=p(i=1,2,\cdots)$,它们的平均值 $\frac{1}{n}\sum_{i=1}^{n}\xi_i=\frac{\mu_n}{n}$(其中 μ_n 是 n 次试验中事件 A 发生的次数),

根据辛钦大数定理,对任何 $\varepsilon > 0$,有

$$\lim_{n\to\infty} P\left\{\left|\frac{1}{n}\sum_{i=1}^{n}\xi_i - \mu\right| < \varepsilon\right\} = 1,$$

也就是有

$$\lim_{n\to\infty} P\left\{\left|\frac{\mu_n}{n} - p\right| < \varepsilon\right\} = 1.$$

这正是贝努里大数定理的结论. 由此可见,贝努里大数定理是辛钦大数定理的特例,辛钦大数定理是贝努里大数定理的推广.

 **思考题1**

某动物体温(单位度)服从 $[10,20]$ 上的均匀分布,若随机记录该动物的 100 次体温测量值,试估计这些测量值的平均值.

5.2　中心极限定理

5.2.1　几个常用的中心极限定理

在前面第 2 章介绍正态分布时,我们曾经指出,正态分布是自然界中十分常见的一种分布. 人们自然会提出这样的问题:为什么正态分布会如此广泛地存在?应该如何解释这一现象?经验表明,许许多多微小的偶然因素共同作用的结果必定导致正态分布. 例如,影响产品质量的因素很多,除去产品的原材料构成以及生产工艺等主要因素外,生产中能源的波动、操作者情绪的波动、生产环境中的偶然干扰、测量误差等因素都会对产品的质量指标产生影响. 于是这种质量指标总是呈现类似于正态分布的"两头小,中间大"的状态,可认为它服从正态分布或近似服从正态分布.

能不能对此从理论上加以说明?这些问题,曾经在一段时间内成了概率论研究的中心课题. 作为研究的结果,人们提出和证明了一系列定理,这些定理称为"中心极限定理".

中心极限定理的基本思想是:如果有一个随机变量,它受到大量微小的、独立的随机因素的影响,可以看作是一系列相互独立的随机变量叠加的总和,其中每一个个别的随机变量对于总和的作用都是微小的,那么作为总和的随机变量的分布就会逼近于正态分布.

下面介绍两个条件比较简单,也是最常用的中心极限定理.

定理 5.3　林德贝格-列维中心极限定理(独立同分布中心极限定理)

设 $\xi_1,\xi_2,\cdots,\xi_n,\cdots$ 是相互独立的服从同一分布的随机变量序列,它们的数学期望和方差都存在,分别为 $E\xi_i = \mu$ 和 $D\xi_i = \sigma^2 > 0(i = 1,2,\cdots)$,则对任何 x,当 $n\to\infty$ 时,有

$$\lim_{n\to\infty} P\left\{\frac{\sum\limits_{i=1}^{n}\xi_i - n\mu}{\sqrt{n\sigma^2}} \leqslant x\right\} = \frac{1}{\sqrt{2\pi}}\int_{-\infty}^{x} e^{-\frac{t^2}{2}}\,\mathrm{d}t = \Phi(x).$$

证　　略.

$$P\left\{\frac{\sum\limits_{i=1}^{n}\xi_i-n\mu}{\sqrt{n\sigma^2}}\leqslant x\right\}是\frac{\sum\limits_{i=1}^{n}\xi_i-n\mu}{\sqrt{n\sigma^2}}的分布函数,\Phi(x)=\frac{1}{\sqrt{2\pi}}\int_{-\infty}^{x}e^{-\frac{t^2}{2}}dt是标准正态分布$$

$N(0,1)$ 的分布函数,林德贝格–列维中心极限定理的结论告诉我们,$\dfrac{\sum\limits_{i=1}^{n}\xi_i-n\mu}{\sqrt{n\sigma^2}}$ 的极限分布

是标准正态分布 $N(0,1)$. 所以,当 n 充分大时,近似有

$$\frac{\sum\limits_{i=1}^{n}\xi_i-n\mu}{\sqrt{n\sigma^2}}\sim N(0,1).$$

这也就意味着,当 n 充分大时,近似有

$$\sum_{i=1}^{n}\xi_i\sim N(n\mu,n\sigma^2).$$

即 $\sum\limits_{i=1}^{n}\xi_i$ 近似服从正态分布 $N(n\mu,n\sigma^2)$.

由此可以推出,当 n 充分大时,对任何 x,有

$$P\left\{\sum_{i=1}^{n}\xi_i\leqslant x\right\}\approx\Phi\left(\frac{x-n\mu}{\sqrt{n\sigma^2}}\right),$$

对任何区间 (a,b),有

$$P\left\{a\leqslant\sum_{i=1}^{n}\xi_i\leqslant b\right\}\approx\Phi\left(\frac{b-n\mu}{\sqrt{n\sigma^2}}\right)-\Phi\left(\frac{a-n\mu}{\sqrt{n\sigma^2}}\right).$$

例1 做加法时,对每个加数四舍五入取整,各个加数的取整误差可以认为是相互独立的,都服从$(-0.5,0.5)$上的均匀分布. 现在有 1200 个数相加,问取整误差总和的绝对值超过 12 的概率是多少?

解 设各个加数的取整误差为 $\xi_i(i=1,2,\cdots,1200)$.

因为 $\xi_i\sim U(-0.5,0.5)$,所以

$$\mu=E\xi_i=\frac{-0.5+0.5}{2}=0,\quad\sigma^2=D\xi_i=\frac{(0.5+0.5)^2}{12}=\frac{1}{12}(i=1,2,\cdots,1200).$$

设取整误差的总和为 $\eta=\sum\limits_{i=1}^{n}\xi_i$,因为 $n=1200$ 数值很大,由定理 5.3 可知,这时近似有

$\eta=\sum\limits_{i=1}^{n}\xi_i\sim N(n\mu,n\sigma^2)$,其中,$n\mu=1200\times0=0,n\sigma^2=1200\times\dfrac{1}{12}=100$.

所以,取整误差总和的绝对值超过 12 的概率为

$$P\{|\eta|>12\}=1-P\{-12\leqslant\eta\leqslant12\}\approx1-\left[\Phi\left(\frac{12-n\mu}{\sqrt{n\sigma^2}}\right)-\Phi\left(\frac{-12-n\mu}{\sqrt{n\sigma^2}}\right)\right]$$

$$=1-\left[\Phi\left(\frac{12-0}{\sqrt{100}}\right)-\Phi\left(\frac{-12-0}{\sqrt{100}}\right)\right]=1-\Phi(1.2)+\Phi(-1.2)$$

$$=2[1-\Phi(1.2)]=2\times(1-0.8849)=0.2302.$$

在独立重复试验序列中,事件 A 发生的次数服从二项分布 $b(n,p)$,它可以看作是 n 个相

互独立的服从 0—1 分布 $b(1,p)$ 的随机变量的和. 下面介绍一个德莫哇佛-拉普拉斯极限定理. 这个定理告诉我们,当试验次数无限增多时,二项分布的极限分布是正态分布.

定理 5.4　德莫哇佛-拉普拉斯极限定理(二项分布中心极限定理)

若 μ_n 是 n 次独立重复试验(n 重贝努里试验) 中随机事件 A 发生的次数,$0 < p < 1$ 是事件 A 在每次试验中发生的概率,$q = 1 - p, \varphi(x) = \dfrac{1}{\sqrt{2\pi}} \mathrm{e}^{-\frac{x^2}{2}}$,则

对任何 x,当 $n \to \infty$ 时,有

$$\lim_{n \to \infty} P\left\{ \frac{\mu_n - np}{\sqrt{npq}} \leqslant x \right\} = \frac{1}{\sqrt{2\pi}} \int_{-\infty}^{x} \mathrm{e}^{-\frac{t^2}{2}} \mathrm{d}t = \Phi(x).$$

证　这是林德贝格-列维中心极限定理的特例.

设　$\xi_i = \begin{cases} 0 & \text{第 } i \text{ 次试验时事件 } A \text{ 不发生} \\ 1 & \text{第 } i \text{ 次试验时事件 } A \text{ 发生} \end{cases} (i = 1, 2, \cdots),$

显然随机变量序列 $\xi_1, \xi_2, \cdots, \xi_n, \cdots$ 相互独立,都服从 0—1 分布 $b(1,p)$,它们的数学期望 $\mu = E\xi_i = p$,方差 $\sigma^2 = D\xi_i = pq(i = 1, 2, \cdots), \mu_n = \sum\limits_{i=1}^{n} \xi_i$,所以,由林德贝格-列维中心极限定理可知,对任何 x,当 $n \to \infty$ 时,有

$$\lim_{n \to \infty} P\left\{ \frac{\mu_n - np}{\sqrt{npq}} \leqslant x \right\} = \frac{1}{\sqrt{2\pi}} \int_{-\infty}^{x} \mathrm{e}^{-\frac{t^2}{2}} \mathrm{d}t = \Phi(x).$$

在式中,$P\left\{ \dfrac{\mu_n - np}{\sqrt{npq}} \leqslant x \right\}$ 是 $\dfrac{\mu_n - np}{\sqrt{npq}}$ 的分布函数,$\Phi(x) = \dfrac{1}{\sqrt{2\pi}} \int_{-\infty}^{x} \mathrm{e}^{-\frac{t^2}{2}} \mathrm{d}t$ 是标准正态分布 $N(0,1)$ 的分布函数. 德莫哇佛-拉普拉斯极限定理的结论告诉我们,$\dfrac{\mu_n - np}{\sqrt{npq}}$ 的极限分布是标准正态分布 $N(0,1)$. 所以,当 n 充分大时,近似有

$$\frac{\mu_n - np}{\sqrt{npq}} \sim N(0,1).$$

上式也可等价地表示为

$$\mu_n \sim N(np, npq).$$

又因为 μ_n 是服从二项分布 $b(n,p)$ 的随机变量,所以,这也就意味着,当 n 充分大时,服从二项分布 $b(n,p)$ 的随机变量近似服从正态分布 $N(np, npq)$.

5.2.2　德莫哇佛-拉普拉斯极限定理的一些应用

由德莫哇佛-拉普拉斯极限定理可知,如果随机变量 $\xi \sim b(n,p)$,那么,当 n 充分大时,就会近似有 $\xi \sim N(np, npq)$. 因此,可以按下列公式,用正态分布近似计算二项分布的概率

$$P\{\xi \leqslant x\} \approx \Phi\left(\frac{x - np}{\sqrt{npq}}\right), P\{a \leqslant \xi \leqslant b\} \approx \Phi\left(\frac{b - np}{\sqrt{npq}}\right) - \Phi\left(\frac{a - np}{\sqrt{npq}}\right).$$

例 2　某互联网站有 10000 个相互独立的用户,已知每个用户在任一时刻访问该网站的概率为 0.2. 求:

(1) 在任一时刻,有 1900 ～ 2100 个用户访问该网站的概率;

(2) 在任一时刻,有 2100 个以上的用户访问该网站的概率.

解 这可以看作是一个独立重复试验序列,$A = \{访问网站\}$,$\overline{A} = \{不访问网站\}$,$p = P(A) = 0.2$,$q = P(\overline{A}) = 1 - p = 0.8$.

设访问网站的用户数为 ξ,显然 ξ 服从二项分布,即 $\xi \sim b(n, p)$. 但直接用二项分求计算概率比较复杂,我们可借助中心极限定理来近似计算. 由于 $n = 10000$ 很大,由德莫哇佛-拉普拉斯极限定理可知,这时近似有 $\xi \sim N(np, npq)$,其中

$$np = 10000 \times 0.2 = 2000, npq = 2000 \times 0.8 = 1600.$$

(1) 有 1900 ~ 2100 个用户访问该网站的概率为

$$P\{1900 \leqslant \xi \leqslant 2100\} \approx \Phi\left(\frac{2100 - np}{\sqrt{npq}}\right) - \Phi\left(\frac{1900 - np}{\sqrt{npq}}\right)$$

$$= \Phi\left(\frac{2100 - 2000}{\sqrt{1600}}\right) - \Phi\left(\frac{1900 - 2000}{\sqrt{1600}}\right) = \Phi(2.5) - \Phi(-2.5)$$

$$= 2\Phi(2.5) - 1 = 2 \times 0.9938 - 1 = 0.9876.$$

(2) 有 2100 个以上的用户访问该网站的概率为

$$P\{\xi > 2100\} = 1 - P\{\xi \leqslant 2100\} \approx 1 - \Phi\left(\frac{2100 - np}{\sqrt{npq}}\right) = 1 - \Phi\left(\frac{2100 - 2000}{\sqrt{1600}}\right)$$

$$= 1 - \Phi(2.5) = 1 - 0.9938 = 0.0062.$$

例 3 某车间有 200 台独立工作的车床,各台车床开工的概率都是 0.6,每台车床开工时要耗电 1 kW. 问供电所至少要供给这个车间多少千瓦电力,才能以 99.9% 的概率保证这个车间不会因供电不足而影响生产?

解 200 台车床独立工作,可看作 200 次独立重复试验,事件 $A = \{车床开工\}$,
$\overline{A} = \{车床不开工\}$,$p = P(A) = 0.6$,$q = P(\overline{A}) = 1 - p = 0.4$.

设 ξ 是实际开工的车床数,$\xi \sim b(n, p)$,由于 $n = 200$ 很大,由德莫哇佛-拉普拉斯极限定理可知,这时近似有 $\xi \sim N(np, npq)$,其中 $np = 200 \times 0.6 = 120$,$npq = 120 \times 0.4 = 48$.

设 b 是供给电力的千瓦数,要不影响生产,开工车床数必须小于 b,这件事的概率为

$$P\{0 \leqslant \xi \leqslant b\} \approx \Phi\left(\frac{b - 120}{\sqrt{48}}\right) - \Phi\left(\frac{0 - 120}{\sqrt{48}}\right)$$

$$\approx \Phi\left(\frac{b - 120}{\sqrt{48}}\right) - \Phi(-17.32) \approx \Phi\left(\frac{b - 120}{\sqrt{48}}\right) - 0 = \Phi\left(\frac{b - 120}{\sqrt{48}}\right),$$

由题意可知,要有

$$P\{0 \leqslant \xi \leqslant b\} \approx \Phi\left(\frac{b - 120}{\sqrt{48}}\right) = 0.999,$$

查附录表 3 可得 $\dfrac{b - 120}{\sqrt{48}} = 3.0902$,所以 $b = 120 + 3.0902 \times \sqrt{48} = 141.4095$.

取 $b = 142$,即供电 142 kW,就能以 99.9% 的概率保证这个车间不会因供电不足而影响生产. 换句话说,每天 8 h 的工作时间中最多只有 0.1% 的时间,即 0.48 min 会受到影响.

例 4 设在独立重复试验序列中,每次试验时事件 A 发生的概率为 0.75,分别用切比雪夫不等式和德莫哇佛 - 拉普拉斯极限定理估计试验次数 n 需多大,才能使事件 A 发生的频

率落在 $0.74 \sim 0.76$ 之间的概率至少为 0.90?

解 设 μ_n 为在 n 次独立重复试验中事件 A 发生的次数,$\dfrac{\mu_n}{n}$ 就是 A 发生的频率.

(1) 用切比雪夫不等式估计.

由于 $\mu_n \sim b(n, p)$,$p = 0.75$,因此 $E\mu_n = np = 0.75n$,$D\mu_n = npq = 0.1875n$,由切比雪夫不等式可得

$$P\left\{0.74 \leqslant \frac{\mu_n}{n} \leqslant 0.76\right\} = P\{\mid \mu_n - 0.75n \mid \leqslant 0.01n\}$$

$$= P\{\mid \mu_n - E\mu_n \mid \leqslant 0.01n\} \geqslant 1 - \frac{D\mu_n}{(0.01n)^2}$$

$$= 1 - \frac{0.1875n}{(0.01n)^2} = 1 - \frac{1875}{n},$$

因此,要 $P\left\{0.74 \leqslant \dfrac{\mu_n}{n} \leqslant 0.76\right\} \geqslant 0.9$,就要有 $1 - \dfrac{1875}{n} \geqslant 0.9$,即

$$n \geqslant \frac{1875}{1 - 0.9} = 18750.$$

可见,用切比雪夫不等式估计,需做 18750 次重复试验,才能保证 A 出现的频率在 $0.74 \sim 0.76$ 之间的概率至少为 0.90.

(2) 用德莫哇佛－拉普拉斯极限定理估计.

$\mu_n \sim b(n, p)$,其中 $p = 0.75$,由德莫哇佛－拉普拉斯极限定理可知,这时近似有 $\mu_n \sim N(np, npq)$,其中 $np = 0.75n$,$npq = n \times 0.75 \times 0.25 = 0.1875n$,所以

$$P\left\{0.74 \leqslant \frac{\mu_n}{n} \leqslant 0.76\right\} = P\{0.74n \leqslant \mu_n \leqslant 0.76n\}$$

$$\approx \Phi\left(\frac{0.76n - 0.75n}{\sqrt{0.1875n}}\right) - \Phi\left(\frac{0.74n - 0.75n}{\sqrt{0.1875n}}\right)$$

$$= 2\Phi\left(\sqrt{\frac{n}{1875}}\right) - 1.$$

现在要求有 $P\left\{0.74 \leqslant \dfrac{\mu_n}{n} \leqslant 0.76\right\} \approx 2\Phi\left(\sqrt{\dfrac{n}{1875}}\right) - 1 \geqslant 0.9$,即要求有 $\Phi\left(\sqrt{\dfrac{n}{1875}}\right) \geqslant 0.95$,查附录表 4 可得 $\sqrt{\dfrac{n}{1875}} \geqslant 1.6449$,所以有

$$n \geqslant 1.6449^2 \times 1875 = 5073.18.$$

可见,用德莫哇佛－拉普拉斯定理估计,只需做 5074 次试验,即可保证 A 出现的频率在 $0.74 \sim 0.76$ 之间的概率至少为 0.90.

比较(1)与(2)的结果说明,用切比雪夫不等式的估计比较粗略,而用中心极限定理(例如德莫哇佛－拉普拉斯定理)则能得到更为精确的估计.

 **思考题2**

试说明本节定理 5.3 与上一节定理 5.2 有何关系.

5.3　本章小结

5.3.1　基本要求

（1）了解贝努里大数定理和辛钦大数定理.

（2）理解并掌握独立同分布的中心极限定理及二项分布的中心极限定理.

5.3.2　内容概要

1）大数定理

概率论中用来阐明随机试验的平均结果具有稳定性的一系列定理都叫大数定理,这里大数指试验次数足够多,试验的平均结果用随机变量表示就是 $\frac{1}{n}\sum\limits_{i=1}^{n}\xi_i$,那么稳定性是指稳定在哪里呢?当然是稳定在它的期望值 $E\left(\frac{1}{n}\sum\limits_{i=1}^{n}\xi_i\right)$,而稳定的含义就是以概率收敛,即一定条件下有:对任意 $\varepsilon>0,\lim\limits_{n\to\infty}P\left\{\left|\frac{1}{n}\sum\limits_{i=1}^{n}\xi_i-E\left(\frac{1}{n}\sum\limits_{i=1}^{n}\xi_i\right)\right|<\xi\right\}=1.$ 特别地,当 ξ_i 独立服从相同分布 $(i=1,2,\cdots)$ 且期望有限时,就得到辛钦大数定理.

当 ξ_i 相互独立且服从相同的两点分布时,得到的就是贝努里大数定理.

2）中心极限定理

中心极限定理就是用来阐述,一定条件下大量的随机变量的和近似服从正态分布的一系列定理.即和的标准化近似服从标准正态分布.

$$\frac{\sum\limits_{i=1}^{n}\xi_i-E\left(\sum\limits_{i=1}^{n}\xi_i\right)}{\sqrt{D\left(\sum\limits_{i=1}^{n}\xi_i\right)}}\sim N(0,1).$$

我们在求解有关中心极限定理的各类问题时,主要是用到上面的这个式子.特别地,当 $\xi_i(i=1,2,\cdots)$ 独立同分布且 $E\xi_i=\mu,D\xi_1=\sigma^2$ 时,上式可化简为

$$\frac{\sum\limits_{i=1}^{n}\xi_i-n\mu}{\sqrt{n}\sigma}\sim N(0,1).$$

这就是林德贝格-列维中心极限定理.

当 ξ_i 相互独立且都服从两点分布 $P\{\xi_i=1\}=p,P\{\xi_i=0\}=1-p$ 时,上式可简化为

$$\frac{\mu_n-np}{\sqrt{np(1-p)}}\sim N(0,1)$$

这就是二项分布的中心极限定理.

在概率论中还有其他许多的中心极限定理.求解有关中心极限定理问题的关键就是要凑出上面的式子.

习　题　五

5.1 做加法时,对每个加数四舍五入取整,各个加数的取整误差可以认为是相互独立的,且都服从$(-0.5,0.5)$上的均匀分布. 现在有100个数相加,问取整误差总和的绝对值超过5的概率是多少?

5.2 设$\xi_1,\xi_2,\cdots,\xi_{20}$是相互独立的随机变量序列,具有相同的概率密度

$$\varphi(x) = \begin{cases} 2x & 0 \leqslant x \leqslant 1 \\ 0 & 其他 \end{cases}.$$

令$\eta = \xi_1 + \xi_2 + \cdots + \xi_{20}$,用中心极限定理求$P\{\eta \leqslant 10\}$的近似值.

5.3 已知一本300页的书中每页印刷错误的个数服从普阿松分布$P(0.2)$,求这本书印刷错误总数不多于70个的概率.

5.4 设有30个相互独立的电子器件$D_1,D_2,\cdots,D_{30}$,它们的使用情况如下:D_1损坏,D_2立即使用;D_2损坏,D_3立即使用,$\cdots$. 设器件$D_i(i=1,2,\cdots,30)$的寿命服从参数为$\lambda=0.1(1/h)$的指数分布,令T为30个器件使用的总计时间. 问T超过350 h的概率是多少?

5.5 一复杂系统由多个相互独立作用的部件组成,在运行期间,每个部件损坏的概率都是0.1,为了使整个系统可靠地工作,必须至少有88%的部件起作用.

(1) 已知系统中共有900个部件,求整个系统的可靠性(即整个系统能可靠工作的概率).

(2) 为了使整个系统的可靠性达到0.99,整个系统至少需要由多少个部件组成?

5.6 某厂生产的螺丝钉废品率为0.01,今取500个装成一盒,问一盒中废品数不超过5个的概率是多少?

5.7 某单位设置一台电话总机,共有200个分机. 设每个分机在任一时刻要使用外线通话的概率为5%,各个分机使用外线与否是相互独立的,该单位需要多少外线,才能以90%的概率保证各个分机通话时有足够的外线可供使用?

5.8 保险公司接受多种项目的保险,其中有一项是老年人寿保险. 若一年中有100000人参加这项保险,每人每年需付保险费20元,在此类保险者里,每个人死亡的概率是0.002,死亡后家属立即向保险公司领得8000元. 若不计保险公司支出的管理费,试求:

(1) 保险公司在此项保险中亏本的概率;

(2) 保险公司在此项保险中获益80000元以上的概率.

5.9 抽样检查产品质量时,如果发现次品不少于10个,则认为这批产品不能接受. 问应该检查多少个产品,可使次品率为10%的一批产品不被接受的概率达到0.9?

5.10 分别用切比雪夫不等式和德莫哇佛-拉普拉斯极限定理确定:当掷一枚硬币时,需要掷多少次,才能保证出现正面的概率在$0.4 \sim 0.6$之间的概率不少于90%?

自测题五

一、判断题(正确用"十",错误用"一")

1. 设 $\xi_1, \xi_2, \cdots \xi_n, \cdots$ 为一列相互独立的且均服从参数 $\lambda = 3$ 的指数分布的随机变量,则

$$\lim_{n \to \infty} P\left\{ \left| \frac{1}{n} \sum_{i=1}^{n} \xi_i - \frac{1}{3} \right| > \varepsilon \right\} = 0 \quad (\forall \varepsilon > 0). \tag{ }$$

2. 把一枚硬币抛 n 次,只要 n 充分大,正面向上发生的频率与 0.5 的误差一定小于任意给定的一个正数 ε. ( )

3. 设 μ_n 为 n 重贝努里试验中事件 A 发生的次数,p 为事件 A 每次发生的概率,则当 n 充分大时,有 $P\left\{ \left| \frac{\mu_n}{n} - p \right| > \varepsilon \right\} \approx 2\left(1 - \Phi\left(\varepsilon \sqrt{\frac{n}{p(1-p)}} \right) \right)$. ( )

4. 把一枚硬币连抛 2000 次,根据中心极限定理,出现正面向上不超过 1000 次的概率约为 $\Phi(0)$ 等于 $\frac{1}{2}$. ( )

5. 设 ξ_i 相互独立且 $\xi_i \sim U(-1, 1)$ $(i = 1, 2, \cdots)$,则 $\lim_{n \to \infty} \frac{1}{n} \sum_{i=1}^{n} \xi_i = 0$. ( )

6. 设 ξ 为 n 重贝努里试验中事件 A 发生的次数,则当 n 很大时,ξ 近似服从正态分布. ( )

7. 设 n_5 为抛一个骰子 n 次出现点数为 5 的次数,则 $\lim_{n \to \infty} \frac{n_5}{n} = \frac{1}{6}$. ( )

8. 设 ξ_i 服从参数为 λ 的普阿松分布,ξ_i 相互独立,则当 n 很大时,$\sum_{i=1}^{n} \xi_i$ 近似服从正态分布 $N(n\lambda, n^2\lambda^2)$. ( )

9. n 重贝努里试验中,当 n 充分大时,事件 A 发生的频率与其发生的概率 p 误差的绝对值不超过 $\frac{1}{n}$ 的概率约为 $2\Phi(1/\sqrt{np(1-p)}) - 1$. ( )

10. 设 ξ_i 相互独立,且 $\xi_i \sim E(10)$,则 $\xi_1 + \xi_2 + \cdots + \xi_{100}$ 近似服从 $N(10, 10^2)$. ( )

二、选择题

1. 设 μ_n 为 n 次独立重复试验中事件 A 出现的次数,p 是事件 A 在每次试验中出现的概率,ε 为大于零的数,则 $\lim_{n \to \infty} P\left\{ \left| \frac{\mu_n}{n} - p \right| < \varepsilon \right\} = ($).

(A) 0   (B) 1   (C) $\frac{1}{2}$ (D) $2\Phi\left(\varepsilon \sqrt{\frac{n}{pq}} \right) - 1$

2. 设 $\xi_1, \xi_2, \cdots$ 独立同服从于指数分布 $E(\lambda)$,则( )正确.

(A) $\lim_{n \to \infty} P\left\{ \frac{\lambda \sum_{i=1}^{n} \xi_i - n}{\sqrt{n}} \leqslant x \right\} = \Phi(x)$ (B) $\lim_{n \to \infty} P\left\{ \frac{\sum_{i=1}^{n} \xi_i - n}{\sqrt{n}} \leqslant x \right\} = \Phi(x)$

(C) $\lim_{n \to \infty} P\left\{ \frac{\sum_{i=1}^{n} \xi_i - \lambda}{\sqrt{n\lambda}} \leqslant x \right\} = \Phi(x)$ (D) $\lim_{n \to \infty} P\left\{ \frac{\sum_{i=1}^{n} \xi_i - n\lambda}{\sqrt{n\lambda}} \leqslant x \right\} = \Phi(x)$

3. 设 μ_n 为 n 次独立重复试验中事件 A 出现的次数，p 为事件 A 在每次试验中出现的概率，$q = 1 - p, \varepsilon$ 为大于零的数，则 $P\left\{\left|\dfrac{\mu_n}{n} - p\right| \leqslant \varepsilon\right\} \approx (\qquad)$.

(A) $2\Phi\left(\varepsilon\sqrt{\dfrac{n}{pq}}\right) - 1$　　(B) $2\left(1 - \Phi\left(\varepsilon\sqrt{\dfrac{n}{pq}}\right)\right)$　　(C) 1　　(D) 0

4. 设 $\xi_i \sim U(-1, 1)(i = 1, 2, \cdots)$ 且相互独立，则($\qquad$)是不正确的.

(A) $\xi_1, \xi_2, \cdots, \xi_n, \cdots$ 序列服从大数定理　　(B) $\xi_1, \xi_2, \xi_n, \cdots$ 序列服从中心极限定理

(C) $\lim\limits_{n \to \infty} P\left\{\left|\dfrac{\sum\limits_{i=1}^{n} \xi_i}{n}\right| < \varepsilon\right\} = 1 \ (\forall \varepsilon > 0)$　　(D) $\lim\limits_{n \to \infty} \dfrac{1}{n}\sum\limits_{i=1}^{n} \xi_i = 0$

5. 设 $\xi_i \sim P(\lambda)(i = 1, 2, \cdots)$ 且相互独立，则对 $\varepsilon > 0$ 有($\qquad$).

(A) $P\left\{\left|\dfrac{1}{n}\sum\limits_{i=1}^{n} \xi_i - \lambda\right| > \varepsilon\right\} \approx 2\left(1 - \Phi\left(\varepsilon\sqrt{\dfrac{n}{\lambda}}\right)\right)$

(B) $P\left\{\left|\dfrac{1}{n}\sum\limits_{i=1}^{n} \xi_i - \lambda\right| > \varepsilon\right\} \approx 2\left(1 - \Phi\left(\varepsilon\sqrt{\dfrac{n}{\lambda(1-\lambda)}}\right)\right)$

(C) $P\left\{\left|\dfrac{1}{n}\sum\limits_{i=1}^{n} \xi_i - \lambda\right| \leqslant \varepsilon\right\} \approx 2\left(1 - \Phi\left(\varepsilon\sqrt{\dfrac{n}{\lambda}}\right)\right)$

(D) $P\left\{\left|\dfrac{1}{n}\sum\limits_{i=1}^{n} \xi_i - \lambda\right| \leqslant \varepsilon\right\} \approx 2\left(1 - \Phi\left(\varepsilon\sqrt{\dfrac{n}{\lambda(1-\lambda)}}\right)\right)$

6. 设 ξ_i 独立同分布，其概率密度均为 $\varphi(x) = \begin{cases} 1 + x & -1 \leqslant x < 0 \\ 1 - x & 0 \leqslant x \leqslant 1 \\ 0 & \text{其他} \end{cases}$，则当 n 充分大时，近似地有($\qquad$).

(A) $\sum\limits_{i=1}^{n} \xi_i \sim N(0, 1)$　　　　(B) $\dfrac{\sqrt{6}\sum\limits_{i=1}^{n} \xi_i}{\sqrt{n}} \sim N(0, 1)$

(C) $\dfrac{1}{n}\sum\limits_{i=1}^{n} \xi_i \sim N(0, 1)$　　(D) $\dfrac{\sqrt{6}}{n}\sum\limits_{i=1}^{n} \xi_i \sim N(0, 1)$

7. 设 $\xi_i(i = 1, 2, \cdots, 100)$ 相互独立，且均服从 $P(0.03)$，则 $P\left\{\sum\limits_{i=1}^{100} \xi_i \geqslant 3\right\} \approx (\qquad)$.

(A) $1 - \Phi(3)$　　(B) $\Phi(3)$　　(C) 0.5　　(D) $1 - \Phi(0.03)$

8. 设 $\xi_1, \xi_2, \cdots, \xi_{100}$ 是独立同分布的，且 $\xi_i \sim b(1, p)$，则下面不正确的是($\qquad$).

(A) $\sum\limits_{i=1}^{100} \xi_i \sim b(100, p)$

(B) $P\left\{a < \sum\limits_{i=1}^{100} \xi_i < b\right\} \approx \Phi(b) - \Phi(a)$

(C) $\dfrac{1}{100}\sum\limits_{i=1}^{100} \xi_i \approx p$

(D) $P\left\{a < \sum\limits_{i=1}^{100} \xi_i < b\right\} \approx \Phi\left(\dfrac{b - 100p}{10\sqrt{p(1-p)}}\right) - \Phi\left(\dfrac{a - 100p}{10\sqrt{p(1-p)}}\right)$

9. 设 $\xi_1, \xi_2, \cdots, \xi_n, \cdots$ 为一列独立同分布的随机变量,且 $E\xi_i = 0, D\xi_i = \sigma^2$,则对 $\forall \varepsilon > 0$ 有( ).

(A) $\lim\limits_{n \to \infty} P\{\frac{1}{n}\sum\limits_{i=1}^{n} \xi_i^2 > \varepsilon\} = 0$ (B) $\lim\limits_{n \to \infty} P\{\frac{1}{n}\sum\limits_{i=1}^{n} \xi_i^2 < \varepsilon\} = 0$

(C) $\lim\limits_{n \to \infty} P\left\{\left|\frac{1}{n}\sum\limits_{i=1}^{n} \xi_i^2 - \sigma^2\right| > \varepsilon\right\} = 0$ (D) $\lim\limits_{n \to \infty} P\left\{\left|\frac{1}{n}\sum\limits_{i=1}^{n} \xi_i^2 - \sigma^2\right| < \varepsilon\right\} = 0$

10. 设随机变量 $\xi \sim b(1000, 0.002)$,则下列选项错误的是( ).

(A) ξ 近似服从 $P(2)$ (B) ξ 近似服从 $N(2, 1.996)$

(C) $P\{\xi > 2\} \approx 0.5$ (D) $P\{\xi = 0\} = 0.002^{1000}$

三、填空题

1. 设 $\xi_1, \xi_2, \cdots$ 为相互独立的随机变量序列,且 $\xi_i(i = 1, 2\cdots)$ 服从参数为 λ 的普阿松分布,记

$$\Phi(x) = \int_{-\infty}^{x} \frac{1}{\sqrt{2\pi}} e^{-\frac{x^2}{2}} dx,\ 则\ \lim_{n \to \infty} P\left\{\frac{\sum\limits_{i=1}^{n} \xi_i - n\lambda}{\sqrt{n\lambda}} \leqslant x\right\} = \underline{\quad\quad}.$$

2. 设 ξ 表示 n 次独立重复试验中事件 A 出现的次数,p 是事件 A 在每次试验中的出现概率,记 $\Phi(x) = \int_{-\infty}^{x} \frac{1}{\sqrt{2\pi}} e^{-\frac{x^2}{2}} dx$,则 $P\{a < \xi \leqslant b\} \approx \underline{\quad\quad}$.

3. 设 $X_1, X_2, \cdots, X_n, \cdots$ 是独立同分布的随机变量序列,且 $X_i \sim U(0, a)$ $(i = 1, 2, \cdots)$. 则当 n 充分大时,$X = \frac{1}{n}\sum\limits_{i=1}^{n} X_i$ 近似服从$\underline{\quad\quad}$.

4. 设 $X_1, X_2, \cdots, X_n, \cdots$ 是相互独立同分布的随机变量序列,且 $E(X_i) = \mu, D(X_i) = \sigma^2 > 0$ $(i = 1, 2, \cdots)$,则对任意 $\varepsilon > 0, \lim\limits_{n \to \infty} P\{\left|\sum\limits_{i=1}^{n} X_i - n\mu\right| \geqslant \varepsilon\} = \underline{\quad\quad}$.

5. 测量某一长度为 a 的物体,假定各次测量结果相互独立,且服从正态分布 $N(a, 0.2^2)$,若以 $\overline{X}_n$ 表示 n 次测量结果的平均值,为使 $P\{\left|\overline{X}_n - a\right| \leqslant 0.1\} \geqslant 0.95$,则 n 应不小于 $\underline{\quad\quad}$.

6. 设 $X_1, X_2, \cdots, X_n, \cdots$ 是相互独立的随机变量序列,且都服从参数为 λ 的普阿松分布,则当 n 充分大时,$\sum\limits_{i=1}^{n} X_i$ 近似服从$\underline{\quad\quad}$.

7. 从一大批次品率为 0.03 的产品中随机抽取 1000 件该种产品,则其中的次品数 X 的精确分布为$\underline{\quad\quad}$;其近似分布为$\underline{\quad\quad}$;若利用德莫哇佛-拉普拉斯中心极限定理计算,则 $P\{20 \leqslant X \leqslant 40\} = \underline{\quad\quad}$.

8. 某厂产品次品率为 1‰,今任取 500 个,则根据中心极限定理估计其中次品不超过 5 个的概率为$\underline{\quad\quad}$.

9. 设 $\xi_1, \xi_2, \cdots, \xi_n, \cdots$ 独立同分布,且 $E\xi_i^k = a_k (k = 1, 2, 3, 4), a_4 \neq a_2^2$,则当 n 充分大时根据中心极限定理有 $\frac{1}{n}\sum\limits_{i=1}^{n} \xi_i^2 \sim \underline{\quad\quad}$.

10. 若 ξ_i 独立同分布,且 $E\xi_i^k = a$,则当 n 充分大时 $\frac{1}{n}\sum\limits_{i=1}^{n} \xi_i^k$ 的取值会在$\underline{\quad\quad}$附近波动.

6

数理统计的基本概念

　　前面各章内容属于概率论部分,本章及后续内容属于数理统计部分. 在概率论中,我们总是假设随机变量的分布是已知的,或者尽管不是已知但可以从理论上推导出来. 但在实际应用中却并非如此,比如随机抽取某地一个成年人测量其身高,试验前不能确定抽到的是哪一个人,所以测量的结果也是未知的,是一个随机变量. 那么这个随机变量服从什么分布? 分布中的参数又是多少? 这些信息只能根据统计数据来估计和推断. 本章介绍数理统计的基本概念和点估计的基本方法. 重点要求掌握矩法估计,极大似然估计的方法,以及常用抽样分布的结论. 本章内容框图如下.

6.1　总体与样本

　　如果我们要了解某批灯泡的寿命情况,比如寿命的分布,平均寿命等. 从理论上来讲,只要对这批灯泡中的每一个灯泡,都做一次使用寿命的测试,直到所有的灯泡都不亮为止,这批灯泡寿命的分布和平均寿命就知道了,但是,这样一来,这批灯泡也就没有用了,所以,这样做实际上是行不通的. 何况,产品数量往往是很大的,对每一个产品都做试验,要花费大量人力、物力,即使试验后产品不会报废,这样的全面试验,从经济角度来看,也是不可行的.

　　通常,我们采用的是"抽样试验"的方法,即从这批灯泡中随机地抽取若干个样品,测试它们的使用寿命,然后,根据样品测试的结果,推断整批灯泡的使用寿命.

　　怎样根据一小部分样品的测试结果,来推断作为整体的随机变量的分布特征?这样的推断,可靠性如何?这正是数理统计这门学科要研究和解决的问题.

　　数理统计是在实际中有着广泛应用的一门数学学科,它的主要任务是,研究如何收集数据,并在收集到的试验数据的基础上,对数据进行加工、整理、分析、研究,从中推断我们所需要的各种结果.

　　数理统计的理论基础是概率论.

　　在数理统计中,我们把研究对象的全体(可用随机变量表示,如上面例子中灯泡的使用寿命) 称为总体, 也叫母体, 通常用大写英文字母 X, Y, Z 或 ξ, η, ζ 等来表示. 对总体进行的 n 次试验结果, 记为 $(X_1, X_2, \cdots, X_n)$, 称为样本, 其中试验次数 n 称为样本容量, 每个 X_i 都是随机变量. 观测样本后得到的一组具体数值称为样本观测值, 记为 $(x_1, x_2, \cdots, x_n)$.

通常, 我们抽取样本是为了了解总体的分布或它的数字特征, 因此要求样本不仅能很好地反映总体的各种特性, 也要便于处理, 即要求样本满足如下两个条件:

(1) 独立性, 即各次观察的结果互不影响, 也就是 $X_1, X_2, \cdots, X_n$ 相互独立.

(2) 同分布性, 即样本的抽取是随机的, 以保证样本中每个 X_i 与总体 ξ 具有相同的分布.

凡是具有这两条性质的样本, 称为**简单随机样本**. 今后我们讲到"样本", 总是指简单随机样本, 也就是说, 我们认为样本都是具有独立性和同分布性的.

由于样本具有独立性和同分布性, 因此, 不难推得下列结论(参见例 1).

如果总体 ξ 是离散型随机变量, 概率分布为 $P\{\xi = k\}$, 那么样本 $(X_1, X_2, \cdots, X_n)$ 的联合概率分布为

$$P\{X_1 = x_1, X_2 = x_2, \cdots, X_n = x_n\} = \prod_{i=1}^{n} P\{X_i = x_i\} = \prod_{i=1}^{n} P\{\xi = x_i\}.$$

如果总体 ξ 是连续型随机变量, 概率密度为 $\varphi(x)$, 那么样本 $(X_1, X_2, \cdots, X_n)$ 的联合概率密度为

$$\varphi^*(x_1, x_2, \cdots, x_n) = \prod_{i=1}^{n} \varphi_{X_i}(x_i) = \prod_{i=1}^{n} \varphi(x_i).$$

如果总体 ξ 的分布函数为 $F(x)$, 那么样本 $(X_1, X_2, \cdots, X_n)$ 的联合分布函数为

$$F^*(x_1, x_2, \cdots, x_n) = \prod_{i=1}^{n} F_{X_i}(x_i) = \prod_{i=1}^{n} F(x_i).$$

例 1 设总体 $\xi \sim E(\lambda)$, 试求样本 $(X_1, X_2, \cdots, X_n)$ 的联合分布函数.

解 因 $\xi \sim E(\lambda)$, 故总体的分布函数为

$$F(x) = P\{\xi \leqslant x\} = \begin{cases} 1 - e^{-\lambda x} & x > 0 \\ 0 & x \leqslant 0 \end{cases}$$

样本 $(X_1, X_2, \cdots, X_n)$ 的联合分布函数为

$$F(x_1, x_2, \cdots, x_n) = P\{X_1 \leqslant x_1, X_2 \leqslant x_2, \cdots, X_n \leqslant x_n\}$$

$$\xLongequal{\text{独立性}} P\{X_1 \leqslant x_1\} P\{X_2 \leqslant x_2\} \cdots P\{X_n \leqslant x_n\}$$

$$\xLongequal{\text{同分布性}} P\{\xi \leqslant x_1\} P\{\xi \leqslant x_2\} \cdots P\{\xi \leqslant x_n\} = F(x_1) F(x_2) \cdots F(x_n)$$

$$= \begin{cases} \prod_{i=1}^{n} (1 - e^{-\lambda x_i}) & x_i > 0 \quad i = 1, 2, \cdots, n \\ 0 & \text{其他} \end{cases}$$

例 2 某地段单位时间内发生交通事故的次数 $\xi \sim P(\lambda)$, 随机调查该地段 n 个时间段发生交通事故的次数, 分别记为 $X_1, X_2, \cdots, X_n$, 试说明该例中的总体和样本各是什么, 并求样本的联合分布.

解 总体是我们的考察对象, 即某地段单位时间内的交通事故数. 样本是对总体的调

查结果,即 n 个时间段发生的交通事故次数.

样本 $(X_1, X_2, \cdots, X_n)$ 的联合概率分布为

$$P\{X_1 = x_1, X_2 = x_2, \cdots, X_n = x_n\} = \prod_{i=1}^{n} P\{\xi = x_i\} = \prod_{i=1}^{n} \frac{\lambda^{x_i}}{x_i!} \mathrm{e}^{-\lambda}.$$

$$(x_i = 0, 1, 2, \cdots; \quad i = 1, 2, \cdots, n)$$

6.2 用样本估计总体的分布

数理统计的一个主要任务,就是要用样本估计总体的分布.

如果总体 ξ 是一个连续型随机变量,我们可以用下列方法来估计它的概率密度 $\varphi(x)$.

作分点 $a = a_0 < a_1 < a_2 < \cdots < a_r = b$,将 ξ 的样本取值范围 $[a, b]$ 分成 r 个区间. 设共进行了 n 次试验,落在区间 $(a_{k-1}, a_k]$ 中的样本观测值的个数为 n_k,n_k 称为样本落入区间 $(a_{k-1}, a_k]$ 的**频数**,n_k/n 称为样本落入区间 $(a_{k-1}, a_k]$ 的**频率**. 在每一个区间 $(a_{k-1}, a_k]$ 上,以 $\dfrac{n_k/n}{a_k - a_{k-1}}$ 为高度,作长方形. 这样得到的一排长方形,称为**频率直方图**(图 6-1).

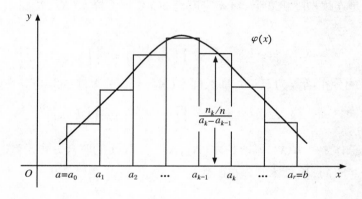

图 6-1

由于区间 $(a_{k-1}, a_k]$ 上频率直方图的面积 $= \dfrac{n_k/n}{a_k - a_{k-1}} (a_k - a_{k-1}) = n_k/n$

$=$ 样本落在区间 $(a_{k-1}, a_k]$ 中的频率 $\approx$ 总体落在区间 $(a_{k-1}, a_k]$ 中的概率

$= \displaystyle\int_{a_{k-1}}^{a_k} \varphi(x)\mathrm{d}x = $ 区间 $(a_{k-1}, a_k]$ 上 $\varphi(x)$ 曲线下的曲边梯形的面积,

所以,可以用频率直方图来近似估计总体分布的概率密度 $\varphi(x)$.

如果总体 ξ 是一个离散型随机变量,我们可以用下列方法来估计它的概率分布 $P\{\xi = x_k\}(k = 1, 2, \cdots)$.

设共进行了 n 次试验,取值为 x_k 的样本观测值的个数(频数)为 n_k.

由于 $n_k/n = $ 样本取值为 x_k 的频率 $\approx$ 总体取值为 x_k 的概率 $= P\{\xi = x_k\}$,所以,可以用 $n_k/n(k = 1, 2, \cdots)$ 来近似估计总体的概率分布 $P\{\xi = x_k\}(k = 1, 2, \cdots)$.

思考题1

投掷一枚破损的非均匀硬币,如何估计试验结果的分布?

6.3　统计量

样本是一些相互独立且同分布的随机变量,而样本观测值就是一堆数,不便直接使用.为了根据样本对总体进行各种统计推断,我们可以按照实际问题的需要,利用样本构造一些函数,把样本中包含的有关信息集中提炼出来. 样本$(X_1, X_2, \cdots, X_n)$的不含未知参数的函数,称为**统计量**.因为样本是随机变量,所以,作为样本函数的统计量,也是随机变量. 并把统计量的分布称为抽样分布.

常用的统计量有如下几个.

样本均值　　$\overline{X} = \dfrac{1}{n} \sum\limits_{i=1}^{n} X_i$;

样本方差　　$S^2 = \dfrac{1}{n} \sum\limits_{i=1}^{n} (X_i - \overline{X})^2 = \dfrac{1}{n} \sum\limits_{i=1}^{n} X_i^2 - (\overline{X})^2$;

样本标准差　　$S = \sqrt{S^2} = \sqrt{\dfrac{1}{n} \sum\limits_{i=1}^{n} (X_i - \overline{X})^2}$;

修正样本方差　　$S^{*2} = \dfrac{1}{n-1} \sum\limits_{i=1}^{n} (X_i - \overline{X})^2 = \dfrac{n}{n-1} S^2$;

修正样本标准差　　$S^* = \sqrt{S^{*2}} = \sqrt{\dfrac{1}{n-1} \sum\limits_{i=1}^{n} (X_i - \overline{X})^2} = \sqrt{\dfrac{n}{n-1}} S$;

样本 k 阶(原点)矩　　$\overline{X^k} = \dfrac{1}{n} \sum\limits_{i=1}^{n} X_i^k$.

不同的教材或文献对样本方差的定义有所不同,有的文献直接定义样本方差为上述的修正样本方差. 很多统计软件中的样本方差也是按上述修正样本方差的公式计算的. 这一点提醒读者特别注意.

若已知样本观测值,就可以很方便地利用各种统计软件计算上述统计量的观测值. 利用带有统计功能的计算器也可以方便地计算统计量的值. 常见的计算器有 SHARP(夏普)、TRULY(信利)、CASIO(卡西欧) 等型号. SHARP 计算器和 TRULY 计算器的用法完全相同,CASIO 计算器则与它们有所不同,而且 CASIO 计算器本身又有多种型号,用法也不尽相同. 下面以 SHARP 和 TRULY 计算器为例,说明怎样用计算器来计算统计量的值. (同时对CASIO 计算器与它们的不同之处,也在括号中稍加说明)

(1) 进入统计状态

按 $\boxed{\text{2ndF}}$ $\boxed{\text{ON/C}}$,进入统计状态,屏幕上出现 STAT. (在 CASIO 计算器上,进入统计状态后,屏幕上出现 SD)

(2) 输入样本观测值$(x_1, x_2, \cdots, x_n)$

输入数字 x_1 $\boxed{\text{DATA}}$ x_2 $\boxed{\text{DATA}}$ $\cdots x_n$ $\boxed{\text{DATA}}$.

如果某一个数字 x_i 输入错了,可通过输入 x_i 2ndF CD 将这个输入错误的数字去掉.(在 CASIO 计算器上,可通过输入 x_i Shift DATA 或 x_i Inv DATA 将这个输入错误的数字去掉)

(3) 读出统计量的值

按 $\bar{x}$,显示样本均值 $\overline{X}$ 的值;

(在 CASIO 计算器上,按 Shift $\bar{x}$ 或 Inv $\bar{x}$,显示样本均值 $\overline{X}$ 的值)

按 S,显示修正样本标准差 S^* 的值;

(在 CASIO 计算器上,按 Shift σ_{n-1} 或 Inv σ_{n-1},显示修正样本标准差 S^* 的值)

按 S x^2,显示修正样本方差 S^{*2} 的值;

按 2ndF σ,显示样本标准差 S 的值;

(在 CASIO 计算器上,按 Shift σ_n 或 Inv σ_n,显示样本标准差 S 的值)

按 2ndF σ x^2,显示样本方差 S^2 的值;

(4) 清除以前输入的所有的样本观测值,为计算下一个样本的统计量作准备

按 2ndF ON/C,屏幕上 STAT 消失,退出统计状态,以前输入的样本观测值全部被清除.如果要对下一个样本进行计算,则再按一次 2ndF ON/C 进入统计状态.(在 CASIO 计算器上,按 Shift AC 或 Inv AC,可以不退出统计状态而清除以前输入的所有的样本观测值)

思考题2

第 4 章中讲到随机变量的数学期望(也叫均值)和方差,它们分别表示随机变量取值的集中趋势和分散程度. 试说明本节中的样本均值和样本方差所表达的含义,以及与第 4 章中期望和方差的异同.

6.4　点估计

前面说过,数理统计的主要任务之一,是要用样本估计总体的分布. 前面介绍的频率直方图,就是当我们对总体的分布一无所知时,用来估计总体分布的一种方法. 这种估计称为**非参数估计**.

但是,在很多情况下,我们对总体的分布并非一无所知,总体分布的形式往往是已知的,只是需要对其中一些未知参数做出估计. 这种估计称为**参数估计**.

参数估计又可以分为两种:一种是点估计;另一种是区间估计.

所谓**点估计**,就是当总体 ξ 分布的形式已知、但其中的参数 $\theta_1, \theta_2, \cdots, \theta_m$ 未知时,从样本 $(X_1, X_2, \cdots, X_n)$ 出发,求出 m 个统计量,作为未知参数 $\theta_1, \theta_2, \cdots, \theta_m$ 的估计.

这里说的估计,有两方面的意义:一方面,估计可以看作是样本 $(X_1, X_2, \cdots, X_n)$ 的函数,它是一个统计量,是随机变量,这样的估计也称为"**估计量**";另一方面,如果已经得到样本观

测值$(x_1, x_2, \cdots, x_n)$,把它们代入作为样本的函数的估计量的表达式,可以得到一个具体的数值,它是统计量的观测值,是一个数,这样的估计也称为"**估计值**". 后面经常提到"估计",这个"估计",可以表示"估计量",也可以表示"估计值",具体指哪一个,根据使用时的上下文,不难加以区分.

在数理统计中,通常用记号$\hat{\theta}$表示参数θ的估计.

下面介绍几种求点估计的方法.

6.4.1 矩法估计

矩法估计的基本思想很简单.

根据第5章大数定理的结论,当样本容量充分大时,样本矩$\overline{X^k}$是总体矩$E(\xi^k)$的良好近似. 而总体矩$E(\xi^k)$是从总体分布计算出来的,其中必然含有总体分布中的未知参数. 所以,让总体矩$E(\xi^k)$等于样本矩$\overline{X^k}$,列出若干等式(等式个数就等于未知参数的个数)就可以从中解出未知的参数,这就是矩法估计的基本思想.

求矩法估计的步骤为

(1) 计算总体分布的矩$E(\xi^k) = f_k(\theta_1, \theta_2, \cdots, \theta_m)(k = 1, 2, \cdots, m)$,计算到$m$阶矩为止($m$是总体分布中未知参数的个数);

(2) 列方程

$$\begin{cases} E\xi = \overline{X} \\ E(\xi^2) = \overline{X^2} \\ \qquad \cdots\cdots \\ E(\xi^m) = \overline{X^m} \end{cases},$$

从方程中解出$\hat{\theta}_1, \hat{\theta}_2, \cdots, \hat{\theta}_m$,它们就是未知参数$\theta_1, \theta_2, \cdots, \theta_m$的矩法估计.

例1 设总体$\xi \sim N(\mu, \sigma^2)$,其中$\mu, \sigma > 0$是未知参数,$(X_1, X_2, \cdots, X_n)$是$\xi$的样本,求$\mu, \sigma$的矩法估计.

解 先求总体分布的矩,得到$E\xi = \mu, E(\xi^2) = D\xi + (E\xi)^2 = \sigma^2 + \mu^2$.

再列方程 $\begin{cases} E\xi = \overline{X} & ① \\ E(\xi^2) = \overline{X^2} & ② \end{cases}$

从①得$\hat{\mu} = \overline{X}$,代入②可得$\hat{\sigma}^2 = \overline{X^2} - (\overline{X})^2 = \dfrac{1}{n}\sum_{i=1}^{n} X_i^2 - (\overline{X})^2 = S^2$,开方后得

$\hat{\sigma} = \pm \sqrt{S^2} = \pm S$,由于$\sigma > 0$,舍去不符合题意的负根,最后得到$\mu$和$\sigma$的矩法估计 $\begin{cases} \hat{\mu} = \overline{X} \\ \hat{\sigma} = S \end{cases}$.

在推导中,我们顺便也求得了σ^2的矩法估计$\hat{\sigma}^2 = S^2$.

例2 设总体ξ服从$[0, \theta]$上的均匀分布,概率密度为

$$\varphi(x) = \begin{cases} 1/\theta & 0 \leqslant x \leqslant \theta \\ 0 & \text{其他} \end{cases}.$$

$\theta > 0$是未知参数,$(X_1, X_2, \cdots, X_n)$是ξ的样本,求θ的矩法估计.

解　先求总体分布的矩 $E\xi = \int_{-\infty}^{\infty} x\varphi(x)\mathrm{d}x = \int_0^{\theta} \frac{x}{\theta}\mathrm{d}x = \theta/2.$

再列方程 $\theta/2 = E\xi = \overline{X}.$ 解此方程,得到 θ 的矩法估计 $\hat{\theta} = 2\overline{X}.$

矩法估计的优点是计算简单,但是,它也有一些缺点.

(1) 矩法估计有时会得到不合理的解. 例如, 在上面的例 2 中, 设有样本 $(X_1, X_2, \cdots, X_5) = (1, 2, 3, 5, 9)$,按上面的计算可得矩法估计

$$\hat{\theta} = 2\overline{X} = 2 \times \frac{1+2+3+5+9}{5} = 8.$$

也就是说,我们估计总体服从的是 $[0,8]$ 上的均匀分布. 可是,实际上我们已知有一个样本观测值 $X_5 = 9$,所以,总体分布的上界不应该小于 9,显然,估计 $\hat{\theta} = 8$ 是不合理的.

(2) 求矩法估计时,不同的做法会得到不同的解. 通常我们规定,求矩法估计时,要尽量使用低阶矩. 但是,也没有什么充分理由禁止使用高阶矩. 值得注意的是,使用低阶矩与使用高阶矩可能会得出不同的解.

例如,在上面的例 2 中,如果不是求总体的一阶矩,而是求总体的二阶矩

$$E(\xi^2) = \int_{-\infty}^{\infty} x^2\varphi(x)\mathrm{d}x = \int_0^{\theta} \frac{x^2}{\theta}\mathrm{d}x = \theta^2/3.$$

解方程 $\theta^2/3 = E(\xi^2) = \overline{X^2}$,可得 $\hat{\theta} = \sqrt{3\overline{X^2}}$,显然,它与 $\hat{\theta} = 2\overline{X}$ 是 2 个完全不同的解.

(3) 总体分布的矩不一定存在,所以矩法估计不一定有解. 例如,设总体的概率密度为

$$\varphi(x) = \begin{cases} \theta/x^2 & x > \theta \\ 0 & x \leqslant \theta \end{cases}.$$

其中,$\theta > 0$ 是未知参数.

总体的一阶矩为

$$E\xi = \int_{-\infty}^{\infty} x\varphi(x)\mathrm{d}x = \int_{\theta}^{\infty} \theta/x\,\mathrm{d}x = \theta(\lim_{x \to \infty}\ln x - \ln\theta).$$

这个积分发散,所以一阶矩不存在,矩法估计当然也就无解了.

正因为矩法估计有一些缺点,所以,有人提出了另一种估计方法.

6.4.2　极大似然估计

为了说明极大似然估计的基本思想,我们来看一个实际的例子.

在一台车床上加工出来的零件,有的是正品,有的是次品. 设有一个随机变量 ξ,当零件是正品时,它取值为 0;当零件是次品时,它取值为 1. 显然,ξ 服从 0—1 分布,概率分布为 $P\{\xi = 0\} = 1 - p, P\{\xi = 1\} = p$,其中 $0 < p < 1$ 是零件的次品率.

这个概率分布也可以用统一的公式写成 $P\{\xi = k\} = p^k(1-p)^{1-k} (k = 0, 1).$

现在从中有放回地任意抽取 5 个零件,发现前 2 个是次品,后 3 个是正品. 要求对零件的次品率 p 做出估计.

这可以看作是一个点估计问题. 随机变量 ξ 可以看作是一个服从 0—1 分布的总体,次品率 p 是总体分布中的未知参数. 已知有样本 $(X_1, X_2, \cdots, X_5) = (1, 1, 0, 0, 0)$. 问题是要求未知参数 p 的估计.

参数 p 的取值,在 $(0,1)$ 区间的每一点上都是有可能的,但从抽样的结果来看,参数 p 取

各种值的可能性的大小(即概率)是不一样的,见表$6-1$.

从表$6-1$中可以看出,次品率p取各种值时,得到样本$(1,1,0,0,0)$的概率大小不一样,其中$p=0.4$时概率最大. 事实上,通过求导不难证明,函数$p^2(1-p)^3$当且仅当$p=0.4$时取到最大值. 很自然地,我们会想到,既然p取值为0.4时,样本出现前2个是次品,后3个为正品的可能性最大,那么p的估计值就应该取为0.4. 这就是极大似然估计的基本思想.

表 6-1

次品率 p	次品率为 p 时,得到样本 $(1,1,0,0,0)$ 的概率 $P\{X_1=1, X_2=1, X_3=0, X_4=0, X_5=0\} = p^2(1-p)^3$
0.2	$0.2^2 \times 0.8^3 = 0.02048$
0.4	$0.4^2 \times 0.6^3 = 0.03456$
0.6	$0.6^2 \times 0.4^3 = 0.02304$
0.8	$0.8^2 \times 0.2^3 = 0.00512$

如果总体ξ是离散型随机变量,概率分布为$P\{\xi=k\}$,样本取值为$(x_1, x_2, \cdots, x_n)$的概率就是样本联合概率分布 $P\{X_1=x_1, X_2=x_2, \cdots, X_n=x_n\} = \prod\limits_{i=1}^{n} P\{\xi=x_i\}$.

如果总体ξ是连续型随机变量,概率密度为$\varphi(x)$,样本在$(x_1, x_2, \cdots, x_n)$这一点的邻域取值的概率大小与样本联合概率密度 $\varphi^*(x_1, x_2, \cdots, x_n) = \prod\limits_{i=1}^{n} \varphi(x_i)$ 是正相关的.

我们把样本联合概率分布或样本联合概率密度称为**似然函数**,记为L. 求**极大似然估计**,就是要求出未知参数取什么值,能够使似然函数L取到最大值.

设总体ξ的分布中,有m个未知参数$\theta_1, \theta_2, \cdots, \theta_m$,它们的取值范围是$\Theta$. 求极大似然估计的步骤如下.

(1) 写出似然函数L的表达式.

如果总体ξ是离散型随机变量,概率分布为$P\{\xi=k\}$,那么

$$L = \prod_{i=1}^{n} P\{\xi=x_i\};$$

如果总体ξ是连续型随机变量,概率密度为$\varphi(x)$,那么

$$L = \prod_{i=1}^{n} \varphi(x_i).$$

(2) 在$\theta_1, \theta_2, \cdots, \theta_m$的取值范围$\Theta$内,求出使得似然函数$L$达到最大的参数估计值$\hat{\theta}_1, \hat{\theta}_2, \cdots, \hat{\theta}_m$,它们就是未知参数的极大似然估计.

通常的做法是,先取对数$\ln L$(因为当$\ln L$达到最大时,L也达到最大).

然后令$\ln L$关于$\theta_1, \theta_2, \cdots, \theta_m$的偏导数等于$0$,得到方程组

$$\begin{cases} \dfrac{\partial \ln L}{\partial \theta_1} = 0 \\ \cdots\cdots \\ \dfrac{\partial \ln L}{\partial \theta_m} = 0 \end{cases}.$$

可以证明,如果已知一个可导函数能在某个区域内部取到最大值,而在这区域内部只有一个使函数的一阶偏导数都等于0的点,那么,这个点就是函数的最大值点. 由此可见,如果上面这个方程组在 Θ 内有唯一解 $\hat{\theta}_1, \hat{\theta}_2, \cdots, \hat{\theta}_m$,而我们又知道似然函数 L 的最大值(等价于 $\ln L$ 的最大值) 能在 Θ 内部取到,那么,我们可以肯定,方程组的解一定就是那个能使似然函数取到最大值的解. 所以,按照极大似然估计的定义,$\hat{\theta}_1, \hat{\theta}_2, \cdots, \hat{\theta}_m$ 就是未知参数 $\theta_1, \theta_2, \cdots, \theta_m$ 的极大似然估计.

例 3　设总体 ξ 服从 0—1 分布,概率分布为 $P\{\xi = k\} = p^k(1-p)^{1-k}$, $k = 0, 1$, p 是未知参数,$0 < p < 1$,$(X_1, X_2, \cdots, X_n)$ 是 ξ 的样本,求 p 的极大似然估计.

解　先求似然函数

$$L = \prod_{i=1}^{n} P\{\xi = x_i\} = \prod_{i=1}^{n} p^{x_i}(1-p)^{1-x_i} = p^{\sum_{i=1}^{n} x_i}(1-p)^{n-\sum_{i=1}^{n} x_i},$$

再取对数　　　$\ln L = \sum_{i=1}^{n} x_i \ln p + \left(n - \sum_{i=1}^{n} x_i\right)\ln(1-p),$

求导,列方程　　$\dfrac{\mathrm{d}\ln L}{\mathrm{d}p} = \dfrac{1}{p}\sum_{i=1}^{n} x_i - \dfrac{1}{1-p}\left(n - \sum_{i=1}^{n} x_i\right) = 0.$

解得 $p = \dfrac{1}{n}\sum_{i=1}^{n} x_i$,它使 $\ln L$ 达到最大,所以 p 的极大似然估计量为

$$\hat{p} = \frac{1}{n}\sum_{i=1}^{n} X_i = \overline{X}.$$

例 4　设总体 $\xi \sim N(\mu, \sigma^2)$,$\mu, \sigma > 0$ 是未知参数. $(X_1, X_2, \cdots, X_n)$ 是 ξ 的样本. 求 μ, σ 的极大似然估计.

解　先求似然函数

$$L = \prod_{i=1}^{n} \varphi(x_i) = \prod_{i=1}^{n} \frac{1}{\sqrt{2\pi}\sigma} \mathrm{e}^{-\frac{(x_i-\mu)^2}{2\sigma^2}} = \frac{1}{(2\pi)^{n/2}\sigma^n} \mathrm{e}^{-\frac{1}{2\sigma^2}\sum_{i=1}^{n}(x_i-\mu)^2},$$

再取对数　　$\ln L = -\dfrac{n}{2}\ln(2\pi) - n\ln\sigma - \dfrac{1}{2\sigma^2}\sum_{i=1}^{n}(x_i-\mu)^2,$

求导,列方程组

$$\begin{cases} \dfrac{\partial\ln L}{\partial\mu} = -\dfrac{-2}{2\sigma^2}\sum_{i=1}^{n}(x_i-\mu) = \dfrac{1}{\sigma^2}\left(\sum_{i=1}^{n} x_i - n\mu\right) = 0 & ① \\[3mm] \dfrac{\partial\ln L}{\partial\sigma} = -\dfrac{n}{\sigma} + \dfrac{1}{\sigma^3}\sum_{i=1}^{n}(x_i-\mu)^2 = 0 & ② \end{cases}$$

从 ① 解得 $\mu = \dfrac{1}{n}\sum_{i=1}^{n} x_i = \overline{x}$,代入 ② 可得 $\sigma^2 = \dfrac{1}{n}\sum_{i=1}^{n}(x_i-\overline{x})^2 = s^2$,开方后得 $\sigma = \pm\sqrt{s^2} = \pm s$,由于 $\sigma > 0$,舍去不符合题意的负根,得到 $\sigma = s$.

它们使 $\ln L$ 达到最大,所以,μ 和 σ 的极大似然估计量为 $\begin{cases} \hat{\mu} = \overline{X} \\ \hat{\sigma} = S \end{cases}.$

$\sigma = s$ 使 L 达到最大,也就是 $\sigma^2 = s^2$ 使 L 达到最大,所以,顺便还可以推导出 σ^2 的极大

似然估计量为 $\hat{\sigma}^2 = S^2$.

例 5 设总体 ξ 服从 $[0,\theta]$ 上的均匀分布,概率密度为

$$\varphi(x) = \begin{cases} 1/\theta & 0 \leqslant x \leqslant \theta \\ 0 & \text{其他} \end{cases}.$$

$\theta > 0$,是未知参数,$(X_1, X_2, \cdots, X_n)$ 是 ξ 的样本,求 θ 的极大似然估计.

解 先求似然函数:

$$L = \prod_{i=1}^{n} \varphi(x_i) = \begin{cases} \prod_{i=1}^{n} \dfrac{1}{\theta} & 0 \leqslant x_i \leqslant \theta \quad (i = 1, 2, \cdots, n) \\ 0 & \text{其他} \end{cases}.$$

$$= \begin{cases} \dfrac{1}{\theta^n} & 0 \leqslant x_i \leqslant \theta \quad (i = 1, 2, \cdots, n) \\ 0 & \text{其他} \end{cases}.$$

显然 L 的最大值若存在,只能在 $L = \dfrac{1}{\theta^n}$ 上达到. 当 $L \neq 0$ 时,对 L 取对数,得到

$$\ln L = \ln\left(\frac{1}{\theta^n}\right) = -n\ln\theta.$$

对它求导后,列出的方程 $\dfrac{\mathrm{d}\ln L}{\mathrm{d}\theta} = -\dfrac{n}{\theta} = 0$ 显然无解,这说明当 $L \neq 0$ 时,不存在导数为 0 的点.

但是,不存在导数为 0 的点,不等于说 L 没有最大值. 从 $L = \dfrac{1}{\theta^n}$ 可以看出,θ 的值越小,L 的值越大. 但是,θ 不能无限制地小下去,θ 必须不小于所有的 $x_i (i = 1, 2, \cdots, n)$,即 $\theta \geqslant \max_i x_i$. 所以,只有当 $\theta = \max_i x_i$ 时,似然函数 L 才取到最大值. 因此,根据极大似然估计的定义,θ 的极大似然估计量是 $\hat{\theta} = \max_i X_i$.

例如,当样本 $(X_1, X_2, \cdots, X_5) = (1, 2, 3, 5, 9)$ 时,我们可以求得极大似然估计值为 $\hat{\theta} = \max_i X_i = 9$,它与矩法估计 $\hat{\theta} = 8$ 不同,$\hat{\theta} = 8$ 是一个不合理的解,而 $\hat{\theta} = 9$ 却是一个合理的解.

6.5   衡量点估计好坏的标准

为了后面推导运算的方便,这里先来证明一个重要的定理.

定理 6.1 设总体 ξ 的数学期望 $E\xi$ 和方差 $D\xi$ 都存在,$(X_1, X_2, \cdots, X_n)$ 是 ξ 的样本,$\overline{X}$ 是样本均值,S^2 是样本方差,则有

(1) $E\overline{X} = E\xi$; (2) $D\overline{X} = \dfrac{D\xi}{n}$; (3) $E(S^2) = \dfrac{n-1}{n}D\xi$; (4) $E(S^{*2}) = D\xi$.

证

(1) $E\overline{X} = E\left(\dfrac{1}{n}\sum_{i=1}^{n} X_i\right) = \dfrac{1}{n}\sum_{i=1}^{n} EX_i = \dfrac{1}{n}\sum_{i=1}^{n} E\xi = E\xi$;

(2) $D\overline{X} = D\left(\dfrac{1}{n}\sum\limits_{i=1}^{n}X_i\right) = \dfrac{1}{n^2}\sum\limits_{i=1}^{n}DX_i = \dfrac{1}{n^2}\sum\limits_{i=1}^{n}D\xi = \dfrac{D\xi}{n}$;

(3) $E(S^2) = E\left(\dfrac{1}{n}\sum\limits_{i=1}^{n}X_i^2 - (\overline{X})^2\right) = \dfrac{1}{n}\sum\limits_{i=1}^{n}E(X_i^2) - E(\overline{X})^2$

$\qquad\qquad = E(\xi^2) - E(\overline{X})^2 = [D\xi + (E\xi)^2] - [D\overline{X} + (E\overline{X})^2]$

$\qquad\qquad = [D\xi + (E\xi)^2] - \left[\dfrac{D\xi}{n} + (E\xi)^2\right] = \dfrac{n-1}{n}D\xi$;

(4) $E(S^{*^2}) = E\left(\dfrac{n}{n-1}S^2\right) = \dfrac{n}{n-1}ES^2 = D\xi$.

对于同一个总体分布的同一个参数,可能得到各种不同的点估计. 那么,怎样来衡量点估计的好坏呢?通常有下列几种标准.

(1) 无偏性

我们知道,参数 θ 的点估计 $\hat{\theta}$ 是样本的函数. 它是一个随机变量,也有自己的分布,从它的分布可以求出它的数学期望. 既然 $\hat{\theta}$ 是 θ 的估计,我们自然希望 $\hat{\theta}$ 的数学期望(均值)正好等于 θ. 这就是无偏性.

定义 6.1　设 $\hat{\theta}$ 是参数 θ 的估计,如果有 $E\hat{\theta} = \theta$,则称 $\hat{\theta}$ 是 θ 的**无偏估计**.

例 1　设总体 $\xi \sim N(\mu, \sigma^2)$,前面 6.4 节中我们已求得 μ 的估计 $\hat{\mu} = \overline{X}$,σ^2 的估计 $\hat{\sigma}^2 = S^2$,问 $\hat{\mu} = \overline{X}$ 和 $\hat{\sigma}^2 = S^2$ 是不是 μ 和 σ^2 无偏估计?

解　由定理 6.1 可知,$E\hat{\mu} = E\overline{X} = E\xi = \mu$,所以 $\hat{\mu} = \overline{X}$ 是 μ 的无偏估计.

而 $E(\hat{\sigma}^2) = E(S^2) = \dfrac{n-1}{n}D\xi = \dfrac{n-1}{n}\sigma^2 \neq \sigma^2$,所以 $\hat{\sigma}^2 = S^2$ 不是 σ^2 的无偏估计. 由定理 6.1 的(4) 知 S^{*^2} 是 σ^2 的无偏估计.

(2) 有效性

同样是无偏估计,也可以比较好坏,无偏而且方差小显然要比无偏但是方差大来得好.

定义 6.2　设 $\hat{\theta}_1, \hat{\theta}_2$ 都是参数 θ 的无偏估计,如果有 $D(\hat{\theta}_1) \leqslant D(\hat{\theta}_2)$,则称 $\hat{\theta}_1$ 比 $\hat{\theta}_2$ **有效**.

例 2　设总体 $\xi \sim N(\mu, \sigma^2)$,$(X_1, X_2)$ 是 ξ 的一个简单随机样本,证明

$$\hat{\mu}_1 = \dfrac{2}{3}X_1 + \dfrac{1}{3}X_2,\quad \hat{\mu}_2 = \dfrac{1}{2}X_1 + \dfrac{1}{2}X_2$$

都是 μ 的无偏估计,并比较哪一个估计更有效.

解　因为　　$E\hat{\mu}_1 = \dfrac{2}{3}EX_1 + \dfrac{1}{3}EX_2 = \dfrac{2}{3}E\xi + \dfrac{1}{3}E\xi = E\xi = \mu$,

$\qquad\qquad E\hat{\mu}_2 = \dfrac{1}{2}EX_1 + \dfrac{1}{2}EX_2 = \dfrac{1}{2}E\xi + \dfrac{1}{2}E\xi = E\xi = \mu$,

所以 $\hat{\mu}_1, \hat{\mu}_2$ 都是 μ 的无偏估计.

因为　　　　$D\hat{\mu}_1 = \dfrac{4}{9}DX_1 + \dfrac{1}{9}DX_2 = \dfrac{4}{9}D\xi + \dfrac{1}{9}D\xi = \dfrac{5}{9}D\xi = \dfrac{5}{9}\sigma^2$,

$\qquad\qquad D\hat{\mu}_2 = \dfrac{1}{4}DX_1 + \dfrac{1}{4}DX_2 = \dfrac{1}{4}D\xi + \dfrac{1}{4}D\xi = \dfrac{1}{2}D\xi = \dfrac{1}{2}\sigma^2$,

而 $\frac{1}{2}\sigma^2 < \frac{5}{9}\sigma^2$，即 $D\hat{\mu}_2 < D\hat{\mu}_1$，所以 $\hat{\mu}_2$ 比 $\hat{\mu}_1$ 更有效.

（3）相合性（一致性）

定义 6.3　设 $\hat{\theta}$ 是参数 θ 的估计，n 是样本容量，如果任何 $\varepsilon > 0$，都有

$$\lim_{n\to\infty} P\{|\hat{\theta}-\theta| < \varepsilon\} = 1,$$

则称 $\hat{\theta}$ 是 θ 的**相合估计（一致估计）**.

可以证明，矩法估计都是相合估计. 除了极个别的例子外，极大似然估计也大都是相合估计.

6.6　数理统计中几个常用的分布

下面介绍三个数理统计中有着广泛应用的分布：χ^2 分布，t 分布和 F 分布.

6.6.1　χ^2 分布

定义 6.4　若有 $X_1, X_2, \cdots, X_n$ 相互独立，$X_i \sim N(0,1)$ $(i = 1, 2, \cdots, n)$，则称 $\sum\limits_{i=1}^{n} X_i^2$ 服从的分布为**自由度是 n 的 χ^2 分布**，记为 $\chi^2(n)$.

χ^2 分布的概率密度为

$$\varphi(x) = \begin{cases} \dfrac{1}{2^{\frac{n}{2}}\Gamma\left(\dfrac{n}{2}\right)} x^{\frac{n}{2}-1} e^{-\frac{x}{2}} & x > 0 \\ 0 & x \leqslant 0 \end{cases}.$$

χ^2 分布的图像如图 6-2 所示.

χ^2 分布的概率密度 $\varphi(x)$ 有下列性质：

（1）当 $x \leqslant 0$ 时，有 $\varphi(x) = 0$；

（2）当 $x \to +\infty$ 时，有 $\varphi(x) \to 0$；

（3）$x = n-2 \geqslant 0$ 时，$\varphi(x)$ 取到最大值.

定理 6.2　如果有 $\xi \sim \chi^2(m)$，$\eta \sim \chi^2(n)$ 相互独立，则 $\xi + \eta \sim \chi^2(m+n)$. 即 χ^2 分布具有可加性.

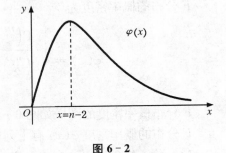

图 6-2

证　因为 $\xi \sim \chi^2(m)$，$\eta \sim \chi^2(n)$，根据 χ^2 分布的定义，可以推知，必有 $X_1, X_2, \cdots, X_m$ 相互独立，$X_i \sim N(0,1)(i = 1,2,\cdots,m)$，使得 $\xi = \sum\limits_{i=1}^{m} X_i^2$；必有 $Y_1, Y_2, \cdots, Y_n$ 相互独立，$Y_j \sim N(0,1)(j = 1, 2,\cdots,n)$，使得 $\eta = \sum\limits_{j=1}^{n} Y_j^2$.

因为 ξ 与 η 相互独立，所以 $X_1, X_2, \cdots, X_m, Y_1, Y_2, \cdots, Y_n$ 相互独立.

这时 $\xi + \eta = \sum\limits_{i=1}^{m} X_i^2 + \sum\limits_{j=1}^{n} Y_j^2$ 是 $m+n$ 个相互独立的服从标准正态分布的随机变量的平方和，由 χ^2 分布的定义，可知 $\xi + \eta \sim \chi^2(m+n)$.

6.6.2　t 分布

定义 6.5　若有 $\xi \sim N(0,1), \eta \sim \chi^2(n)$ 相互独立,则称 $\dfrac{\xi}{\sqrt{\eta/n}}$ 所服从的分布为**自由度是 n 的 t 分布**,记为 $t(n)$.

t 分布的概率密度为

$$\varphi(x) = \frac{\Gamma\left(\dfrac{n+1}{2}\right)}{\sqrt{n\pi}\,\Gamma\left(\dfrac{n}{2}\right)} \left(1 + \frac{x^2}{n}\right)^{-\frac{n+1}{2}}.$$

t 分布的图像如图 6-3 所示.

t 分布的概率密度 $\varphi(x)$ 有下列性质:

(1) $\varphi(x)$ 关于 $x = 0$ 左右对称;

(2) 当 $x \to \pm\infty$ 时,有 $\varphi(x) \to 0$;

(3) 当 $x = 0$ 时,$\varphi(x)$ 取到最大值;

(4) 当 $n \to \infty$ 时,$\varphi(x) \to \dfrac{1}{\sqrt{2\pi}} \mathrm{e}^{-\frac{x^2}{2}}$. 换句话

说,$n \to \infty$ 时,$t(n)$ 分布的极限就是 $N(0,1)$ 标准正态分布.

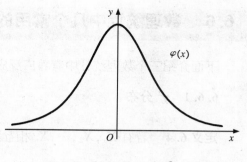

图 6-3

6.6.3　F 分布

定义 6.6　若有 $\xi \sim \chi^2(m), \eta \sim \chi^2(n)$ 相互独立,则称 $\dfrac{\xi/m}{\eta/n}$ 所服从的分布为**自由度是 (m, n) 的 F 分布**,记为 $F(m, n)$.

F 分布的概率密度为

$$\varphi(x) = \begin{cases} \dfrac{\Gamma\left(\dfrac{m+n}{2}\right)}{\Gamma\left(\dfrac{m}{2}\right)\Gamma\left(\dfrac{n}{2}\right)} m^{\frac{m}{2}} n^{\frac{n}{2}} \dfrac{x^{\frac{m}{2}-1}}{(mx+n)^{\frac{m+n}{2}}} & x > 0 \\ 0 & x \leqslant 0 \end{cases}.$$

F 分布概率密度的图像如图 6-4 所示.

F 分布的概率密度 $\varphi(x)$ 有下列性质:

(1) 当 $x \leqslant 0$ 时,有 $\varphi(x) = 0$;

(2) 当 $x \to +\infty$ 时,有 $\varphi(x) \to 0$;

(3) 当 $x = \dfrac{1-2/m}{1+2/n}$ 时,$\varphi(x)$ 取到最大值.

定理 6.3　**如果 $F \sim F(m, n)$,则必有 $\dfrac{1}{F} \sim F(n, m)$.**

证　因为 $F \sim F(m, n)$,由 F 分布的定义可

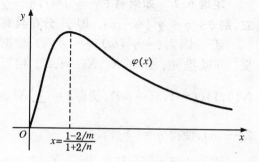

图 6-4

知,必有 $\xi \sim \chi^2(m)$, $\eta \sim \chi^2(n)$ 相互独立,使得 $F = \dfrac{\xi/m}{\eta/n}$.

这时 $\dfrac{1}{F} = \dfrac{\eta/n}{\xi/m}$,根据 F 分布的定义,立即可推知 $\dfrac{1}{F} \sim F(n,m)$.

思考题3

卡方分布 $\chi^2(n)$ 和 t 分布 $t(n)$ 的数学期望分别是多少?

6.6.4 临界值

上述三大抽样分布的概率密度都比较复杂,但是在数理统计中又经常用到这三大分布. 有关这三大分布的概率计算可以直接查表求得,见附录表 5 ~ 附录表 7.

例如已知 $\xi \sim t(11)$,要求 $P\{\xi \leqslant 1.7959\}$,直接查附录表 5 可得这个概率值为 0.95. 如果给出的数值表中没有,可以通过插值法求得. 在数理统计中更加常用的是,给定一个概率,比如 $p = 0.9, 0.95, 0.975$ 等,要确定一个常数 c 使得 $P\{\xi \leqslant c\} = p$,这个 c 叫作(左侧)临界值,也叫左侧 p 分位数.

特别地,当 $\xi \sim \chi^2(n)$ 时,满足 $P\{\xi \leqslant c\} = p$ 的临界值 c 记为 $\chi_p^2(n)$.

当 $\xi \sim t(n)$ 时,满足 $P\{\xi \leqslant c\} = p$ 的临界值 c 记为 $t_p(n)$.

当 $\xi \sim F(m,n)$ 时,满足 $P\{\xi \leqslant c\} = p$ 的临界值 c 记为 $F_p(m,n)$.

当 $\xi \sim N(0,1)$ 时,满足 $P\{\xi \leqslant c\} = p$ 的临界值 c 记为 u_p.

例1 已知 $\xi_1 \sim \chi^2(10)$, $\xi_2 \sim t(10)$, $\xi_3 \sim F(10,20)$,对于给定的概率 $p = 0.95$ 分别查附录表 6、附录表 5、附录表 7 确定相应的临界值.

解 $\chi_{0.95}^2(10) = 18.307$; $t_{0.95}(10) = 1.8125$; $F_{0.95}(10,20) = 2.35$.

根据临界值的上述记法,不难证明:

(1) $u_{1-p} = -u_p$;

(2) $t_{1-p}(n) = -t_p(n)$;

(3) $F_{1-p}(m,n) = 1/F_p(n,m)$.

事实上,由标准正态分布概率密度的对称性(图 6-5),得

$$P\{\xi \leqslant u_{1-p}\} = 1 - p \Leftrightarrow P\{\xi \geqslant u_{1-p}\}$$
$$= p \Leftrightarrow P\{\xi \leqslant -u_{1-p}\}$$
$$= p \Leftrightarrow u_{1-p} = -u_p.$$

即(1)成立,(2)同理可证. 现证(3).

设 $\xi \sim F(n,m)$,由定理 6.3 知 $\dfrac{1}{\xi} \sim F(m,n)$,于是

$$P\{\xi \leqslant F_p(n,m)\} = p \Leftrightarrow P\left\{\frac{1}{\xi} \geqslant \frac{1}{F_p(n,m)}\right\} = p$$

$$\Leftrightarrow P\left\{\frac{1}{\xi} \leqslant \frac{1}{F_p(n,m)}\right\} = 1 - p$$

$$\Leftrightarrow F_{1-p}(m,n) = \frac{1}{F_p(n,m)}.$$

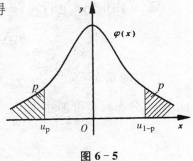

图 6-5

例2　　设 $\xi_1 \sim N(0,1), \xi_2 \sim t(10), \xi_3 \sim F(10,20)$，试求相应的临界值 c_i，使得 $P\{\xi_i \leqslant c_i\} = 0.05 \quad (i = 1,2,3)$.

解　　$c_1 = u_{0.05} = -u_{1-0.05} = -u_{0.95}$，查附录表 4 得 $c_1 = -1.6449$；

　　　　$c_2 = t_{0.05}(10) = -t_{1-0.05}(10) = -t_{0.95}(10)$，查附录表 5 得 $c_2 = -1.8125$；

　　　　$c_3 = F_{0.05}(10,20) = \dfrac{1}{F_{1-0.05}(20,10)} = \dfrac{1}{F_{0.95}(20,10)}$，查附录表 7 得 $c_3 = \dfrac{1}{2.77} = 0.3610$.

6.7　正态总体统计量的分布

下面给出几个有关正态总体统计量分布的定理.

定理 6.4　　设 $(X_1, X_2, \cdots, X_n)$ 是总体 $\xi \sim N(\mu, \sigma^2)$ 的样本，$\overline{X}$ 是样本均值，则有 $\overline{X} \sim N\left(\mu, \dfrac{\sigma^2}{n}\right)$，即有 $\dfrac{\overline{X} - \mu}{\sigma}\sqrt{n} \sim N(0,1)$.

证　　$\overline{X}$ 是 $X_1, X_2, \cdots, X_n$ 的线性函数，$X_1, X_2, \cdots, X_n$ 相互独立，其中每一个 X_i 都服从正态分布，由于在前面 3.5 节中我们已得出结论：相互独立的正态随机变量的线性函数仍是正态随机变量，因此，这里的 $\overline{X}$ 服从正态分布.

由定理 6.1 可知，$E\overline{X} = E\xi = \mu, D\overline{X} = \dfrac{D\xi}{n} = \dfrac{\sigma^2}{n}$，所以有

$$\overline{X} \sim N\left(\mu, \dfrac{\sigma^2}{n}\right)，\text{即有} \dfrac{\overline{X} - \mu}{\sigma}\sqrt{n} = \dfrac{\overline{X} - \mu}{\sqrt{\sigma^2/n}} \sim N(0,1).$$

定理 6.5　　设 $(X_1, X_2, \cdots, X_n)$ 是总体 $\xi \sim N(\mu, \sigma^2)$ 的样本，$\overline{X}$ 是样本均值，S^2 是样本方差，则有：(1) $\overline{X}$ 与 S^2 相互独立；(2) $\dfrac{nS^2}{\sigma^2} \sim \chi^2(n-1)$.

证　　这个定理的证明很复杂，这里就省略了.

定理 6.6　　设 $(X_1, X_2, \cdots, X_n)$ 是总体 $\xi \sim N(\mu, \sigma^2)$ 的样本，$\overline{X}$ 是样本均值，S^2 是样本方差，则有 $\dfrac{nS^2 + n(\overline{X} - \mu)^2}{\sigma^2} \sim \chi^2(n)$.

证　　由定理 6.4 可知 $\dfrac{\overline{X} - \mu}{\sigma}\sqrt{n} \sim N(0,1)$，根据 χ^2 分布的定义有

$$\dfrac{n(\overline{X} - \mu)^2}{\sigma^2} = \left(\dfrac{\overline{X} - \mu}{\sigma}\sqrt{n}\right)^2 \sim \chi^2(1).$$

由定理 6.5 可知 $\dfrac{nS^2}{\sigma^2} \sim \chi^2(n-1)$，而且 $\overline{X}$ 与 S^2 相互独立，即 $\dfrac{n(\overline{X} - \mu)^2}{\sigma^2}$ 与 $\dfrac{nS^2}{\sigma^2}$ 相互独立，由于 χ^2 分布具有可加性，所以

$$\dfrac{nS^2 + n(\overline{X} - \mu)^2}{\sigma^2} \sim \chi^2(n).$$

定理 6.7　　设 $(X_1, X_2, \cdots, X_n)$ 是总体 $\xi \sim N(\mu, \sigma^2)$ 的样本，$\overline{X}$ 是样本均值，S^* 是修正样本标准差，则有 $\dfrac{\overline{X} - \mu}{S^*}\sqrt{n} \sim t(n-1)$.

证　　由定理 6.4 可知 $\dfrac{\overline{X} - \mu}{\sigma}\sqrt{n} \sim N(0,1)$，由定理 6.5 可知 $\dfrac{nS^2}{\sigma^2} \sim \chi^2(n-1)$，而且 $\overline{X}$ 与

S^2 相互独立，即 $\dfrac{\overline{X}-\mu}{\sigma}\sqrt{n}$ 与 $\dfrac{nS^2}{\sigma^2}$ 相互独立，所以，根据 t 分布的定义，有

$$\frac{\overline{X}-\mu}{S^*}\sqrt{n}=\frac{\dfrac{\overline{X}-\mu}{\sigma}\sqrt{n}}{\sqrt{\dfrac{nS^2}{\sigma^2}\Big/(n-1)}}\sim t(n-1).$$

定理 6.8　设 $(X_1,X_2,\cdots,X_m)$ 是总体 $\xi\sim N(\mu_1,\sigma_1^2)$ 的样本，$(Y_1,Y_2,\cdots,Y_n)$ 是总体 $\eta\sim N(\mu_2,\sigma_2^2)$ 的样本，两个样本相互独立，$\overline{X},\overline{Y}$ 是 ξ,η 的样本均值，则有

$$\frac{(\overline{X}-\overline{Y})-(\mu_1-\mu_2)}{\sqrt{\dfrac{\sigma_1^2}{m}+\dfrac{\sigma_2^2}{n}}}\sim N(0,1).$$

证　由定理 6.4 可知 $\overline{X}\sim N\Big(\mu_1,\dfrac{\sigma_1^2}{m}\Big),\overline{Y}\sim N\Big(\mu_2,\dfrac{\sigma_2^2}{n}\Big)$，它们相互独立（因为两个样本相互独立），所以 $\overline{X}-\overline{Y}\sim N\Big(\mu_1-\mu_2,\dfrac{\sigma_1^2}{m}+\dfrac{\sigma_2^2}{n}\Big)$，即有

$$\frac{(\overline{X}-\overline{Y})-(\mu_1-\mu_2)}{\sqrt{\dfrac{\sigma_1^2}{m}+\dfrac{\sigma_2^2}{n}}}\sim N(0,1).$$

定理 6.9　设 $(X_1,X_2,\cdots,X_m)$ 是总体 $\xi\sim N(\mu_1,\sigma_1^2)$ 的样本，$(Y_1,Y_2,\cdots,Y_n)$ 是总体 $\eta\sim N(\mu_2,\sigma_2^2)$ 的样本，其中 $\sigma_1=\sigma_2$，两个样本相互独立，$\overline{X},\overline{Y}$ 是 ξ,η 的样本均值，S_x^2,S_y^2 是 ξ,η 的样本方差，则有

$$\frac{(\overline{X}-\overline{Y})-(\mu_1-\mu_2)}{S_w\sqrt{\dfrac{1}{m}+\dfrac{1}{n}}}\sim t(m+n-2),\text{其中 } S_w=\sqrt{\frac{mS_x^2+nS_y^2}{m+n-2}}.$$

证　设 $\sigma_1=\sigma_2=\sigma$. 由定理 6.8 可知

$$\frac{(\overline{X}-\overline{Y})-(\mu_1-\mu_2)}{\sqrt{\dfrac{\sigma^2}{m}+\dfrac{\sigma^2}{n}}}\sim N(0,1).$$

另外由定理 6.5 可知 $\dfrac{mS_x^2}{\sigma^2}\sim\chi^2(m-1),\dfrac{nS_y^2}{\sigma^2}\sim\chi^2(n-1)$，它们相互独立（因为两个样本相互独立），由于 χ^2 分布具有可加性，所以 $\dfrac{mS_x^2}{\sigma^2}+\dfrac{nS_y^2}{\sigma^2}\sim\chi^2(m+n-2)$.

又因为 $\overline{X}$ 与 S_x^2 相互独立，$\overline{Y}$ 与 S_y^2 相互独立，两个样本又相互独立，因此 $\dfrac{(\overline{X}-\overline{Y})-(\mu_1-\mu_2)}{\sqrt{\dfrac{\sigma^2}{m}+\dfrac{\sigma^2}{n}}}$ 与 $\dfrac{mS_x^2}{\sigma^2}+\dfrac{nS_y^2}{\sigma^2}$ 相互独立. 所以，根据 t 分布的定义，有

$$\frac{(\overline{X}-\overline{Y})-(\mu_1-\mu_2)}{S_w\sqrt{\dfrac{1}{m}+\dfrac{1}{n}}}=\frac{\dfrac{(\overline{X}-\overline{Y})-(\mu_1-\mu_2)}{\sqrt{\dfrac{\sigma^2}{m}+\dfrac{\sigma^2}{n}}}}{\sqrt{\Big(\dfrac{mS_x^2}{\sigma^2}+\dfrac{nS_y^2}{\sigma^2}\Big)\Big/(m+n-2)}}\sim t(m+n-2).$$

定理 6.10　设 $(X_1,X_2,\cdots,X_m)$ 是总体 $\xi\sim N(\mu_1,\sigma_1^2)$ 的样本，$(Y_1,Y_2,\cdots,Y_n)$ 是总体 $\eta\sim N(\mu_2,\sigma_2^2)$ 的样本，两个样本相互独立，$\overline{X},\overline{Y}$ 是 ξ,η 的样本均值，S_x^2,S_y^2 是 ξ,η 的样本方差，则有 $\dfrac{[S_x^2+(\overline{X}-\mu_1)^2]/\sigma_1^2}{[S_y^2+(\overline{Y}-\mu_2)^2]/\sigma_2^2}\sim F(m,n)$.

证　由定理 6.6 可知

$$\frac{mS_x^2+m(\overline{X}-\mu_1)^2}{\sigma_1^2}\sim\chi^2(m),\frac{nS_y^2+n(\overline{Y}-\mu_2)^2}{\sigma_2^2}\sim\chi^2(n),$$

它们相互独立(因为两个样本相互独立)，所以，根据 F 分布的定义，有

$$\frac{[S_x^2+(\overline{X}-\mu_1)^2]/\sigma_1^2}{[S_y^2+(\overline{Y}-\mu_2)^2]/\sigma_2^2}=\frac{\left[\dfrac{mS_x^2+m(\overline{X}-\mu_1)^2}{\sigma_1^2}\right]\Big/m}{\left[\dfrac{nS_y^2+n(\overline{Y}-\mu_2)^2}{\sigma_2^2}\right]\Big/n}\sim F(m,n).$$

定理 6.11　设 $(X_1,X_2,\cdots,X_m)$ 是总体 $\xi\sim N(\mu_1,\sigma_1^2)$ 的样本，$(Y_1,Y_2,\cdots,Y_n)$ 是总体 $\eta\sim N(\mu_2,\sigma_2^2)$ 的样本，两个样本相互独立，S_x^{*2},S_y^{*2} 是 ξ,η 的修正样本方差，则有 $\dfrac{S_x^{*2}/\sigma_1^2}{S_y^{*2}/\sigma_2^2}\sim F(m-1,n-1)$.

证　由定理 6.5 可知 $\dfrac{mS_x^2}{\sigma_1^2}\sim\chi^2(m-1),\dfrac{nS_y^2}{\sigma_2^2}\sim\chi^2(n-1)$，它们相互独立(因为两个样本相互独立)，所以，根据 F 分布的定义，有

$$\frac{S_x^{*2}/\sigma_1^2}{S_y^{*2}/\sigma_2^2}=\frac{\dfrac{mS_x^2}{\sigma_1^2}\Big/(m-1)}{\dfrac{nS_y^2}{\sigma_2^2}\Big/(n-1)}\sim F(m-1,n-1).$$

例 1　设 (X_1,X_2) 是取自标准正态分布 $N(0,1)$ 的样本，试分别求 X_1+X_2、$X_1^2+X_2^2$、$\dfrac{X_1^2}{X_2^2}$ 和 $\dfrac{X_1}{|X_2|}$ 的分布.

解　根据正态分布的性质及三大抽样分布的定义，易知：

$X_1+X_2\sim N(0,2)$；

$X_1^2+X_2^2\sim\chi^2(2)$；

$\dfrac{X_1^2}{X_2^2}=\dfrac{X_1^2/1}{X_2^2/1}\sim F(1,1)$；

$\dfrac{X_1}{|X_2|}=\dfrac{X_1}{\sqrt{X_2^2}}=\dfrac{X_1}{\sqrt{X_2^2/1}}\sim t(1)$.

注　本例也可先求出 (X_1,X_2) 的联合概率密度，再按第三章多维随机变量函数分布的解法来求. 显然按三大抽样分布的构造性定义来求解更加简单.

例 2　设 $(X_1,X_2,\cdots,X_{10})$ 是了自正态总体 $N(0,\sigma^2)$ 的一个容量为 10 的样本，$\overline{X}$ 为样本均值，S^* 为修正样本标准差，试求 a 和 b 使得 $P\left\{\dfrac{\overline{X}}{S^*}\geqslant a\right\}=0.05$ 和 $P\left\{\dfrac{S^*}{\sigma}\geqslant b\right\}=0.05$.

解　(1) $P\left\{\dfrac{\overline{X}}{S^*}\geqslant a\right\}=P\left\{\dfrac{\overline{X}-0}{S^*}\sqrt{n}\geqslant a\sqrt{n}\right\}=1-P\left\{\dfrac{\overline{X}-0}{S^*}\sqrt{n}<a\sqrt{n}\right\}$.

因 $\dfrac{\overline{X}-0}{S^*}\sqrt{n}\sim t(n-1)$，而 $P\left\{\dfrac{\overline{X}-0}{S^*}\sqrt{n}<a\sqrt{n}\right\}=0.95$，

故 $a\sqrt{n}=t_{0.95}(9)=1.8331$，即 $a=1.8331/\sqrt{10}\approx0.5797$.

(2) $P\left\{\dfrac{S^*}{\sigma}\geqslant b\right\}=P\left\{\dfrac{S^{*2}}{\sigma^2}\geqslant b^2\right\}=P\left\{\dfrac{(n-1)S^{*2}}{\sigma^2}\geqslant(n-1)b^2\right\}$.

因 $\dfrac{(n-1)S^{*2}}{\sigma^2}\sim\chi^2(n-1)$，而 $P\left\{\dfrac{(n-1)S^{*2}}{\sigma^2}<(n-1)b^2\right\}=0.95$，

故 $(n-1)b^2=\chi^2_{0.95}(9)=16.919$，即 $b=\sqrt{16.919/9}\approx1.3711$.

本例可见，凑出常见已知的统计量是求解概率的关键.

思考题4

本节结论都是以总体服从正态分布为前提，如果总体不是正态分布，但样本容量充分大，试说明 $\dfrac{\overline{X}-\mu}{\sigma}\sqrt{n}\sim N(0,1)$ 是否成立，为什么？

6.8　本章小结

6.8.1　基本要求

(1) 理解总体、样本及统计量的概念，并熟练掌握常用统计量的公式.
(2) 掌握矩法估计和极大似然估计的求法，以及估计无偏性、有效性的判断.
(3) 掌握三大抽样分布定义，并记住其概率密度的形状.
(4) 理解并掌握有关正态总体统计量分布的几个结论，如定理 6.4 ~ 6.9 及定理 6.11.

6.8.2　内容概要

1) 求矩法估计

设总体分布中含有参数 $\theta_1,\theta_2,\cdots,\theta_m$，因此总体 ξ 的 k 阶原点矩中也含有这些参数. 令

$$\begin{cases} E\xi=\overline{X} \\ E(\xi^2)=\overline{X^2} \\ \qquad\cdots\cdots \\ E(\xi^m)=\overline{X^m} \end{cases},$$

从方程组中解出 $\hat{\theta}_1,\hat{\theta}_2,\cdots,\hat{\theta}_m$ 就是 $\theta_1,\theta_2,\cdots,\theta_m$ 的矩法估计.

2) 求极大似然估计

极大似然估计就是能够使得似然函数取到最大值的参数的估计. 离散型的总体的似然函数就是样本的联合概率分布 $L=\prod\limits_{i=1}^{n}P\{\xi=x_i\}$，连续型的总体的似然函数就是样本的联合概率密度 $L=\prod\limits_{i=1}^{n}\varphi(x_i)$. 求 L 取到最大值时参数 θ 的解，一般可先对 L 取对数，然后由

$\dfrac{\mathrm{d}LnL}{\mathrm{d}\theta} = 0$ 得到.

3）无偏性及有效性判断

参数 θ 的估计 $\hat{\theta}$ 也是随机变量,若 $\hat{\theta}$ 的均值就等于 θ,即 $E\hat{\theta} = \theta$,则 $\hat{\theta}$ 就是无偏的. 若 $\hat{\theta}_1$ 与 $\hat{\theta}_2$ 都是 θ 的无偏估计,当然方差越小越好,若 $D\,\hat{\theta}_1 \leqslant D\,\hat{\theta}_2$,就称 $\hat{\theta}_1$ 比 $\hat{\theta}_2$ 有效.

4）三大抽样分布

三大抽样分布的严格定义见定义 6.4, 6.5, 6.6,这三个构造性定义可简示如下:

$$\boxed{N(0,1)}^2 + \cdots + \boxed{N(0,1)}^2 \sim \chi^2(n)$$

$$\frac{\boxed{N(0,1)}}{\sqrt{\boxed{\chi^2(n)}\,/n}} \sim t(n)$$

$$\frac{\boxed{\chi^2(m)}\,/m}{\boxed{\chi^2(n)}\,/n} \sim F(m,n)$$

5）常用统计量及性质

（1）设 $(X_1, X_2, \cdots, X_n)$ 是取自任意总体 ξ 的样本,

样本均值 $\overline{X} = \dfrac{1}{n}\sum\limits_{i=1}^{n} X_i$; $E\overline{X} = E\xi$; $D\overline{X} = \dfrac{D\xi}{n}$.

样本方差 $S^2 = \dfrac{1}{n}\sum\limits_{i=1}^{n} (X_i - \overline{X})^2$; $E(S^2) = \dfrac{n-1}{n}D\xi$.

修正样本方差 $S^{*2} = \dfrac{1}{n-1}\sum\limits_{i=1}^{n} (X_i - \overline{X})^2$; $E(S^{*2}) = D\xi$.

样本 k 阶矩 $\overline{X^k} = \dfrac{1}{n}\sum\limits_{i=1}^{n} X_i^k$.

（2）设 $(X_1, \cdots, X_m)$ 与 $(Y_1, \cdots, Y_n)$ 分别为取自正态总体 $N(\mu_1, \sigma_1^2)$ 和 $N(\mu_2, \sigma_2^2)$ 的相互独立的样本.

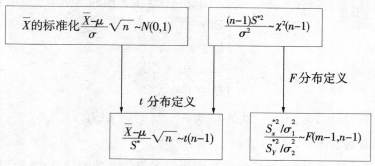

习 题 六

6.1 设有一组样本观测值 $86,53,42,16,35,74,62,96$. 求样本均值 $\overline{X}$,样本标准差 S,样本方差 S^2,修正样本标准差 S^* 和修正样本方差 S^{*2}.

6.2 设总体 ξ 服从 $[a,b]$ 上的均匀分布,概率密度为

$$\varphi(x)=\begin{cases}1/(b-a) & a\leqslant x\leqslant b\\ 0 & \text{其他}\end{cases}.$$

其中,$a<b$ 是未知参数,$(X_1,X_2,\cdots,X_n)$ 是 ξ 的样本,求 a,b 的矩法估计.

6.3 设总体 ξ 的概率分布为

X	-1	0	1
P	a	$1-2a$	a

其中 $0<a\leqslant\dfrac{1}{2}$ 为未知参数,求 a 的矩法估计.

6.4 设总体 ξ 服从普阿松分布,概率分布为 $P\{\xi=k\}=\dfrac{\lambda^k}{k!}\mathrm{e}^{-\lambda}(k=0,1,2,\cdots)$,其中,$\lambda>0$ 是未知参数,$(X_1,X_2,\cdots,X_n)$ 是 ξ 的样本,求:(1) λ 的矩法估计;(2) λ 的极大似然估计.

6.5 设 ξ 的概率密度为 $\varphi(x)=\begin{cases}\theta x^{\theta-1} & 0<x<1\\ 0 & \text{其他}\end{cases}$,其中,$\theta>0$ 是未知参数,$(X_1,X_2,\cdots,X_n)$ 是 ξ 的样本,求:(1) θ 的矩法估计;(2) θ 的极大似然估计.

6.6 设总体 ξ 服从几何分布,概率分布为 $P\{\xi=k\}=(1-p)^{k-1}p\ (k=1,2,\cdots)$,其中,$0<p<1$ 是未知参数,$(X_1,X_2,\cdots,X_n)$ 是 ξ 的样本,求 p 的极大似然估计.

6.7 设总体 ξ 服从区间 $[\mu-1,\mu+1]$ 上的均匀分布,求参数 μ 的极大似然估计.

6.8 设总体 ξ 的概率分布为 $\begin{array}{c|ccc}\xi & 0 & 1 & 2\\ \hline P & 1-3\theta & \theta & 2\theta\end{array}$,其中 θ 为未知参数,$0<\theta<\dfrac{1}{3}$,已知对总体 ξ 的 5 次抽样的样本观测值分别为 $(1,0,1,2,1)$,试求参数 θ 的矩法估计值和极大似然估计值.

6.9 问一个参数的矩法估计若存在,是否唯一?一个参数的极大似然估计若存在是否唯一?

6.10 已知总体 ξ 服从指数分布,概率密度为

$$\varphi(x)=\begin{cases}\lambda\mathrm{e}^{-\lambda x} & x>0\\ 0 & x\leqslant 0\end{cases}.$$

其中,参数 $\lambda>0$,$(X_1,X_2,\cdots,X_n)$ 是 ξ 的样本,$\overline{X}$ 是样本均值,S^2 是样本方差,求 $E\overline{X},D\overline{X}$ 和 $E(S^2)$.

6.11 从灯泡厂某日生产的一批灯泡中抽取 10 个灯泡进行寿命试验,得到灯泡寿命(单位:

h) 数据如下:

$$1050,1100,1080,1120,1200,1250,1040,1130,1300,1200.$$

求该日生产的整批灯泡的平均寿命及寿命方差的无偏估计值.

6.12 设总体 $\xi \sim P(\lambda)$,概率分布为 $P\{\xi = k\} = \dfrac{\lambda^k}{k!} \mathrm{e}^{-\lambda}(k = 0,1,2,\cdots)$,其中,参数 $\lambda > 0$, $(X_1, X_2, \cdots, X_n)$ 是 ξ 的样本,$\overline{X}$ 是样本均值,S^{*2} 是修正样本方差,证明:对任何常数 $\alpha, \hat{\lambda} = \alpha \overline{X} + (1 - \alpha) S^{*2}$ 都是 λ 的无偏估计.

6.13 设总体 $\xi \sim N(\mu, 1)$,(X_1, X_2, X_3) 是 ξ 的样本.

(1) 证明:

$$\hat{\mu}_1 = \frac{1}{2} X_1 + \frac{1}{4} X_2 + \frac{1}{4} X_3,$$

$$\hat{\mu}_2 = \frac{1}{3} X_1 + \frac{1}{3} X_2 + \frac{1}{3} X_3,$$

$$\hat{\mu}_3 = \frac{2}{5} X_1 + \frac{2}{5} X_2 + \frac{1}{5} X_3$$

都是 μ 的无偏估计;

(2) $\hat{\mu}_1, \hat{\mu}_2, \hat{\mu}_3$ 这 3 个估计中,哪一个估计最有效?

6.14 设 $(X_1, X_2, \cdots, X_n)$ 是总体 $\xi \sim N(0, \sigma^2)$ 的样本,求 C 使 $C \sum\limits_{i=1}^{n} X_i^2$ 是 σ^2 的无偏估计.

6.15 设 $(X_1, X_2, \cdots, X_m)$ 是总体 $\xi \sim N(0, \sigma^2)$ 的样本,$(Y_1, Y_2, \cdots, Y_n)$ 是总体 $\eta \sim N(0, \sigma^2)$ 的样本,两个样本相互独立,证明:

$$(1) \ \frac{\sum\limits_{i=1}^{m} X_i^2 + \sum\limits_{j=1}^{n} Y_j^2}{\sigma^2} \sim \chi^2(m+n); \qquad (2) \ \frac{\sum\limits_{i=1}^{m} X_i}{\sqrt{\sum\limits_{j=1}^{n} Y_j^2}} \sqrt{\frac{n}{m}} \sim t(n).$$

6.16 证明:若 $T \sim t(n)$,则 $T^2 \sim F(1, n)$.

6.17 设总体 $\xi \sim N(\mu, 2^2)$,问样本容量 n 至少多大时,才能保证 $P\{|\overline{X} - \mu| \leqslant 0.1\} \geqslant 0.95$.

6.18 设 $(X_1, X_2, \cdots, X_n)$ 是总体 $\xi \sim N(\mu, \sigma^2)$ 的样本,$\overline{X}$ 为样本均值,S^{*2} 为修正样本方差,再对总体抽样一次,得 X_{n+1},设 X_{n+1} 与 $X_1, X_2, \cdots, X_n$ 相互独立. 试求参数 a,使得

$$P\left\{ \frac{\overline{X} - X_{n+1}}{S^*} \sqrt{\frac{n}{n+1}} \leqslant a \right\} = 0.95.$$

自测题六

一、判断题(正确用"+",错误用"一")

1. 无论总体 ξ 服从什么分布,只要总体的期望和方差存在,当样本容量很大时,样本均值 $\overline{X}$ 都近似服从正态分布. ( )

2. 参数 θ 的矩法估计一定是 θ 的无偏估计. ( )

3. 从一批零件中有放回地取 5 个,结果发现前 2 个是次品,后 3 个为正品,则这批零件的次品率 p 的矩法估计值为 $\dfrac{2}{5}$. ( )

4. 设总体 ξ 服从参数为 λ 普阿松分布,$(X_1, X_2, \cdots, X_n)$ 为取自总体的样本,则参数 λ 的极大似然估计是无偏的. ( )

5. 设 $\xi \sim N(\mu, \sigma^2)$,则 $\left(\dfrac{\xi-\mu}{\sigma}\right)^2$ 服从 χ^2 分布. ( )

6. 设总体 $\xi \sim N(\mu, \sigma^2)$,$(X_1, X_2)$ 为取自总体的样本,则 $\dfrac{X_1-\mu}{|X_2-\mu|} \sim F(1,1)$. ( )

7. 设 $(X_1, X_2, \cdots, X_n)$ 为取自总体 $\xi \sim N(\mu, \sigma^2)$ 的样本,$\overline{X}$ 为样本均值,S^* 为样本修正标准差,则 $n\left(\dfrac{\overline{X}-\mu}{S^*}\right)^2 \sim F(1,n)$. ( )

8. 设总体 $\xi \sim N(\mu, \sigma^2)$,$\overline{X}$ 和 S^{*2} 分别为其样本的均值与修正方差,则对任意常数 a,$\overset{\wedge}{\mu} = a\overline{X} + (1-a)S^{*2}$ 都是 μ 的无偏估计. ( )

9. 设总体 $\xi \sim N(0,1)$,$\overline{X}$ 为样本 $(X_1, X_2, \cdots, X_n)$ 的均值,则 $\dfrac{X_1^2}{(\overline{X}\sqrt{n})^2} \sim F(1,1)$. ( )

10. 设总体 ξ 服从参数为 λ 的指数分布,$\overline{X}$ 为样本均值,则 λ 的矩法估计和极大似然估计都是 $\dfrac{1}{\overline{X}}$. ( )

二、选择题

1. 设 $(X_1, X_2, \cdots, X_n)$ 是总体 ξ 的样本,$\xi \sim N(\mu, \sigma^2)$,其中 μ, σ^2 均未知,下列表达式中只有 ( ) 是统计量.

(A) $\dfrac{1}{n}\sum\limits_{i=1}^{n} X_i - \mu$ (B) $\dfrac{1}{\sigma}\sum\limits_{i=1}^{n} X_i$

(C) $\dfrac{1}{n}\sum\limits_{i=1}^{n} X_i^2$ (D) $\dfrac{1}{\sigma^2}\sum\limits_{i=1}^{n}(X_i-\mu)^2$

2. 设 $(X_1, X_2, \cdots, X_n)$ 是取自总体 $\xi \sim N(0, \sigma^2)$ 的样本,可以作为 σ^2 的无偏估计的统计量是 ( ).

(A) $\dfrac{1}{n}\sum\limits_{i=1}^{n} X_i^2$ (B) $\dfrac{1}{n-1}\sum\limits_{i=1}^{n} X_i^2$

(C) $\dfrac{1}{n}\sum\limits_{i=1}^{n} X_i$ (D) $\dfrac{1}{n-1}\sum\limits_{i=1}^{n} X_i$

3. 设总体 $\xi \sim N(\mu, \sigma^2)$, (X_1, X_2) 是其样本, 下列 4 个 μ 的无偏估计中, 最有效的是(　　).

(A) $\overset{\wedge}{\mu}_1 = 0.2X_1 + 0.8X_2$ 　　　　　(B) $\overset{\wedge}{\mu}_2 = 0.4X_1 + 0.6X_2$

(C) $\overset{\wedge}{\mu}_3 = 0.7X_1 + 0.3X_2$ 　　　　　(D) $\overset{\wedge}{\mu}_4 = 0.9X_1 + 0.1X_2$.

4. 设随机变量 X_1 和 X_2 都服从标准正态分布, 则(　　).

(A) $X_1^2 + X_2^2$ 服从 χ^2 分布 　　　　　(B) $X_1^2 - X_2^2$ 服从 χ^2 分布

(C) X_1^2 / X_2^2 服从 F 分布 　　　　　(D) X_1^2 和 X_2^2 都服从 χ^2 分布

5. 设总体 $\xi \sim N(0, \sigma^2)$, (X_1, X_2, X_3, X_4) 为 ξ 的样本, 则下式中服从 $t(2)$ 分布的统计量是(　　).

(A) $\dfrac{X_1 + X_2}{\sqrt{X_3^2 + X_4^2}}$ 　　　　　(B) $\dfrac{X_1 + X_2}{2\sqrt{X_3^2 + X_4^2}}$

(C) $\dfrac{X_1 + X_2}{\sqrt{2(X_3^2 + X_4^2)}}$ 　　　　　(D) $\dfrac{\sqrt{2}(X_1 + X_2)}{\sqrt{X_3^2 + X_4^2}}$

6. 设随机变量 $\xi \sim N(\mu_1, \sigma_1^2)$, $\eta \sim N(\mu_2, \sigma_2^2)$, 且 ξ 与 η 相互独立, 而 $(X_1, X_2, \cdots, X_m)$, $(Y_1, Y_2, \cdots, Y_n)$ 分别为 ξ 和 η 的样本, 则有(　　).

(A) $\overline{X} - \overline{Y} \sim N(\mu_1 + \mu_2, \sigma_1^2 + \sigma_2^2)$ 　　　　　(B) $\overline{X} - \overline{Y} \sim N(\mu_1 - \mu_2, \dfrac{\sigma_1^2}{m} + \dfrac{\sigma_2^2}{n})$

(C) $\overline{X} - \overline{Y} \sim N(\mu_1 - \mu_2, \dfrac{\sigma_1^2}{m} - \dfrac{\sigma_2^2}{n})$ 　　　　　(D) $\overline{X} - \overline{Y} \sim N(\mu_1 - \mu_2, \sqrt{\dfrac{\sigma_1^2}{m} + \dfrac{\sigma_2^2}{n}})$

7. 设 $(X_1, X_2, X_3, X_4, X_5)$ 为取自正态总体 $N(0, 4)$ 的样本, 则服从 $F(2, 3)$ 分布的统计量是(　　).

(A) $\dfrac{2(X_1^2 + X_2^2)}{3(X_3^2 + X_4^2 + X_5^2)}$ 　　　　　(B) $\dfrac{2(X_1^2 + X_2^2 + X_3^2)}{3(X_4^2 + X_5^2)}$

(C) $\dfrac{3(X_1^2 + X_2^2)}{2(X_1^2 + X_2^2 + X_3^2)}$ 　　　　　(D) $\dfrac{3(X_1^2 + X_2^2)}{2(X_3^2 + X_4^2 + X_5^2)}$

8. 设 $(X_1, X_2, \cdots, X_m)$, $(Y_1, Y_2, \cdots, Y_n)$ 为分别取自相互独立的正态总体 $\xi \sim N(\mu_1, \sigma_1^2)$, $\eta \sim N(\mu_2, \sigma_2^2)$ 的样本, $\overline{X}, S_x^2, S_x^{*2}$ 和 $\overline{Y}, S_y^2, S_y^{*2}$ 分别为总体 ξ, η 的样本均值, 样本方差和修正样本方差, 则下列四个选项中不正确的是(　　).

(A) $\overline{X}, \overline{Y}, S_x^2, S_y^2$ 相互独立

(B) $\dfrac{\overline{X} - \mu_1}{S_x^*} \sqrt{m} \sim t(m-1)$

(C) $\dfrac{S_x^{*2} / \sigma_1^2}{S_y^{*2} / \sigma_2^2} \sim F(m-1, n-1)$

(D) $\dfrac{(\overline{X} - \overline{Y}) - (\mu_1 - \mu_2)}{S_w \sqrt{\dfrac{1}{m} + \dfrac{1}{n}}} \sim t(m+n-2)$. 其中 $S_w = \sqrt{\dfrac{mS_x^2 + nS_y^2}{m+n-2}}$

9. 设 $\Phi(x)$ 为标准正态分布的分布函数, $0 < p < 1$. 下述关于临界值的四个选项, 正确的是(　　).

(A) $u_p + u_{1-p} = 1$ 　　　　　(B) $\Phi(u_p) = p$

(C) $\chi^2_{1-p}(n) = -\chi^2_p(n)$ 　　　　(D) $F_{1-p}(m,n) = \dfrac{1}{F_p(m,n)}$

10. 设 $(X_1, X_2, \cdots, X_{16})$ 为取自正态总体 $\xi \sim N(\mu, \sigma^2)$ 的样本，$\overline{X}$ 为样本均值，若有

$P\{\sum\limits_{i=1}^{16}(X_i - \overline{X})^2 \geqslant \alpha\sigma^2\} = 0.95$，则 α 等于（　　　）.

(A) $\chi^2_{0.95}(16)$ 　　　　　　　　(B) $\chi^2_{0.95}(15)$

(C) $\chi^2_{0.05}(15)$ 　　　　　　　　(D) $\chi^2_{0.05}(16)$

三、填空题

1. 设总体 ξ 服从参数为 λ 的普阿松分布，把对总体进行的 n 次观测结果记为 $(X_1, X_2, \cdots, X_n)$，$(X_1, X_2, \cdots, X_n)$ 可以称为样本必须满足的两个条件是 _____和_____，此时$(X_1, X_2, \cdots, X_n)$ 的联合概率分布为 _____.

2. 设 $(X_1, X_2, \cdots, X_9)$ 为取自均匀分布 $U(2,4)$ 的样本，$\overline{X}$ 为样本均值，S^2 为样本方差，则 $E\overline{X} = $ _____；$D\overline{X} = $ _____；$ES^2 = $ _____.

3. 设总体 ξ 概率密度为 $\varphi(x) = \begin{cases} \dfrac{\theta}{x^{\theta+1}} & x \geqslant 1 \\ 0 & x < 1 \end{cases}$，其中，$\theta > 1$ 为未知参数，$(X_1, X_2, \cdots, X_n)$ 是 ξ 的样本，这时 θ 的矩法估计为 _____；θ 的极大似然估计为 _____.

4. 总体 $\xi \sim N(\mu, \sigma^2)$，则 μ 的矩法估计为_____，极大似然估计为_____；σ^2 的矩法估计为_____，极大似然估计为_____.

5. 已知总体 ξ 的概率密度为 $\varphi(x) = \begin{cases} 2e^{-2(x-\theta)} & x \geqslant \theta \\ 0 & x < \theta \end{cases}$，其中，$\theta$ 是未知参数，$(X_1, X_2, \cdots, X_n)$ 是 ξ 的样本，这时 θ 的矩法估计为 _____；θ 的极大似然估计为 _____.

6. 设 $(X_1, X_2, \cdots, X_n)$ 是总体 ξ 的样本，$\xi \sim N(\mu, 4)$，样本均值 $\overline{X} = \dfrac{1}{n}\sum\limits_{i=1}^{n}X_i$. 当 $n \geqslant$ _____时，才能使 $E|\overline{X} - \mu|^2 \leqslant 0.1$.

7. 设总体 $\xi \sim N(\mu_1, \sigma_1^2)$，$\eta \sim N(\mu_2, \sigma_2^2)$，$(X_1, X_2, \cdots, X_m)$ 是 ξ 的样本，$(Y_1, Y_2, \cdots, Y_n)$ 是 η 的样本，两组样本相互独立，$\overline{X} = \dfrac{1}{m}\sum\limits_{i=1}^{m}X_i$，$\overline{Y} = \dfrac{1}{n}\sum\limits_{j=1}^{n}Y_j$，则 $D(\overline{X} - \overline{Y}) = $ _____.

8. 设 $(X_1, X_2, \cdots, X_6)$ 是来自总体 ξ 的样本，$\xi \sim N(0,1)$，随机变量

$$Y = (X_1 + X_2 + X_3)^2 + (X_4 + X_5 + X_6)^2,$$

当常数 $c = $ _____时，cY 服从 χ^2 分布，其自由度是 _____.

9. 已知总体 $\xi \sim N(0, \sigma^2)$，(X_1, X_2, X_3) 为 ξ 的样本，则 $\sqrt{2}\dfrac{X_1}{|X_2 - X_3|} \sim$ _____.

10. 设总体 ξ 服从正态分布 $N(0,4)$，$(X_1, X_2, \cdots, X_{15})$ 为 ξ 的样本，则 $Y = \dfrac{X_1^2 + \cdots + X_{10}^2}{2(X_{11}^2 + \cdots + X_{15}^2)}$ 服从_____分布，其自由度是_____.

假设检验和区间估计

对于总体分布中的未知参数,上一章我们介绍了根据抽样数据对参数进行估计的点估计方法. 参数估计问题的另一种方法是区间估计,即在保证一定的估计可靠性的前提下,来寻找参数可能的取值范围. 假设检验是与区间估计密切相关的一个问题,它研究如何根据样本信息来推断关于总体的一个假设. 本章重点要求掌握假设检验和区间估计的基本思想,以及关于正态总体参数的假设检验和区间估计的方法. 本章内容框图如下.

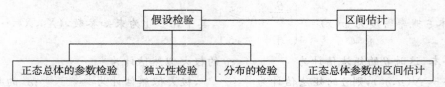

7.1 假设检验的基本思想

数理统计的主要任务是要从样本出发,对总体的分布做出推断. 做推断的方法,主要有两种,一种是估计,另一种是假设检验.

为了说明假设检验的基本思想,下面先看几个例子.

例 1 某厂生产的合金钢,其抗拉强度 ξ(单位:kg/mm²) 可以认为服从正态分布 $N(\mu, \sigma^2)$,据厂方说,强度的平均值 $\mu = 48$. 现抽查 5 件样品,测得抗拉强度为

$$46.8, \ 45.0, \ 48.3, \ 45.1, \ 44.7.$$

问厂方的说法是否可信?

这相当于先提出了一个假设 $H_0: \mu = 48$,然后要求从样本观测值出发,检验它是否成立.

例 2 为了研究饮酒对工作能力的影响,任选 19 个工人分成两组,一组工人工作前饮一杯酒,另一组工人工作前不饮酒. 让他们每人做一件同样的工作,测得他们的完工时间(单位: min)如下:

饮酒者	30, 46, 51, 34, 48, 45, 39, 61, 58, 67
未饮酒者	28, 22, 55, 45, 39, 35, 42, 38, 20

问饮酒对工作能力是否有显著的影响?

两组工人的完工时间,可以看作是两个服从正态分布的总体 $\xi \sim N(\mu_1, \sigma_1^2)$ 和 $\eta \sim N(\mu_2, \sigma_2^2)$. 如果饮酒对工作能力没有影响,两个总体的均值应该相等,所以,问题相当于要求我们根据实际测得的样本数据,检验假设 $H_0 : \mu_1 = \mu_2$ 是否成立.

这两个例子有一个共同的特点,它们都是先提出了一个假设,然后要求从样本出发检验它是否成立. 这种问题称为假设检验问题.

在假设检验中,提出要求检验的假设,称为**原假设**,记为 H_0. 原假设如果不成立,就要接受另一个假设,这另一个假设称为**备选假设**,记为 H_1.

例如,在例 1 中,原假设是 $H_0 : \mu = 48$,备选假设是 $H_1 : \mu \neq 48$;在例 2 中,原假设是 $H_0 : \mu_1 = \mu_2$,备选假设是 $H_1 : \mu_1 \neq \mu_2$.

为了便于做假设检验,一般总是用带等号的式子作为原假设. 当原假设与备选假设正好相反时,通常只写出原假设,备选假设就不写出来了.

假设检验是如何进行的呢?下面以一种简单的情形为例,推导这种情形下的检验方法,并以此说明假设检验的基本思想和原理.

问题 设总体 $\xi \sim N(\mu, \sigma^2)$,已知其中 $\sigma = \sigma_0$,$(X_1, X_2, \cdots, X_n)$ 是 ξ 的样本,要检验 $H_0 : \mu = \mu_0$(其中 μ_0 是某个已知常数).

检验方法

因为 $\xi \sim N(\mu, \sigma_0^2)$,由 6.7 节的定理 6.4 可知,这时有 $\dfrac{\overline{X} - \mu}{\sigma_0} \sqrt{n} \sim N(0, 1)$.

取一个统计量 $U = \dfrac{\overline{X} - \mu_0}{\sigma_0} \sqrt{n} = \dfrac{\overline{X} - \mu}{\sigma_0} \sqrt{n} + \dfrac{\mu - \mu_0}{\sigma_0} \sqrt{n}$.

若 $H_0 : \mu = \mu_0$ 为真,则 $\dfrac{\mu - \mu_0}{\sigma_0} \sqrt{n} = 0$,显然有

$$U = \frac{\overline{X} - \mu_0}{\sigma_0} \sqrt{n} = \frac{\overline{X} - \mu}{\sigma_0} \sqrt{n} \sim N(0, 1);$$

若 $H_0 : \mu = \mu_0$ 不真,这时,或者有 $\mu > \mu_0$,或者有 $\mu < \mu_0$.

当 $\mu > \mu_0$ 时,有 $\dfrac{\mu - \mu_0}{\sigma_0} \sqrt{n} > 0$,即 U 这个随机变量,等于一个服从 $N(0,1)$ 分布的随机变量,再加上一个大于 0 的常数,所以,这时统计量 U 的分布相对于 $N(0,1)$ 分布来说,峰值位置会有一个向右的偏移.

当 $\mu < \mu_0$ 时,有 $\dfrac{\mu - \mu_0}{\sigma_0} \sqrt{n} < 0$,即 U 这个随机变量,等于一个服从 $N(0,1)$ 分布的随机变量,再加上一个小于 0 的常数,所以,这时统计量 U 的分布相对于 $N(0,1)$ 分布来说,峰值位置会有一个向左的偏移.

从样本可以算出 U 的值,如果 U 的值落在中间,绝对值较小,显然 H_0 为真的可能性比较大,不真的可能性比较小,这时应该接受 H_0;如果 U 的值落在两边,绝对值偏大,则 H_0 不真的可能性比较大,为真的可能性比较小,这时应该拒绝 H_0.

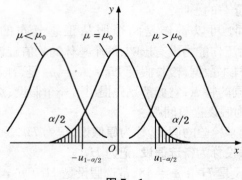

图 7 - 1

为了区分中间和两边,对于给定的一个很小的概率值 α,我们可以确定一个**临界值** $u_{1-\alpha/2}$,使得 H_0 为真时统计量 U 的值落入两边的概率为 α. 这样就把 U 的取值范围分成两个区域:$W_0 = \{U \mid |U| \leqslant u_{1-\alpha/2}\}$ 和 $W_1 = \{U \mid |U| > u_{1-\alpha/2}\}$,称 W_0 为**接受域**,称 W_1 为**拒绝域**. 从样本求出 U 的值,U 的值落在 W_0 中,就接受 H_0,U 的值落在 W_1 中,就拒绝 H_0(图 7 - 1).

这种事先给定一个很小的 α 值(例如 $\alpha = 0.10$,$\alpha = 0.05$ 或 $\alpha = 0.01$),称为**显著性水平**. 然后,根据显著水平 α 来确定临界值,用临界值来划分接受域 W_0 和拒绝域 W_1. 这样的检验,称为**显著性检验**.

用这样的方法来检验 H_0,会不会犯错误?当然会犯错误. 事实上,可能犯两种错误:

(1)原假设 H_0 实际上是正确的,但我们却错误地拒绝了它,这时犯了"弃真"的错误,通常称为**第一类错误**.

(2)原假设 H_0 实际上是不正确的,但我们却错误地接受了它,这时犯了"纳伪"的错误,通常称为**第二类错误**.

下面把各种情形列一个表,见表 7 - 1.

表 7 - 1

	$U \in$ 接受域 W_0,接受 H_0	$U \in$ 拒绝域 W_1,拒绝 H_0
H_0 为真,H_1 不真	正确	犯第一类错误
H_0 不真,H_1 为真	犯第二类错误	正确

例如在上面的问题中,设显著水平为 α,则犯第一类错误的概率为
$$P\{U \in W_1 \mid H_0 \text{ 为真}\} = P\{|U| > u_{1-\alpha/2} \mid H_0 \text{ 为真}\}.$$

由于 H_0 为真时,$U = \dfrac{\overline{X} - \mu_0}{\sigma_0}\sqrt{n} \sim N(0, 1)$,所以这时有

$$P\{|U| > u_{1-\alpha/2}\} = 2[1 - P\{U \leqslant u_{1-\alpha/2}\}] = 2[1 - \Phi(u_{1-\alpha/2})] = 2\left[1 - \left(1 - \frac{\alpha}{2}\right)\right] = \alpha.$$

即上述问题中犯第一类错误的概率就等于事先给定的显著性水平 α. 而在更一般的情形,犯第一类错误的概率也可能小于 α,但犯第一类错误的概率一定不超过显著性水平 α. 因为显著性水平 α 是事先给定的,因此,犯第一类错误的概率是可以控制的. 犯第二类错误的概率可表示为 $P\{H_0$ 为假时,而接受 $H_0\}$,记为 β. 即

$$\beta = P\{接受\ H_0 \mid H_0\ 为假\} = P\{统计量落入接受域\ W_0 \mid H_0\ 为假\}.$$

在假设检验中,我们自然希望犯两类错误的概率都尽可能小,但一定条件下这是做不到的. 因为降低了第一类错误的概率,就会增加第二类错误的概率,反之亦然. 在显著性检验中,我们首先是控制犯第一类错误的概率,并在此基础上兼顾犯第二类错误的概率尽可能小.

因此,对上述问题可得到检验方法如下:从样本求出检验统计量 $U = \dfrac{\overline{X} - \mu_0}{\sigma_0}\sqrt{n}$ 的值. 对于给定的显著水平 α,查附录中 $N(0,1)$ 分布的临界值表,由 $\Phi(u_{1-\alpha/2}) = 1 - \dfrac{\alpha}{2}$ 求出临界值 $u_{1-\alpha/2}$,使得

$$P\{\mid U \mid > u_{1-\alpha/2}\} = \alpha.$$

将统计量 $U = \dfrac{\overline{X} - \mu_0}{\sigma_0}\sqrt{n}$ 的值与临界值作比较,如果 $\mid U \mid > u_{1-\alpha/2}$ 就拒绝 H_0,如果 $\mid U \mid \leqslant u_{1-\alpha/2}$ 就接受 H_0.

总之,假设检验的一般步骤是:

(1) 提出原假设 H_0;

(2) 选取合适的检验统计量(如上例中的 U),从样本求出统计量的值;

(3) 对于给定的显著水平 α,查统计量的分布表,求出临界值,用它划分接受域 W_0 和拒绝域 W_1,使得当 H_0 为真时,有 $P\{统计量 \in W_1\} = \alpha$;

(4) 若统计量的值落在拒绝域 W_1 中,就拒绝 H_0;若统计量的值落在接受域 W_0 中,就接受 H_0.

思考题1

犯第一类错误与犯第二类错误是否为对立的事件?或者说两类错误的概率之和是否为1?

7.2　正态总体参数的假设检验

7.2.1　单个总体,方差已知时,均值的检验

问题　设总体 $\xi \sim N(\mu, \sigma^2)$,已知其中 $\sigma = \sigma_0$,$(X_1, X_2, \cdots, X_n)$ 是 ξ 的样本,要检验 $H_0: \mu = \mu_0$.

在 7.1 节中,我们已经推导出这种情形下的检验方法,下面看一个例子.

例1　某厂生产的纽扣,其直径 $\xi \sim N(\mu, \sigma^2)$,已知 $\sigma = 4.2\ \mathrm{mm}$,现从中抽查 100 粒,测得样本均值 $\overline{X} = 26.56\ \mathrm{mm}$. 已知在标准情况下,纽扣直径的平均值应该是 27 mm,问:是否可以认为这批纽扣直径的平均值符合标准?(显著水平 $\alpha = 0.05$)

解　问题相当于要检验 $H_0: \mu = 27$.

$$U = \frac{\overline{X} - \mu_0}{\sigma_0}\sqrt{n} = \frac{26.56 - 27}{4.2} \times \sqrt{100} = -1.048.$$

对 $\alpha = 0.05$,查 $N(0,1)$ 分布表,可得临界值 $u_{1-\alpha/2} = u_{0.975} = 1.9600$,因为

$|U|=|-1.048|=1.048<1.9600$，所以接受 $H_0: \mu=27$，可以认为这批纽扣直径的平均值符合标准.

7.2.2　单个总体，方差未知时，均值的检验

问题　设总体 $\xi \sim N(\mu,\sigma^2)$，其中 $\sigma>0$ 未知，$(X_1,X_2,\cdots,X_n)$ 是 ξ 的样本，要检验 $H_0: \mu=\mu_0$.

检验方法

因为 $\xi \sim N(\mu,\sigma^2)$，由 6.7 节的定理 6.7 可知，这时有 $\dfrac{\overline{X}-\mu}{S^*}\sqrt{n} \sim t(n-1)$.

取一个统计量　$T=\dfrac{\overline{X}-\mu_0}{S^*}\sqrt{n}=\dfrac{\overline{X}-\mu}{S^*}\sqrt{n}+\dfrac{\mu-\mu_0}{S^*}\sqrt{n}.$

若 $H_0: \mu=\mu_0$ 为真，则 $\dfrac{\mu-\mu_0}{S^*}\sqrt{n}=0$，显然有

$$T=\frac{\overline{X}-\mu_0}{S^*}\sqrt{n}=\frac{\overline{X}-\mu}{S^*}\sqrt{n} \sim t(n-1).$$

若 $H_0: \mu=\mu_0$ 不真，则 $\dfrac{\mu-\mu_0}{S^*}\sqrt{n} \neq 0$，即 T 这个随机变量，等于 1 个服从 $t(n-1)$ 分布的随机变量，再加上 1 个不等于 0 的项，所以，这时统计量 T 的分布，相对于 $t(n-1)$ 分布来说，峰值位置会有一个向左或向右的偏移.

因此可得到检验方法如下：从样本求出 $T=\dfrac{\overline{X}-\mu_0}{S^*}\sqrt{n}$ 的值. 对于给定的显著水平 α，自由度 $n-1$，查 t 分布表可得 t 分布的临界值 $t_{1-\alpha/2}(n-1)$，使得 $P\{|T|>t_{1-\alpha/2}(n-1)\}=\alpha$，当 $|T|>t_{1-\alpha/2}(n-1)$ 时拒绝 H_0；否则接受 H_0.

怎样查表求 t 分布的临界值

在附录中，有一个 t 分布的临界值表，从中可以查到 t 分布的临界值. 查表时，在自由度 $k=n-1$ 与 $p=1-\dfrac{\alpha}{2}$ 的相交处可以查到 $t_{1-\alpha/2}(n-1)$.

例 2　某厂生产的合金钢，其抗拉强度 $\xi \sim N(\mu,\sigma^2)$，现抽查 5 件样品，测得抗拉强度为 46.8,45.0,48.3,45.1,44.7. 要检验假设 $H_0: \mu=48$.（显著水平 $\alpha=0.05$）

解　样本容量 $n=5$，样本均值 $\overline{X}=45.98$，修正样本标准差 $S^*=1.535$，

$$T=\frac{\overline{X}-\mu_0}{S^*}\sqrt{n}=\frac{45.98-48}{1.535}\times\sqrt{5}=-2.942.$$

对 $\alpha=0.05$，自由度 $n-1=4$，查 t 分布表，可得 $t_{1-\alpha/2}(n-1)=2.7764$，由于 $|T|=|-2.942|=2.942>2.7764$，因此拒绝 $H_0: \mu=48$.

7.2.3　单个总体，均值未知时，方差的检验

问题　设总体 $\xi \sim N(\mu,\sigma^2)$，其中 μ 未知，$(X_1,X_2,\cdots,X_n)$ 是 ξ 的样本，要检验 $H_0: \sigma^2=\sigma_0^2$（或 $\sigma=\sigma_0$）.

检验方法

因为 $\xi \sim N(\mu,\sigma^2)$，由 6.7 节的定理 6.5 可知，这时有 $\dfrac{nS^2}{\sigma^2} \sim \chi^2(n-1)$.

取一个统计量 $\chi^2 = \dfrac{nS^2}{\sigma_0^2} = \dfrac{nS^2}{\sigma^2} \cdot \dfrac{\sigma^2}{\sigma_0^2}$.

若 $H_0 : \sigma^2 = \sigma_0^2$ 为真,则 $\dfrac{\sigma^2}{\sigma_0^2} = 1$,显然有

$$\chi^2 = \frac{nS^2}{\sigma_0^2} = \frac{nS^2}{\sigma^2} \sim \chi^2(n-1).$$

若 $H_0 : \sigma^2 = \sigma_0^2$ 不真,这时,或者有 $\sigma^2 > \sigma_0^2$,或者有 $\sigma^2 < \sigma_0^2$.

当 $\sigma^2 > \sigma_0^2$ 时,有 $\dfrac{\sigma^2}{\sigma_0^2} > 1$,即 χ^2 这个随机变量,等于 1 个服从 $\chi^2(n-1)$ 分布的随机变量,再乘以 1 个大于 1 的常数,所以,这时统计量 χ^2 的分布曲线,相对于 $\chi^2(n-1)$ 分布来说,峰值位置会有一个向右的偏移.

当 $\sigma^2 < \sigma_0^2$ 时,有 $\dfrac{\sigma^2}{\sigma_0^2} < 1$,即 χ^2 这个随机变量,等于 1 个服从 $\chi^2(n-1)$ 分布的随机变量,再乘以 1 个小于 1 的常数,所以,这时统计量 χ^2 的分布曲线,相对于 $\chi^2(n-1)$ 分布来说,峰值位置会有一个向左的偏移.

因此可得到检验方法如下:从样本求出 $\chi^2 = \dfrac{nS^2}{\sigma_0^2}$ 的值. 对于给定的显著水平 α,自由度 $n-1$,查表可得 χ^2 分布的临界值 $\chi^2_{\alpha/2}(n-1)$ 和 $\chi^2_{1-\alpha/2}(n-1)$,使得 $P\{\chi^2 < \chi^2_{\alpha/2}(n-1)\} = \dfrac{\alpha}{2}$ 以及 $P\{\chi^2 > \chi^2_{1-\alpha/2}(n-1)\} = \dfrac{\alpha}{2}$,当 $\chi^2 < \chi^2_{\alpha/2}(n-1)$ 或 $\chi^2 > \chi^2_{1-\alpha/2}(n-1)$ 时拒绝 H_0;否则接受 H_0.

怎样查表求 χ^2 分布的临界值

在附录中,有一个 χ^2 分布的临界值表,从中可以查到 χ^2 分布的临界值. 查表时,

(1) 在自由度 $k = n-1$ 与 $p = \dfrac{\alpha}{2}$ 的相交处可以查到 $\chi^2_{\alpha/2}(n-1)$;

(2) 在自由度 $k = n-1$ 与 $p = 1 - \dfrac{\alpha}{2}$ 的相交处可以查到 $\chi^2_{1-\alpha/2}(n-1)$.

例 3　某厂生产的维尼纶的纤度 $\xi \sim N(\mu, \sigma^2)$,如果已知在正常情况下有 $\sigma = 0.048$. 现从中抽查 5 根,测得纤度为 $1.32, 1.55, 1.36, 1.40, 1.44$. 问:$\xi$ 的标准差 σ 是否发生了显著的变化?(显著水平 $\alpha = 0.05$)

解　问题相当于要检验 $H_0 : \sigma = 0.048$.

样本容量 $n = 5$,样本方差 $S^2 = 0.006224$,

$$\chi^2 = \frac{nS^2}{\sigma_0^2} = \frac{5 \times 0.006224}{0.048^2} = 13.507.$$

对 $\alpha = 0.05$,自由度 $n-1 = 4$,查 χ^2 分布表,可得 $\chi^2_{\alpha/2}(n-1) = 0.484$ 及 $\chi^2_{1-\alpha/2}(n-1) = 11.143$,由于 $\chi^2 = 13.507 > 11.143$,所以拒绝 $H_0 : \sigma = 0.048$,结论是:ξ 的标准差 σ 发生了显著的变化.

7.2.4　两个总体,方差未知但相等时,均值是否相等的检验

问题　设总体 $\xi \sim N(\mu_1, \sigma_1^2)$,$\eta \sim N(\mu_2, \sigma_2^2)$,其中 σ_1, σ_2 都未知,但是已知

$\sigma_1 = \sigma_2, (X_1, X_2, \cdots, X_m), (Y_1, Y_2, \cdots, Y_n)$ 分别是 ξ, η 的样本, 两个样本相互独立, 要检验 $H_0: \mu_1 = \mu_2.$

检验方法

因为 $\xi \sim N(\mu_1, \sigma_1^2), \eta \sim N(\mu_2, \sigma_2^2), \sigma_1 = \sigma_2$, 由 6.7 节的定理 6.9 可知, 这时有

$$\frac{(\overline{X} - \overline{Y}) - (\mu_1 - \mu_2)}{S_w \sqrt{\dfrac{1}{m} + \dfrac{1}{n}}} \sim t(m - n - 2), \text{其中}, S_w = \sqrt{\frac{mS_x^2 + nS_y^2}{m + n - 2}}.$$

取一个统计量 $T = \dfrac{\overline{X} - \overline{Y}}{S_w \sqrt{\dfrac{1}{m} + \dfrac{1}{n}}} = \dfrac{(\overline{X} - \overline{Y}) - (\mu_1 - \mu_2)}{S_w \sqrt{\dfrac{1}{m} + \dfrac{1}{n}}} + \dfrac{\mu_1 - \mu_2}{S_w \sqrt{\dfrac{1}{m} + \dfrac{1}{n}}},$

若 $H_0: \mu_1 = \mu_2$ 为真, 则 $\dfrac{\mu_1 - \mu_2}{S_w \sqrt{\dfrac{1}{m} + \dfrac{1}{n}}} = 0$, 显然有

$$T = \frac{\overline{X} - \overline{Y}}{S_w \sqrt{\dfrac{1}{m} + \dfrac{1}{n}}} = \frac{(\overline{X} - \overline{Y}) - (\mu_1 - \mu_2)}{S_w \sqrt{\dfrac{1}{m} + \dfrac{1}{n}}} \sim t(m + n - 2).$$

若 $H_0: \mu_1 = \mu_2$ 不真, 则 $\dfrac{\mu_1 - \mu_2}{S_w \sqrt{\dfrac{1}{m} + \dfrac{1}{n}}} \neq 0$, 即 T 等于一个服从 $t(m + n - 2)$ 分布的随机变量, 再加上一个不等于 0 的项. 所以, 这时统计量 T 的分布, 相对于 $t(m + n - 2)$ 分布来说, 峰值位置会有一个向左或向右的偏移.

因此可得到检验方法如下: 从样本求出 $T = \dfrac{\overline{X} - \overline{Y}}{S_w \sqrt{\dfrac{1}{m} + \dfrac{1}{n}}}$ 的值. 对给定的显著水平 α,

自由度为 $m + n - 2$, 查附录表 5 可求得 t 分布的临界值 $t_{1-\alpha/2}(m + n - 2)$, 成立

$$P\{|T| > t_{1-\alpha/2}(m + n - 2)\} = \alpha,$$

当 $|T| > t_{1-\alpha/2}(m + n - 2)$ 时拒绝 H_0, 否则接受 H_0.

例 4　任选 19 个工人分成两组, 让他们每人做一件同样的工作, 测得他们的完工时间 (单位: min) 如下:

饮酒者	30, 46, 51, 34, 48, 45, 39, 61, 58, 67
未饮酒者	28, 22, 55, 45, 39, 35, 42, 38, 20

问: 饮酒对工作能力是否有显著的影响?(显著水平 $\alpha = 0.05$)

解　设两组工人的完工时间分别为总体 $\xi \sim N(\mu_1, \sigma_1^2)$ 和 $\eta \sim N(\mu_2, \sigma_2^2)$, 其中 σ_1、σ_2 未知, 但假设已有 $\sigma_1 = \sigma_2$. 问题相当于要检验 $H_0: \mu_1 = \mu_2$ 是否成立.

$m = 10, \overline{X} = 47.9, S_x^2 = 125.29, n = 9, \overline{Y} = 36.0, S_y^2 = 112.00,$

$$S_w = \sqrt{\frac{mS_x^2 + nS_y^2}{m + n - 2}} = \sqrt{\frac{10 \times 125.29 + 9 \times 112.00}{10 + 9 - 2}} = 11.5323,$$

$$T = \frac{\overline{X} - \overline{Y}}{S_w \sqrt{\frac{1}{m} + \frac{1}{n}}} = \frac{47.9 - 36.0}{11.5323 \times \sqrt{\frac{1}{10} + \frac{1}{9}}} = 2.2458.$$

对 $\alpha = 0.05, m + n - 2 = 17$，查 t 分布表，可得 $t_{1-\alpha/2}(m+n-2) = 2.1098$，由于 $|T| = |2.2458| = 2.2458 > 2.1098$，因此拒绝 $H_0: \mu_1 = \mu_2$，从检验得出的结论是：饮酒对工作能力有显著的影响.

7.2.5 两个总体，均值未知时，方差是否相等的检验

在求解上面的问题时，我们假设已有 $\sigma_1 = \sigma_2$，到底是不是这样，是有待检验的.

问题 设总体 $\xi \sim N(\mu_1, \sigma_1^2), \eta \sim N(\mu_2, \sigma_2^2)$，其中 μ_1, μ_2 都未知，$(X_1, X_2, \cdots, X_m)$，$(Y_1, Y_2, \cdots, Y_n)$ 分别是 ξ, η 的样本，两个样本相互独立，要检验假设 $H_0: \sigma_1^2 = \sigma_2^2$.

检验方法

因为 $\xi \sim N(\mu_1, \sigma_1^2), \eta \sim N(\mu_2, \sigma_2^2)$，由 6.7 节的定理 6.11 可知，这时有

$$\frac{S_x^{*2}/\sigma_1^2}{S_y^{*2}/\sigma_2^2} \sim F(m-1, n-1),$$

其中 S_x^{*2} 是 ξ 的修正样本方差，S_y^{*2} 是 η 的修正样本方差.

取一个统计量 $F = \dfrac{S_x^{*2}}{S_y^{*2}} = \dfrac{S_x^{*2}/\sigma_1^2}{S_y^{*2}/\sigma_2^2} \cdot \dfrac{\sigma_1^2}{\sigma_2^2}$.

若 $H_0: \sigma_1^2 = \sigma_2^2$ 为真，则 $\dfrac{\sigma_1^2}{\sigma_2^2} = 1$，这时有

$$F = \frac{S_x^{*2}}{S_y^{*2}} = \frac{S_x^{*2}/\sigma_1^2}{S_y^{*2}/\sigma_2^2} \sim F(m-1, n-1).$$

若 $H_0: \sigma_1^2 = \sigma_2^2$ 不真，则有 $\dfrac{\sigma_1^2}{\sigma_2^2} \neq 1$，即 F 等于一个服从 $F(m-1, n-1)$ 分布的随机变量，再乘以一个不等于 1 的常数. 所以，这时统计量 F 的分布曲线，相对于 $F(m-1, n-1)$ 分布来说，峰值位置会有一个向左或向右的偏移.

因此可得到检验方法如下：从样本求出 $F = \dfrac{S_x^{*2}}{S_y^{*2}}$ 的值. 对于给定的显著水平 α，查表可得 F 分布的临界值 $F_{\alpha/2}(m-1, n-1)$ 和 $F_{1-\alpha/2}(m-1, n-1)$，使得

$$P\{F < F_{\alpha/2}(m-1, n-1)\} = \frac{\alpha}{2} \text{ 和} P\{F > F_{1-\alpha/2}(m-1, n-1)\} = \frac{\alpha}{2}.$$

当 $F < F_{\alpha/2}(m-1, n-1)$ 或 $F > F_{1-\alpha/2}(m-1, n-1)$ 时拒绝 H_0，否则接受 H_0.

怎样查表求 F 分布的临界值

在附录中，有 F 分布的临界值表，从中可以查到 F 分布的临界值. 查表时，

(1) 在自由度 $k_1 = m-1$ 与 $k_2 = n-1$ 的相交处，可以查到与 $p = 1 - \dfrac{\alpha}{2}$ 对应的临界值 $F_{1-\alpha/2}(m-1, n-1)$；

(2) 临界值 $F_{\alpha/2}(m-1, n-1)$ 不能直接从表中查到时，可按 6.6.4 节已证明的下述公式求出：

$$F_{\alpha/2}(m-1, n-1) = \frac{1}{F_{1-\alpha/2}(n-1, m-1)}.$$

例5　设两组工人的完工时间分别为 $\xi \sim N(\mu_1, \sigma_1^2)$ 和 $\eta \sim N(\mu_2, \sigma_2^2)$，第一组工人的人数为 $m = 10$，完工时间的样本方差为 $S_x^2 = 125.29$；第二组工人的人数为 $n = 9$，完工时间的样本方差为 $S_y^2 = 112.00$. 检验假设 $H_0: \sigma_1 = \sigma_2$.（显著水平 $\alpha = 0.05$）

解　$m = 10, S_x^2 = 125.29, S_x^{*2} = \dfrac{m}{m-1} S_x^2 = \dfrac{10}{10-1} \times 125.29 = 139.211$,

$n = 9, S_y^2 = 112.00, S_y^{*2} = \dfrac{n}{n-1} S_y^2 = \dfrac{9}{9-1} \times 112.00 = 126.000$,

$$F = \frac{S_x^{*2}}{S_y^{*2}} = \frac{139.211}{126.000} = 1.105.$$

对 $\alpha = 0.05$，自由度 $(m-1, n-1) = (9, 8)$，查 F 分布表，可得

$$F_{1-\alpha/2}(m-1, n-1) = 4.36,$$

$$F_{\alpha/2}(m-1, n-1) = \frac{1}{F_{1-\alpha/2}(n-1, m-1)} = \frac{1}{4.10} = 0.244,$$

因为 $0.244 < F = 1.105 < 4.36$，所以接受 $H_0: \sigma_1 = \sigma_2$.

7.2.6　单侧检验

前面介绍的检验都是**双侧检验**. 也就是说，要检验的原假设 H_0 是一个等式，备选假设 H_1 是与 H_0 相反的不等式. 做检验时，接受域 W_0 在中间，拒绝域 W_1 在两侧，检验统计量落在中间就接受 H_0，落在两边就拒绝 H_0. 但是，这样的检验，对有些实际问题并不适用.

例如：设某厂生产的灯泡寿命 $\xi \sim N(\mu, \sigma^2)$，现从中抽取 20 只测试寿命，测得样本均值 $\overline{X} = 1960(\text{h})$，修正样本标准差 $S^* = 200(\text{h})$. 问：能否认为灯泡的平均寿命已达到 2000 h？

在这个问题中，如果我们将原假设定为 $H_0: \mu = 2000$，将备选假设定为 $H_1: \mu \neq 2000$. 也就是说，只有当 μ 等于 2000 才接受，当 μ 大于 2000 或小于 2000 都要拒绝，这样做，显然是不符合实际的，灯泡寿命越长越好，为什么大于 2000 反而要拒绝呢？

正确的做法应该是，将这个问题的原假设定为 $H_0: \mu \geqslant 2000$，备选假设定为 $H_1: \mu < 2000$. 只有当 μ 小于 2000 时才拒绝，当 μ 大于 2000 或等于 2000 时都应该接受.

类似这样的拒绝域在单侧的检验，称为**单侧检验**. 下面用一些例子，说明单侧检验是如何进行的.

问题　设总体 $\xi \sim N(\mu, \sigma^2)$，其中 $\sigma > 0$ 未知，$(X_1, X_2, \cdots, X_n)$ 是 ξ 的样本，要检验 $H_0: \mu \geqslant \mu_0$（备选假设 $H_1: \mu < \mu_0$）.

检验方法

因为 $\xi \sim N(\mu, \sigma^2)$，由 6.7 节的定理 6.7 可知，这时有 $\dfrac{\overline{X} - \mu}{S^*} \sqrt{n} \sim t(n-1)$.

取一个统计量 $T = \dfrac{\overline{X} - \mu_0}{S^*} \sqrt{n} = \dfrac{\overline{X} - \mu}{S^*} \sqrt{n} + \dfrac{\mu - \mu_0}{S^*} \sqrt{n}$.

若 $H_0: \mu \geqslant \mu_0$ 为真，则有 $\dfrac{\mu - \mu_0}{S^*} \sqrt{n} \geqslant 0$，即 T 这个随机变量，等于一个服从 $t(n-1)$ 分布的随机变量，再加上一个大于或等于 0 的项，所以，代入样本观测值后计算的统计量 T 的

观测值也应该偏大. 因为抽样的随机性, 统计量 T 的观测值也可能偏小, 但是, 在 H_0 为真的情况下, 这种情况出现的可能性应该不大. 我们用给定的显著性水平 α 来表示这个很小的可能性, 由此就可以确定观测值偏小的临界值 $t_\alpha(n-1)$, 即 $P\{T<t_\alpha(n-1)\}=\alpha$. 因 α 很小时, $t_\alpha(n-1)$ 无法查表得到, 根据 $t_\alpha(n-1)=-t_{1-\alpha}(n-1)$ 就可以写出原假设 H_0 为真的拒绝域 $W_1=(-\infty,-t_{1-\alpha}(n-1))$.

根据样本求出 $T=\dfrac{\overline{X}-\mu_0}{S^*}\sqrt{n}$ 的值. 对于给定的显著水平 α, 自由度 $n-1$, 查附录表5可得 t 分布临界值 $t_{1-\alpha}(n-1)$, 使 $P\{T<-t_{1-\alpha}(n-1)\}=\alpha$, 当 $T<-t_{1-\alpha}(n-1)$ 时拒绝 H_0, 否则接受 H_0.

例6　设灯泡寿命 $\xi\sim N(\mu,\sigma^2)$, 抽取容量为 $n=20$ 的样本, 测得 $\overline{X}=1960(\mathrm{h})$, $S^*=200(\mathrm{h})$, 问: 能否认为灯泡的平均寿命已达到 2000h?(显著水平 $\alpha=0.05$)

解　问题相当于要检验 $H_0: \mu\geqslant 2000$(备选假设 $H_1: \mu<2000$).

已知 $n=20, \overline{X}=1960, S^*=200$, 求得

$$T=\frac{\overline{X}-\mu_0}{S^*}\sqrt{n}=\frac{1960-2000}{200}\sqrt{20}=-0.8944.$$

对 $\alpha=0.05$, 自由度 $n-1=19$, 查 t 分布表, 可得 $t_{1-\alpha}(n-1)=1.7291$, 由于 $T=-0.8944>-1.7291=-t_{1-\alpha}(n-1)$, 因此接受 $H_0: \mu\geqslant 2000$, 可以认为灯泡的平均寿命已达到 2000 h.

下面再看一种单侧检验的情形.

问题　设总体 $\xi\sim N(\mu_1,\sigma_1^2)$, $\eta\sim N(\mu_2,\sigma_2^2)$, 其中 μ_1,μ_2 都未知, $(X_1,X_2,\cdots,X_m)$, $(Y_1,Y_2,\cdots,Y_n)$ 分别是 ξ,η 的样本, 两个样本相互独立, 要检验 $H_0: \sigma_1^2\leqslant\sigma_2^2$(备选假设 $H_1: \sigma_1^2>\sigma_2^2$).

检验方法

因为 $\xi\sim N(\mu_1,\sigma_1^2)$, $\eta\sim N(\mu_2,\sigma_2^2)$, 由 6.7 节定理 6.11 可知, 这时有

$$\frac{S_x^{*2}/\sigma_1^2}{S_y^{*2}/\sigma_2^2}\sim F(m-1,n-1).$$

取一个统计量 $F=\dfrac{S_x^{*2}}{S_y^{*2}}=\dfrac{S_x^{*2}/\sigma_1^2}{S_y^{*2}/\sigma_2^2}\cdot\dfrac{\sigma_1^2}{\sigma_2^2}$.

若 $H_0: \sigma_1^2\leqslant\sigma_2^2$ 为真, 则 $\dfrac{\sigma_1^2}{\sigma_2^2}\leqslant 1$, 即 F 等于一个服从 $F(m-1,n-1)$ 分布的随机变量, 再乘以一个小于或等于 1 的常数. 所以, 这时统计量 F 的取值会偏小, 或者说 F 的分布曲线, 相对于 $F(m-1,n-1)$ 分布来说, 峰值位置相同或有一个向左的偏移.

若 $H_0: \sigma_1^2\leqslant\sigma_2^2$ 不真, 则有 $\dfrac{\sigma_1^2}{\sigma_2^2}>1$, 即 F 等于一个服从 $F(m-1,n-1)$ 分布的随机变量, 再乘以一个大于 1 的常数. 所以, 这时统计量 F 的分布曲线, 相对于 $F(m-1,n-1)$ 分布来说, 峰值位置会有一个向右的偏移.

因此可得到检验方法如下: 从样本求出 $F=\dfrac{S_x^{*2}}{S_y^{*2}}$ 的值. 对于给定的显著水平 α, 自由度

$(m-1, n-1)$，查附录表 7 可得 F 分布临界值 $F_{1-\alpha}(m-1, n-1)$，使

$$P\{F > F_{1-\alpha}(m-1, n-1)\} = \alpha,$$

当 $F > F_{1-\alpha}(m-1, n-1)$ 时拒绝 H_0，否则接受 H_0.

例 7　　对矿石含铁量，用旧方法测量 5 次，得到样本标准差 $S_x = 5.68$，用新方法测量 6 次，得到样本标准差 $S_y = 3.02$. 设用旧方法和新方法测得的含铁量分别为 $\xi \sim N(\mu_1, \sigma_1^2)$ 和 $\eta \sim N(\mu_2, \sigma_2^2)$，问：新方法测得数据的方差是否显著地小于旧方法?(显著水平 $\alpha = 0.05$)

解　　如果我们将原假设定为 $H_0: \sigma_1^2 > \sigma_2^2$，备选假设定为 $H_1: \sigma_1^2 \leqslant \sigma_2^2$，由于原假设中没有等号，检验有困难，难以给出合适的检验方法. 所以，我们把上面的原假设 H_0 与备选假设 H_1 颠倒一下，将问题改为要检验 $H_0: \sigma_1^2 \leqslant \sigma_2^2$(备选假设 $H_1: \sigma_1^2 > \sigma_2^2$).

$$m = 5, S_x = 5.68, S_x^{*2} = \frac{m}{m-1}S_x^2 = \frac{5}{5-1} \times 5.68^2 = 40.328,$$

$$n = 6, S_y = 3.02, S_y^{*2} = \frac{n}{n-1}S_y^2 = \frac{6}{6-1} \times 3.02^2 = 10.944,$$

$$F = \frac{S_x^{*2}}{S_y^{*2}} = \frac{40.328}{10.944} = 3.685.$$

对显著水平 $\alpha = 0.05$，自由度 $(m-1, n-1) = (4, 5)$，查 F 分布表，可得临界值 $F_{1-\alpha}(m-1, n-1) = 5.19$，因为 $F = 3.685 < 5.19$，所以接受假设 $H_0: \sigma_1^2 \leqslant \sigma_2^2$，拒绝假设 $H_1: \sigma_1^2 > \sigma_2^2$，结论是：不能认为新方法测得数据的方差显著地小于旧方法.

从上面 2 个例子可以看出，单侧检验与双侧检验有很多相似之处，同时，单侧检验又有它本身的特点和规律. 下面把单侧检验与双侧检验的相同和不同之处简要地列举出来. 我们只要掌握了这些规律，就能完成各种情形下的单侧检验.

单侧检验与双侧检验的相同和不同之处：

(1) 单侧检验与对应的双侧检验，检验时所用的统计量完全相同，统计量服从的分布和自由度也完全相同；

(2) 双侧检验中查分布表求临界值时，$p = 1 - \alpha/2$ 或 $p = \alpha/2$，单侧检验中查分布表求临界值时，$p = 1 - \alpha$ 或 $p = \alpha$，而且只要查出单侧的一个临界值就可以了；

(3) 设在单侧检验中，要检验 $H_0: x \leqslant x_1$(备选假设 $H_1: x > x_1$)，这时，如果检验时所用的统计量 > 右侧临界值，就拒绝 H_0，否则就接受 H_0；

(4) 设在单侧检验中，要检验 $H_0: x \geqslant x_1$(备选假设 $H_1: x < x_1$)，这时，如果检验时所用的统计量 < 左侧临界值，就拒绝 H_0，否则就接受 H_0.

在这一节里，介绍了许多双侧的、单侧的参数检验. 作为总结，我们在表 7-2 中，用表格形式列出了在各种不同情形下，正态总体参数的检验方法. 其中有几种情形，如：总体方差已知条件下均值的检验，总体均值已知条件下方差的检验，由于在实际问题中很少遇到，所以我们在前面只讲了其中的一种情况，其他都没有做详细介绍. 万一在实际中遇到这样的情况，我们可按照表中给出的检验方法进行检验. 这些情形下的检验方法，虽然我们没有做过推导，但有兴趣的读者不难从 6.7 节中相应的定理出发，自行把它们推导出来.

表7-2 正态总体参数的假设检验

	检验 H_0	条 件	检验时所用的统计量	分 布
单个总体	$\mu = \mu_0$	已知 $\sigma = \sigma_0$	$U = \dfrac{\overline{X} - \mu_0}{\sigma_0}\sqrt{n}$	$N(0,1)$
		σ 未知	$T = \dfrac{\overline{X} - \mu_0}{S^*}\sqrt{n}$	$t(n-1)$
	$\sigma^2 = \sigma_0^2$	已知 $\mu = \mu_0$	$\chi^2 = \dfrac{nS^2 + n(\overline{X} - \mu_0)^2}{\sigma_0^2}$	$\chi^2(n)$
		μ 未知	$\chi^2 = \dfrac{nS^2}{\sigma_0^2}$	$\chi^2(n-1)$
两个总体	$\mu_1 = \mu_2$	σ_1, σ_2 已知	$U = \dfrac{\overline{X} - \overline{Y}}{\sqrt{\dfrac{\sigma_1^2}{m} + \dfrac{\sigma_2^2}{n}}}$	$N(0,1)$
		σ_1, σ_2 未知 但有 $\sigma_1 = \sigma_2$	$T = \dfrac{\overline{X} - \overline{Y}}{S_w\sqrt{\dfrac{1}{m} + \dfrac{1}{n}}}$	$t(m+n-2)$
	$\sigma_1^2 = \sigma_2^2$	μ_1, μ_2 已知	$F = \dfrac{S_x^2 + (\overline{X} - \mu_1)^2}{S_y^2 + (\overline{Y} - \mu_2)^2}$	$F(m,n)$
		μ_1, μ_2 未知	$F = \dfrac{S_x^{*2}}{S_y^{*2}}$	$F(m-1,n-1)$

思考题2

关于正态总体期望的检验,若 $H_0: \mu \leqslant \mu_0$ 在显著性水平 $\alpha = 0.01$ 时被拒绝. 问:在显著性水平 $\alpha = 0.05$ 下对 H_0 进行检验,结论会如何?

7.3 正态总体参数的区间估计

7.3.1 区间估计的基本思想

前面我们介绍过参数的点估计,所谓点估计,就是用一个统计量 $\hat{\theta}$ 来作为总体分布中未知参数 θ 的估计. 既然是估计,当然不可能完全精确,只能说 $\hat{\theta}$ 分布在 θ 的附近. 但是,"附近"是一个很模糊的概念,我们无法知道估计的精确程度究竟如何.

如果我们能给出一个区间 $[\underline{\theta}, \overline{\theta}]$,并且能够保证这个区间以某个给定的较大的概率(例如 95%、99%)包含未知的参数,这显然要比点估计好得多,我们不仅可以知道未知参数近似值的大小,还可以知道估计的精确程度如何. 这样的估计就叫作**区间估计**.

定义 7.1 设 θ 是总体分布中的未知参数,如果对于一个事先给定的概率 $1-\alpha$(例如 $1-\alpha = 0.90, 0.95$ 或 0.99),能够找到样本统计量 $\underline{\theta}$ 和 $\overline{\theta}$,使得

$$P\{\underline{\theta} \leqslant \theta \leqslant \overline{\theta}\} = 1 - \alpha,$$

则称 $[\underline{\theta}, \overline{\theta}]$ 为未知参数 θ 的**置信区间**,称概率 $1-\alpha$ 为**置信水平**,称 $\underline{\theta}$ 为**置信下限**,称 $\overline{\theta}$ 为**置信上限**.

下面看几种具体的情况,用它们作为例子,说明区间估计是如何进行的.

7.3.2　单个总体,方差未知时,均值的置信区间

问题　设总体 $\xi \sim N(\mu, \sigma^2)$,其中 $\sigma > 0$ 未知,$(X_1, X_2, \cdots, X_n)$ 是 ξ 的样本,要求 μ 的水平为 $1-\alpha$ 的置信区间.

分析推导

因为 $\xi \sim N(\mu, \sigma^2)$,由 6.7 节的定理 6.7 可知,这时有 $\dfrac{\overline{X} - \mu}{S^*} \sqrt{n} \sim t(n-1)$.

所以,对于给定的置信水平 $1-\alpha$,自由度 $n-1$,查 t 分布表可得 t 分布的临界值 $t_{1-\alpha/2}(n-1)$,使

$$P\left\{\left|\frac{\overline{X} - \mu}{S^*} \sqrt{n}\right| > t_{1-\alpha/2}(n-1)\right\} = \alpha,$$

即

$$P\left\{\left|\frac{\overline{X} - \mu}{S^*} \sqrt{n}\right| \leqslant t_{1-\alpha/2}(n-1)\right\} = 1 - \alpha,$$

故有

$$P\left\{\overline{X} - t_{1-\alpha/2}(n-1) \frac{S^*}{\sqrt{n}} \leqslant \mu \leqslant \overline{X} + t_{1-\alpha/2}(n-1) \frac{S^*}{\sqrt{n}}\right\} = 1 - \alpha.$$

令

$$\underline{\theta} = \overline{X} - t_{1-\alpha/2}(n-1) \frac{S^*}{\sqrt{n}}, \quad \overline{\theta} = \overline{X} + t_{1-\alpha/2}(n-1) \frac{S^*}{\sqrt{n}},$$

则有 $P\{\underline{\theta} \leqslant \mu \leqslant \overline{\theta}\} = 1 - \alpha$,按照定义,$[\underline{\theta}, \overline{\theta}]$ 就是 μ 的水平为 $1-\alpha$ 的置信区间.

例 1　一些著名科学家做出重大发现时的年龄如下:

哥白尼	40 岁	伽利略	34 岁	牛顿	23 岁	富兰克林	40 岁
拉瓦锡	31 岁	赖尔	33 岁	达尔文	49 岁	麦克斯韦	33 岁
居里	34 岁	普朗克	43 岁	爱因斯坦	26 岁	薛定谔	39 岁

设年龄 $\xi \sim N(\mu, \sigma^2)$,求 μ 的水平为 95% 的置信区间.

解　样本容量 $n = 12$,样本均值 $\overline{X} = 35.417$,修正样本标准差 $S^* = 7.2295$.

对 $1 - \alpha = 0.95, \alpha = 0.05, \alpha/2 = 0.025, 1 - \alpha/2 = 0.975$,自由度 $n - 1 = 11$,查 t 分布表可得 $t_{1-\alpha/2}(n-1) = 2.2010$.

$$t_{1-\alpha/2}(n-1) \frac{S^*}{\sqrt{n}} = 2.2010 \times \frac{7.2295}{\sqrt{12}} = 4.593,$$

$$\underline{\theta} = \overline{X} - t_{1-\alpha/2}(n-1) \frac{S^*}{\sqrt{n}} = 35.417 - 4.593 = 30.824,$$

$$\overline{\theta} = \overline{X} + t_{1-\alpha/2}(n-1) \frac{S^*}{\sqrt{n}} = 35.417 + 4.593 = 40.010.$$

求得 μ 的水平为 95% 的置信区间为 $[30.824, 40.010]$.

7.3.3 单个总体,均值未知时,方差的置信区间

问题 设总体 $\xi \sim N(\mu, \sigma^2)$,其中 μ 未知,$(X_1, X_2, \cdots, X_n)$ 是 ξ 的样本,要求 σ^2 的水平为 $1-\alpha$ 的置信区间.

分析推导

因为 $\xi \sim N(\mu, \sigma^2)$,由 6.7 节的定理 6.5 可知,这时有 $\dfrac{nS^2}{\sigma^2} \sim \chi^2(n-1)$.

对于给定的置信水平 $1-\alpha$,自由度 $n-1$,查 χ^2 分布表可得 χ^2 分布的临界值 $\chi^2_{\alpha/2}(n-1)$ 和 $\chi^2_{1-\alpha/2}(n-1)$,使得

$$P\left\{\frac{nS^2}{\sigma^2} < \chi^2_{\alpha/2}(n-1)\right\} = \frac{\alpha}{2} \quad \text{以及} \quad P\left\{\frac{nS^2}{\sigma^2} > \chi^2_{1-\alpha/2}(n-1)\right\} = \frac{\alpha}{2},$$

即有

$$P\left\{\chi^2_{\alpha/2}(n-1) \leqslant \frac{nS^2}{\sigma^2} \leqslant \chi^2_{1-\alpha/2}(n-1)\right\} = 1-\alpha,$$

故

$$P\left\{\frac{nS^2}{\chi^2_{1-\alpha/2}(n-1)} \leqslant \sigma^2 \leqslant \frac{nS^2}{\chi^2_{\alpha/2}(n-1)}\right\} = 1-\alpha.$$

令 $\underline{\theta} = \dfrac{nS^2}{\chi^2_{1-\alpha/2}(n-1)}$,$\bar{\theta} = \dfrac{nS^2}{\chi^2_{1-\alpha/2}(n-1)}$,则有 $P\{\underline{\theta} \leqslant \sigma^2 \leqslant \bar{\theta}\} = 1-\alpha$,按照定义,$[\underline{\theta}, \bar{\theta}]$ 就是 σ^2 的水平为 $1-\alpha$ 的置信区间.

同时,由 $P\{\underline{\theta} \leqslant \sigma^2 \leqslant \bar{\theta}\} = 1-\alpha$ 可知,$P\{\sqrt{\underline{\theta}} \leqslant \sigma \leqslant \sqrt{\bar{\theta}}\} = 1-\alpha$,所以顺便还可推导出,$\sigma$ 的水平为 $1-\alpha$ 的置信区间为 $[\sqrt{\underline{\theta}}, \sqrt{\bar{\theta}}]$.

例 2 设科学家做出重大发现时的年龄为 $\xi \sim N(\mu, \sigma^2)$,对容量为 $n=12$ 的样本,已求得修正样本标准差 $S^* = 7.2295$,求 σ^2 和 σ 的水平为 95% 的置信区间.

解 $n=12$,$S^* = 7.2295$,$nS^2 = (n-1)S^{*2} = (12-1) \times 7.2295^2 = 574.92$.

对 $1-\alpha = 0.95$,$\alpha = 0.05$,$\alpha/2 = 0.025$,$1-\alpha/2 = 0.975$,自由度 $n-1 = 11$,查 χ^2 分布表,可得 $\chi^2_{\alpha/2}(n-1) = 3.816$,$\chi^2_{1-\alpha/2}(n-1) = 21.920$.

$$\underline{\theta} = \frac{nS^2}{\chi^2_{1-\alpha/2}(n-1)} = \frac{574.92}{21.920} = 26.23, \quad \bar{\theta} = \frac{nS^2}{\chi^2_{\alpha/2}(n-1)} = \frac{574.92}{3.816} = 150.66.$$

求得 σ^2 的水平为 95% 的置信区间为 $[26.23, 150.66]$.

又因为 $\sqrt{\underline{\theta}} = \sqrt{26.23} = 5.12$,$\sqrt{\bar{\theta}} = \sqrt{150.66} = 12.27$,所以,$\sigma$ 的水平 95% 的置信区间为 $[5.12, 12.27]$.

7.3.4 两个总体,方差未知但相等时,均值之差的置信区间

问题 设总体 $\xi \sim N(\mu_1, \sigma_1^2)$,$\eta \sim N(\mu_2, \sigma_2^2)$,其中 σ_1, σ_2 都未知,但已知 $\sigma_1 = \sigma_2$,$(X_1, X_2, \cdots, X_m)$,$(Y_1, Y_2, \cdots, Y_n)$ 分别是 ξ, η 的样本,两个样本相互独立,要求 $\mu_1 - \mu_2$ 的水平为 $1-\alpha$ 的置信区间.

分析推导

因为 $\xi \sim N(\mu_1, \sigma_1^2), \eta \sim N(\mu_2, \sigma_2^2), \sigma_1 = \sigma_2$，由 6.7 节的定理 6.9 可知，这时有

$\dfrac{(\overline{X} - \overline{Y}) - (\mu_1 - \mu_2)}{S_w \sqrt{\dfrac{1}{m} + \dfrac{1}{n}}} \sim t(m + n - 2)$，其中，$S_w = \sqrt{\dfrac{mS_x^2 + nS_y^2}{m + n - 2}}$.

对于给定的置信水平 $1 - \alpha$，自由度 $m + n - 2$，查 t 分布表可求得 t 分布的临界值 $t_{1-\alpha/2}(m + n - 2)$，使得

$$P\left\{ \left| \frac{(\overline{X} - \overline{Y}) - (\mu_1 - \mu_2)}{S_w \sqrt{\dfrac{1}{m} + \dfrac{1}{n}}} \right| > t_{1-\alpha/2}(m + n - 2) \right\} = \alpha,$$

即

$$P\left\{ \left| \frac{(\overline{X} - \overline{Y}) - (\mu_1 - \mu_2)}{S_w \sqrt{\dfrac{1}{m} + \dfrac{1}{n}}} \right| \leqslant t_{1-\alpha/2}(m + n - 2) \right\} = 1 - \alpha,$$

于是有

$$P\left\{ \overline{X} - \overline{Y} - t_{1-\alpha/2} S_w \sqrt{\frac{1}{m} + \frac{1}{n}} \leqslant \mu_1 - \mu_2 \leqslant \overline{X} - \overline{Y} + t_{1-\alpha/2} S_w \sqrt{\frac{1}{m} + \frac{1}{n}} \right\} = 1 - \alpha.$$

令

$$\underline{\theta} = \overline{X} - \overline{Y} - t_{1-\alpha/2}(m + n - 2) S_w \sqrt{\frac{1}{m} + \frac{1}{n}},$$

$$\overline{\theta} = \overline{X} - \overline{Y} + t_{1-\alpha/2}(m + n - 2) S_w \sqrt{\frac{1}{m} + \frac{1}{n}},$$

则有 $P\{\underline{\theta} \leqslant \mu_1 - \mu_2 \leqslant \overline{\theta}\} = 1 - \alpha$，按照定义，$[\underline{\theta}, \overline{\theta}]$ 就是 $\mu_1 - \mu_2$ 的水平为 $1 - \alpha$ 的置信区间.

例 3　某厂生产两批导线，从第一批导线中抽取 4 根，测得其电阻的样本均值 $\overline{X} = 0.1425$，样本标准差 $S_x = 0.00289$；从第二批导线中抽取 5 根，测得其电阻的样本均值 $\overline{Y} = 0.1392$，样本标准差 $S_y = 0.00229$.

设这两批导线的电阻分别为 $\xi \sim N(\mu_1, \sigma_1^2)$ 和 $\eta \sim N(\mu_2, \sigma_2^2)$，其中 $\sigma_1 = \sigma_2$，求 $\mu_1 - \mu_2$ 的水平为 95% 的置信区间.

解　$S_w = \sqrt{\dfrac{mS_x^2 + nS_y^2}{m + n - 2}} = \sqrt{\dfrac{4 \times 0.00289^2 + 5 \times 0.00229^2}{4 + 5 - 2}} = 0.00292$，

对 $1 - \alpha = 0.95, \alpha = 0.05, \alpha/2 = 0.025, 1 - \alpha/2 = 0.975$，自由度 $m + n - 2 = 7$，查 t 分布表，可得 $t_{1-\alpha/2}(m + n - 2) = 2.3646$，

$$t_{1-\alpha/2}(m + n - 2) S_w \sqrt{\frac{1}{m} + \frac{1}{n}} = 2.3646 \times 0.00292 \times \sqrt{\frac{1}{4} + \frac{1}{5}} = 0.00463,$$

$$\underline{\theta} = \overline{X} - \overline{Y} - t_{1-\alpha/2}(m + n - 2) S_w \sqrt{\frac{1}{m} + \frac{1}{n}} = 0.1425 - 0.1392 - 0.00463 = -0.0013,$$

$$\overline{\theta} = \overline{X} - \overline{Y} + t_{1-\alpha/2}(m + n - 2) S_w \sqrt{\frac{1}{m} + \frac{1}{n}} = 0.1425 - 0.1392 + 0.00463 = 0.0079.$$

$\mu_1 - \mu_2$ 的水平为 95% 的置信区间为 $[-0.0013, 0.0079]$.

7.3.5 两个总体,均值未知时,方差之比的置信区间

问题 设总体 $\xi \sim N(\mu_1, \sigma_1^2), \eta \sim N(\mu_2, \sigma_2^2)$,其中 μ_1, μ_2 都未知,$(X_1, X_2, \cdots, X_m)$,$(Y_1, Y_2, \cdots, Y_n)$ 分别是 ξ, η 的样本,两个样本相互独立,要求 σ_1^2/σ_2^2 的水平为 $1-\alpha$ 的置信区间.

分析推导

因为 $\xi \sim N(\mu_1, \sigma_1^2), \eta \sim N(\mu_2, \sigma_2^2)$,由 6.7 节定理 6.11 可知,这时有

$$\frac{S_x^{*2}/\sigma_1^2}{S_y^{*2}/\sigma_2^2} \sim F(m-1, n-1).$$

对于给定的置信水平 $1-\alpha$,自由度 $(m-1, n-1)$,查表可得 F 分布的临界值 $F_{\alpha/2}(m-1, n-1)$ 和 $F_{1-\alpha/2}(m-1, n-1)$,使得

$$P\left\{\frac{S_x^{*2}/\sigma_1^2}{S_y^{*2}/\sigma_2^2} < F_{\alpha/2}(m-1, n-1)\right\} = \frac{\alpha}{2} \text{ 和 } P\left\{\frac{S_x^{*2}/\sigma_1^2}{S_y^{*2}/\sigma_2^2} > F_{1-\alpha/2}(m-1, n-1)\right\} = \frac{\alpha}{2},$$

即有

$$P\left\{F_{\alpha/2}(m-1, n-1) \leqslant \frac{S_x^{*2}/\sigma_1^2}{S_y^{*2}/\sigma_2^2} \leqslant F_{1-\alpha/2}(m-1, n-1)\right\} = 1-\alpha,$$

$$P\left\{\frac{S_x^{*2}/S_y^{*2}}{F_{1-\alpha/2}(m-1, n-1)} \leqslant \sigma_1^2/\sigma_2^2 \leqslant \frac{S_x^{*2}/S_y^{*2}}{F_{\alpha/2}(m-1, n-1)}\right\} = 1-\alpha.$$

令

$$\underline{\theta} = \frac{S_x^{*2}/S_y^{*2}}{F_{1-\alpha/2}(m-1, n-1)}, \qquad \bar{\theta} = \frac{S_x^{*2}/S_y^{*2}}{F_{\alpha/2}(m-1, n-1)},$$

则有 $P\{\underline{\theta} \leqslant \sigma_1^2/\sigma_2^2 \leqslant \bar{\theta}\} = 1-\alpha$,按照定义,$[\underline{\theta}, \bar{\theta}]$ 就是 σ_1^2/σ_2^2 的水平为 $1-\alpha$ 的置信区间.

例 4 对甲、乙两厂生产的电池做抽查,测得使用寿命(单位:h) 如下

甲厂电池寿命	550, 540, 600, 510
乙厂电池寿命	635, 580, 595, 660, 640

设甲、乙两厂生产的电池,使用寿命分别为 $\xi \sim N(\mu_1, \sigma_1^2)$ 和 $\eta \sim N(\mu_2, \sigma_2^2)$,求 σ_1^2/σ_2^2 的水平为 95% 的置信区间.

解 $m = 4, S_x^{*2} = 1400, n = 5, S_y^{*2} = 1107.5, \quad \dfrac{S_x^{*2}}{S_y^{*2}} = \dfrac{1400}{1107.5} = 1.264.$

对 $1-\alpha = 0.95, \alpha/2 = 0.025, 1-\alpha/2 = 0.975$,自由度 $(m-1, n-1) = (3, 4)$,查 F 分布表,可得

$$F_{1-\alpha/2}(m-1, n-1) = 9.98,$$

$$F_{\alpha/2}(m-1, n-1) = \frac{1}{F_{1-\alpha/2}(n-1, m-1)} = \frac{1}{15.1} = 0.0662.$$

$$\underline{\theta} = \frac{S_x^{*2}/S_y^{*2}}{F_{1-\alpha/2}(m-1, n-1)} = \frac{1.264}{9.98} = 0.1267,$$

$$\bar{\theta} = \frac{S_x^{*2}/S_y^{*2}}{F_{\alpha/2}(m-1, n-1)} = \frac{1.264}{0.0662} = 19.09.$$

σ_1^2/σ_2^2 的水平为 95% 的置信区间为 $[0.1267, 19.09]$.

7.3.6　区间估计的一般步骤

从上面几种情况的例子中,我们可以总结出区间估计的一般步骤如下:

(1) 选取一个含有未知参数 θ 并且分布已知的由样本构成的随机变量(这样的随机变量也称**枢轴量**);

(2) 对于给定的置信水平 $1-\alpha$,查枢轴量的分布表,像在假设检验中一样,求出临界值,用它划分接受域 W_0 和拒绝域 W_1,使得 $P\{$枢轴量 $\in W_0\}=1-\alpha$;

(3) 把枢轴量 $\in W_0$ 等价变换成 $\underline{\theta}\leqslant\theta\leqslant\overline{\theta}$,得到 $P\{\underline{\theta}\leqslant\theta\leqslant\overline{\theta}\}=1-\alpha$,区间 $[\underline{\theta},\overline{\theta}]$ 就是未知参数 θ 的水平为 $1-\alpha$ 的置信区间.

我们可以看出,参数的区间估计与参数的假设检验是互相对应、密切相关的. 有一种参数的区间估计,就有一种参数的假设检验,反过来也一样.

作为总结,我们在表 7-3 中,列出了在各种情形下,求正态总体参数的置信区间的公式. 其中有四种情形,我们在前面已经做了介绍,但还有一些情况,前面没有讲到. 对于这些前面没有讲到过的情况,当我们需要求置信区间时,可以直接按照表中的公式进行计算. 有兴趣的读者可以利用 6.7 节中的定理,将我们未曾推导过的计算公式自行推导出来.

表 7-3　正态总体参数的置信区间

	待估参数	条　件	置信区间 $[\underline{\theta},\overline{\theta}]$	分　布
单个总体	μ	已知 $\sigma=\sigma_0$	$\underline{\theta},\overline{\theta}=\overline{X}\mp u_{1-\alpha/2}\dfrac{\sigma_0}{\sqrt{n}}$	$N(0,1)$
		σ 未知	$\underline{\theta},\overline{\theta}=\overline{X}\mp t_{1-\alpha/2}\dfrac{S^*}{\sqrt{n}}$	$t(n-1)$
	σ^2	已知 $\mu=\mu_0$	$\underline{\theta}=\dfrac{nS^2+n(\overline{X}-\mu_0)^2}{\chi^2_{1-\alpha/2}}$ $\overline{\theta}=\dfrac{nS^2+n(\overline{X}-\mu_0)^2}{\chi^2_{\alpha/2}}$	$\chi^2(n)$
		μ 未知	$\underline{\theta}=\dfrac{nS^2}{\chi^2_{1-\alpha/2}},\quad \overline{\theta}=\dfrac{nS^2}{\chi^2_{\alpha/2}}$	$\chi^2(n-1)$
两个总体	$\mu_1-\mu_2$	σ_1,σ_2 已知	$\underline{\theta},\overline{\theta}=\overline{X}-\overline{Y}\mp u_{1-\alpha/2}\sqrt{\dfrac{\sigma_1^2}{m}+\dfrac{\sigma_2^2}{n}}$	$N(0,1)$
		σ_1,σ_2 未知 但有 $\sigma_1=\sigma_2$	$\underline{\theta},\overline{\theta}=\overline{X}-\overline{Y}\mp t_{1-\alpha/2}S_w\sqrt{\dfrac{1}{m}+\dfrac{1}{n}}$	$t(m+n-2)$
	σ_1^2/σ_2^2	μ_1,μ_2 已知	$\underline{\theta}=\dfrac{S_x^2+(\overline{X}-\mu_1)^2}{S_y^2+(\overline{Y}-\mu_2)^2}/F_{1-\alpha/2}$ $\overline{\theta}=\dfrac{S_x^2+(\overline{X}-\mu_1)^2}{S_y^2+(\overline{Y}-\mu_2)^2}/F_{\alpha/2}$	$F(m,n)$
		μ_1,μ_2 未知	$\underline{\theta}=\dfrac{S_x^{*2}/S_y^{*2}}{F_{1-\alpha/2}},\quad \overline{\theta}=\dfrac{S_x^{*2}/S_y^{*2}}{F_{\alpha/2}}$	$F(m-1,n-1)$

思考题3

对于单正态总体期望 μ 的区间估计,置信区间的中点是什么?置信区间的长度是多少?当样本容量 n 增加时,置信区间的长度如何变化?

7.4 总体分布的检验*

前面讲到的假设检验都是**参数检验**,也就是说,检验时,总体分布的形式是已知的,只是要对分布中一些未知参数做检验.

但是,有时情况并非如此,在有些问题中,总体服从什么分布是未知的,我们的任务,就是要对总体是否服从某个分布做检验. 这样的检验称为**总体分布的检验**,它是一种**非参数检验**.

7.4.1 不含未知参数的总体分布的检验

前面介绍过一种非参数估计方法,即用频率直方图来估计总体 ξ 的分布. 它的做法是:作分点 $a = a_0 < a_1 < a_2 < \cdots < a_r = b$,将 ξ 的取值范围 $[a,b]$ 分成 r 个区间. 设共进行了 n 次试验,落在区间 $(a_{k-1}, a_k]$ 中的样本观测值的个数为 n_k,n_k/n 为频率. 在每一个区间 $(a_{k-1}, a_k]$ 上,以 $\dfrac{n_k/n}{a_k - a_{k-1}}$ 为高度,作长方形. 这样得到由一排长方形构成的频率直方图.

设 $p_k = P\{a_{k-1} < \xi \leqslant a_k\}$ 是总体 ξ 落在区间 $(a_{k-1}, a_k]$ 中的概率,由于样本落在区间 $(a_{k-1}, a_k]$ 中的频率 $\approx$ 总体落在区间 $(a_{k-1}, a_k]$ 中的概率,所以,有 $n_k/n \approx p_k (k = 1, 2, \cdots, r)$.

现在的问题是要检验总体 ξ 是否服从某个已知的分布 $F_0(x)$. 一方面,可以从 ξ 的样本求出 n_k/n;另一方面,可以从 $F_0(x)$ 求出 $p_k = P\{a_{k-1} < \xi \leqslant a_k\}$. 如果 ξ 服从 $F_0(x)$,则有 $n_k/n \approx p_k$,即有 $n_k \approx np_k$;如果 ξ 不服从 $F_0(x)$,则 n_k 与 np_k 的差别就会很大. 正是从这一思想出发,产生了下列检验一个总体是否服从某个已知分布的一种检验方法.

问题 设 n_k 是总体 ξ 的样本落在区间 $(a_{k-1}, a_k]$ 中的频数 $(k = 1, 2, \cdots, r)$,要检验 $H_0: \xi \sim F_0(x)$,其中,$F_0(x)$ 是某个已知的不含未知参数的分布.

检验方法

从 $F_0(x)$ 求出 $p_k = P\{a_{k-1} < \xi \leqslant a_k\}$ $(k = 1, 2, \cdots, r)$.

可以证明,若 H_0 为真,则当 ξ 的样本观测次数 $n \to \infty$ 时,有

$$\chi^2 = \sum_{k=1}^{r} \frac{(n_k - np_k)^2}{np_k} \sim \chi^2(r-1);$$

若 H_0 不真,则 χ^2 的值会偏大,统计量 χ^2 的分布,相对于 $\chi^2(r-1)$ 分布来说,峰值位置会有一个向右的偏移.

因此可得到检验方法如下:对于给定的显著水平 α,自由度 $r-1$,查附录表6可得 χ^2 分布的临界值 $\chi^2_{1-\alpha}(r-1)$,使得 $P\{\chi^2 > \chi^2_{1-\alpha}(r-1)\} = \alpha$,从样本求出 χ^2 的值. 当 $\chi^2 > \chi^2_{1-\alpha}(r-1)$ 时拒绝 H_0;否则接受 H_0.

注意

(1) 查 χ^2 分布表求临界值时,在自由度 $k = r-1$ 与 $p = 1-\alpha$ 相交处查得 $\chi^2_{1-\alpha}(r-1)$;

(2) 为了保证检验结果比较可靠,最好有 $n \geqslant 50, n_k \geqslant 5 \ (k = 1, 2, \cdots, r)$,如果有一些 $n_k < 5$,可将相邻的区间合并成一个区间;

(3) 计算 χ^2 时,可以用简化公式 $\chi^2 = \dfrac{1}{n} \sum\limits_{k=1}^{r} \dfrac{n_k^2}{p_k} - n$,为什么可以这样简化?下面给出证明.

证

$$\chi^2 = \sum_{k=1}^{r} \frac{(n_k - np_k)^2}{np_k} = \sum_{k=1}^{r} \frac{n_k^2 - 2n_k np_k + (np_k)^2}{np_k}$$

$$= \frac{1}{n} \sum_{k=1}^{r} \frac{n_k^2}{p_k} - 2 \sum_{k=1}^{r} n_k + n \sum_{k=1}^{r} p_k = \frac{1}{n} \sum_{k=1}^{r} \frac{n_k^2}{p_k} - n.$$

例 1　开奖机中有编号为 $1, 2, 3, 4$ 的四种奖球,在过去已经开出的 100 个号码中,出现号码 $1, 2, 3, 4$ 的次数依次为 36 次, 27 次, 22 次和 15 次.问:这台开奖机开出各种号码的概率是否相等?(显著水平 $\alpha = 0.05$)

解　开奖机开出的号码可以看作是一个总体 ξ,问题相当于要检验假设

$$H_0 : \xi \sim P\{\xi = k\} = \frac{1}{4} \ (k = 1, 2, 3, 4).$$

作分点 $0.5 < 1.5 < 2.5 < 3.5 < 4.5$,把 ξ 的取值范围分成下列 4 个区间

$$(k - 0.5, k + 0.5] \ (k = 1, 2, 3, 4).$$

H_0 为真时, ξ 落在各区间中的概率为

$$p_k = P\{k - 0.5 < \xi \leqslant k + 0.5\} = P\{\xi = k\} = \frac{1}{4} \ (k = 1, 2, 3, 4).$$

即有

区间	$(0.5, 1.5]$	$(1.5, 2.5]$	$(2.5, 3.5]$	$(3.5, 4.5]$
频数 n_k	36	27	22	15
概率 p_k	1/4	1/4	1/4	1/4

$$\chi^2 = \frac{1}{n} \sum_{k=1}^{r} \frac{n_k^2}{p_k} - n = \frac{1}{100} \left(\frac{36^2}{1/4} + \frac{27^2}{1/4} + \frac{22^2}{1/4} + \frac{15^2}{1/4} \right) - 100 = 9.36.$$

对显著水平 $\alpha = 0.05$,自由度 $r - 1 = 3$,查 χ^2 分布表,可得 $\chi_{1-\alpha}^2(r-1) = 7.815$. 由于 $\chi^2 = 9.36 > 7.815$,拒绝 $H_0 : \xi \sim P\{\xi = k\} = 1/4$,所以,检验的结论是:这台开奖机开出各种号码的概率并不相等.

7.4.2　含有未知参数的总体分布的检验

问题　设 n_k 是总体 ξ 的样本落在区间 $(a_{k-1}, a_k]$ 中的频数 $(k = 1, 2, \cdots, r)$,要检验 $H_0 : \xi \sim F_0(x)$,这里, $F_0(x)$ 是某个形式已知的分布,其中含有 m 个未知参数 $\theta_1, \theta_2, \cdots, \theta_m$.

检验方法

求出 $\theta_1, \theta_2, \cdots, \theta_m$ 的极大似然估计 $\hat{\theta}_1, \hat{\theta}_2, \cdots, \hat{\theta}_m$，用它们代入 $F_0(x)$，计算总体 ξ 落在各个区间 $(a_{k-1}, a_k]$ 中的概率的估计值

$$\hat{p}_k = \hat{P}\{a_{k-1} < \xi \leqslant a_k\} \ (k = 1, 2, \cdots, r).$$

可以证明，若 H_0 为真，则当 ξ 的样本观测次数 $n \to \infty$ 时，有

$$\chi^2 = \frac{1}{n} \sum_{k=1}^{r} \frac{n_k^2}{\hat{p}_k} - n \sim \chi^2(r-m-1);$$

若 H_0 不真，则 χ^2 的值会偏大，统计量 χ^2 的分布，相对于 $\chi^2(r-m-1)$ 分布来说，峰值位置会有一个向右的偏移.

因此可得到检验方法如下：对于给定的显著水平 α，自由度 $r-m-1$，查 χ^2 分布表，可得 $\chi^2_{1-\alpha}(r-m-1)$，使得 $P\{\chi^2 > \chi^2_{1-\alpha}(r-m-1)\} = \alpha$，从样本求出 χ^2 的值. 当 $\chi^2 > \chi^2_{1-\alpha}(r-m-1)$ 时拒绝 H_0；否则接受 H_0.

例 2 一本书共 200 页，对每一页上的错字个数统计如下：

每一页上的错字个数 x_k	0	1	2	3
出现这种情况的页数 n_k	132	51	12	5

问：每一页上的错字个数 ξ 是否服从普阿松分布？（显著水平 $\alpha = 0.05$）

解 问题相当于要检验 $H_0: \xi \sim P(\lambda)$，其中含有一个未知参数 λ.

先求 λ 的极大似然估计. 易证当总体服从普阿松分布时，未知参数 λ 的极大似然估计为 $\hat{\lambda} = \overline{X}$. 所以有

$$\hat{\lambda} = \overline{x} = \frac{1}{n} \sum_{k=1}^{r} n_k x_k = \frac{1}{200}(132 \times 0 + 51 \times 1 + 12 \times 2 + 5 \times 3) = 0.45.$$

作分点 $-0.5 < 0.5 < 1.5 < 2.5 < +\infty$，把 ξ 的取值范围分成 4 个区间.

H_0 为真时，ξ 落在各区间中的概率的估计值为

$$\hat{p}_1 = \hat{P}\{-0.5 < \xi \leqslant 0.5\} = \hat{P}\{\xi = 0\} = \frac{\hat{\lambda}^0}{0!} e^{-\hat{\lambda}} = \frac{0.45^0}{0!} \times e^{-0.45} = 0.63763,$$

$$\hat{p}_2 = \hat{P}\{0.5 < \xi \leqslant 1.5\} = \hat{P}\{\xi = 1\} = \frac{\hat{\lambda}^1}{1!} e^{-\hat{\lambda}} = \frac{0.45^1}{1!} \times e^{-0.45} = 0.28693,$$

$$\hat{p}_3 = \hat{P}\{1.5 < \xi \leqslant 2.5\} = \hat{P}\{\xi = 2\} = \frac{\hat{\lambda}^2}{2!} e^{-\hat{\lambda}} = \frac{0.45^2}{2!} \times e^{-0.45} = 0.06456,$$

$$\hat{p}_4 = \hat{P}\{2.5 < \xi < +\infty\} = 1 - \hat{P}\{\xi \leqslant 2.5\} = 1 - \hat{p}_1 - \hat{p}_2 - \hat{p}_3$$
$$= 1 - 0.63763 - 0.28693 - 0.06456 = 0.01088.$$

$$\chi^2 = \frac{1}{n} \sum_{k=1}^{r} \frac{n_k^2}{\hat{p}_k} - n$$

$$= \frac{1}{200} \times \left(\frac{132^2}{0.63763} + \frac{51^2}{0.28693} + \frac{12^2}{0.06456} + \frac{5^2}{0.01088} \right) - 200 = 4.598.$$

对 $\alpha = 0.05$,自由度 $r - m - 1 = 2$,查 χ^2 分布表,可得 $\chi^2_{1-\alpha}(r-m-1) = 5.991$,由于 $\chi^2 = 4.598 < 5.991$,因此接受 $H_0: \xi \sim P(\lambda)$,可以认为每一页上的错字个数服从普阿松分布$\left(\text{注:本例中}\hat{p}_4 \text{不能用}\hat{p}_4 = \frac{0.45^3}{3!}e^{-0.45}\text{来求,因为}\sum_{i=1}^{r}\hat{p}_i = 1\text{不满足}\right)$.

例3　某班 50 个学生的一次考试成绩统计如下:

成绩	60分以下	60分~70分	70分~80分	80分~90分	90分以上
人数	6	8	12	14	10

已经算出学生考试成绩的样本均值为 $\overline{X} = 77.52$,样本标准差为 $S = 14.71$. 问:学生的考试成绩 ξ 是否服从正态分布?(显著水平 $\alpha = 0.05$)

解　问题相当于要检验 $H_0: \xi \sim N(\mu, \sigma^2)$,其中,参数 μ, σ 都未知.

先求正态分布未知参数 μ, σ 的极大似然估计. 在 6.4.2 节的例 4 中,我们已经推导出,μ,σ 的极大似然估计分别是 $\overline{X}$ 和 S,所以有

$$\hat{\mu} = \overline{X} = 77.52, \quad \hat{\sigma} = S = 14.71$$

作分点 $-\infty < 60 < 70 < 80 < 90 < +\infty$,把 ξ 的取值范围分成 5 个区间.

总体 ξ 落在各个区间 $(a_{k-1}, a_k]$ 中的概率的估计值 $\hat{p}_k$ 可由下式求出

$$\hat{p}_k = \hat{P}\{a_{k-1} < \xi \leqslant a_k\} = \hat{P}\{\xi \leqslant a_k\} - \hat{P}\{\xi \leqslant a_{k-1}\} = \Phi\left(\frac{a_k - \hat{\mu}}{\hat{\sigma}}\right) - \Phi\left(\frac{a_{k-1} - \hat{\mu}}{\hat{\sigma}}\right).$$

用本题的数据代入,可得计算结果如下:

$(a_{k-1}, a_k]$	$(-\infty, 60]$	$(60, 70]$	$(70, 80]$	$(80, 90]$	$(90, +\infty)$
n_k	6	8	12	14	10
$\hat{p}_k$	0.11682	0.18778	0.26234	0.23495	0.19811

$$\chi^2 = \frac{1}{n} \sum_{k=1}^{r} \frac{n_k^2}{\hat{p}_k} - n$$

$$= \frac{1}{50} \times \left(\frac{6^2}{0.11682} + \frac{8^2}{0.18778} + \frac{12^2}{0.26234} + \frac{14^2}{0.23495} + \frac{10^2}{0.19811} \right) - 50 = 0.738.$$

对 $\alpha = 0.05$,自由度 $r - m - 1 = 2$,查 χ^2 分布表,可得 $\chi^2_{1-\alpha}(r-m-1) = 5.991$,由于 $\chi^2 = 0.738 < 5.991$,因此接受 $H_0: \xi \sim N(\mu, \sigma^2)$,可以认为学生的考试成绩服从正态分布.

7.5　独立性的检验*

在概率论中,我们介绍过随机变量的独立性的概念. 在某些特殊的情况下,可以很方便

地直接判断出两个随机变量是否相互独立;但是,在更多的实际问题中,两个随机变量是否相互独立,往往就不那么容易判断了. 例如,癌症是否与遗传有关?色盲是否与性别有关?气管炎是否与吸烟有关?青少年犯罪是否与家庭状况有关?股市的涨落是否与物价的高低有关?显然,这些都不是一眼就能看出来的.

下面,我们介绍一种可以用来检验随机变量的独立性的检验方法,它是一种非参数检验.

问题　设有两个总是同时出现的随机变量 ξ 和 η. ξ 可能处于 r 种不同的状态: $A_1, A_2, \cdots, A_r, \eta$ 可能处于 s 种不同的状态: $B_1, B_2, \cdots, B_s$.

现在共进行了 n 次观测,在这 n 次观测中,出现状态组合 (A_i, B_j) 的频数为 n_{ij} ($i = 1, 2, \cdots, r; j = 1, 2, \cdots, s$). 即有

	B_1	$\cdots$	B_j	$\cdots$	B_s	总和
A_1	n_{11}	$\cdots$	n_{1j}	$\cdots$	n_{1s}	$n_{1\cdot}$
$\vdots$	$\vdots$		$\vdots$		$\vdots$	$\vdots$
A_i	n_{i1}	$\cdots$	n_{ij}	$\cdots$	n_{is}	$n_{i\cdot}$
$\vdots$	$\vdots$		$\vdots$		$\vdots$	$\vdots$
A_r	n_{r1}	$\cdots$	n_{rj}	$\cdots$	n_{rs}	$n_{r\cdot}$
总和	$n_{\cdot 1}$	$\cdots$	$n_{\cdot j}$	$\cdots$	$n_{\cdot s}$	n

其中

$$n_{i\cdot} = \sum_{j=1}^{s} n_{ij} (i = 1, 2, \cdots, r), n_{\cdot j} = \sum_{i=1}^{r} n_{ij} (j = 1, 2, \cdots, s), n = \sum_{i=1}^{r} n_{i\cdot} = \sum_{j=1}^{s} n_{\cdot j}.$$

这样一个表称为**联立表**(或**列联表**).

要检验 H_0: ξ 与 η 独立这一假设是否成立.

检验方法

如果 H_0 为真, ξ 与 η 独立,显然应该有

$$P\{\xi \in A_i, \eta \in B_j\} = P\{\xi \in A_i\} P\{\eta \in B_j\},$$

因为 $P\{\xi \in A_i, \eta \in B_j\} \approx \dfrac{n_{ij}}{n}, P\{\xi \in A_i\} \approx \dfrac{n_{i\cdot}}{n}, P\{\eta \in B_j\} \approx \dfrac{n_{\cdot j}}{n}$,所以有

$$\frac{n_{ij}}{n} \approx \frac{n_{i\cdot}}{n} \frac{n_{\cdot j}}{n}, \qquad 即有 n_{ij} \approx \frac{n_{i\cdot} n_{\cdot j}}{n};$$

反之,如果 H_0 不真, ξ 与 η 不独立,则 n_{ij} 与 $\dfrac{n_{i\cdot} n_{\cdot j}}{n}$ 的差别就会很大.

可以证明,若 H_0 为真,则当 ξ 的样本观测次数 $n \to \infty$ 时,有

$$\chi^2 = \sum_{i=1}^{r} \sum_{j=1}^{s} \frac{\left(n_{ij} - \dfrac{n_{i\cdot} n_{\cdot j}}{n}\right)^2}{\dfrac{n_{i\cdot} n_{\cdot j}}{n}} \sim \chi^2((r-1)(s-1));$$

若 H_0 不真,则 χ^2 的值会偏大,统计量 χ^2 的分布,相对于 $\chi^2((r-1)(s-1))$ 分布来说,峰值位置会有一个向右的偏移.

因此可得到检验方法如下:对于给定的显著水平 α,自由度 $(r-1)(s-1)$,查附录表 6 可得 χ^2 分布的临界值

$\chi^2_{1-\alpha}((r-1)(s-1))$，使得 $P\{\chi^2 > \chi^2_{1-\alpha}((r-1)(s-1))\} = \alpha$，

从样本求出 χ^2 的值，当 $\chi^2 > \chi^2_{1-\alpha}((r-1)(s-1))$ 时拒绝 H_0，否则接受 H_0.

注意

(1) 查 χ^2 分布表求临界值时，在自由度 $k = (r-1)(s-1)$ 与 $p = 1-\alpha$ 相交处查得 $\chi^2_{1-\alpha}((r-1)(s-1))$；

(2) 计算 χ^2 时，可以用简化公式 $\chi^2 = n\left(\sum\limits_{i=1}^{r} \sum\limits_{j=1}^{s} \dfrac{n_{ij}^2}{n_i. n_{.j}} - 1\right)$. 现证明如下.

证

$$\chi^2 = \sum_{i=1}^{r} \sum_{j=1}^{s} \frac{\left(n_{ij} - \dfrac{n_i. n_{.j}}{n}\right)^2}{\dfrac{n_i. n_{.j}}{n}} = \sum_{i=1}^{r} \sum_{j=1}^{s} \frac{n_{ij}^2 - 2n_{ij} \dfrac{n_i. n_{.j}}{n} + \dfrac{n_i^2. n_{.j}^2}{n^2}}{\dfrac{n_i. n_{.j}}{n}}$$

$$= n \sum_{i=1}^{r} \sum_{j=1}^{s} \frac{n_{ij}^2}{n_i. n_{.j}} - 2 \sum_{i=1}^{r} \sum_{j=1}^{s} n_{ij} + \frac{\sum\limits_{i=1}^{r} n_i. \sum\limits_{j=1}^{s} n_{.j}}{n}$$

$$= n \sum_{i=1}^{r} \sum_{j=1}^{s} \frac{n_{ij}^2}{n_i. n_{.j}} - 2n + \frac{n^2}{n} = n\left(\sum_{i=1}^{r} \sum_{j=1}^{s} \frac{n_{ij}^2}{n_i. n_{.j}} - 1\right).$$

例 4　　为研究气管炎与吸烟的关系，对 339 人做调查，得到结果如下：

	B_1 不吸烟	B_2 每日吸烟 10 支以下	B_3 每日吸烟 10 支以上	总　　和
A_1 有气管炎	13	20	23	56
A_2 无气管炎	121	89	73	283
总和	134	109	96	339

问气管炎是否与吸烟有关?(显著水平 $\alpha = 0.05$)

解　　设 ξ 为患气管炎的状况，η 为吸烟状况，问题相当于要检验 $H_0: \xi$ 与 η 独立.

$$\chi^2 = n\left(\sum_{i=1}^{r} \sum_{j=1}^{s} \frac{n_{ij}^2}{n_i. n_{.j}} - 1\right)$$

$$= 339 \times \left(\frac{13^2}{56 \times 134} + \frac{20^2}{56 \times 109} + \frac{23^2}{56 \times 96} + \frac{121^2}{283 \times 134} + \frac{89^2}{283 \times 109} + \frac{73^2}{283 \times 96} - 1\right)$$

$$= 8.634.$$

对显著水平 $\alpha = 0.05$，自由度 $(r-1)(s-1) = 2$，查 χ^2 分布表，可得临界值

$$\chi^2_{1-\alpha}((r-1)(s-1)) = 5.991,\ \text{由于}\ \chi^2 = 8.634 > 5.991,$$

所以拒绝假设 $H_0: \xi$ 与 η 独立，检验的结论是：气管炎与吸烟有关.

思考题4

通常电子元件寿命的分布为指数分布. 简述如何才能知道某款手机芯片寿命的分布是否为指数分布?分布中的参数又如何估计?

7.6 本章小结

7.6.1 基本要求

（1）理解假设检验的基本思想及两类错误的含义.

（2）掌握有关正态总体参数的假设检验的基本步骤和方法.

（3）理解单侧检验与双侧检验的异同.

（4）理解并掌握正态总体参数区间估计的基本方法.

（5）了解总体分布的检验和独立性检验的基本方法.

7.6.2 内容概要

1）假设检验

假设检验的理论依据是所谓的小概率事件原理，即一个概率很小的事件在一次试验中几乎是不可能发生的. 要检验一个根据实际问题提出的原假设 H_0 是否成立，如果已知在 H_0 成立时，某个事件发生的可能性很小，而试验的结果却是这个事件发生了，那么根据小概率事件原理，我们就可以认为所提出的这个假设 H_0 是不成立的，即拒绝 H_0；反之，则接受 H_0. 这就是假设检验的基本思想.

根据上述分析，正态总体参数的假设检验可概括为如下步骤。

（1）提出假设

假设一般是根据实际问题提出的，只是为了检验的方便，要求原假设 H_0 必须含有等号.

（2）构造统计量

即根据样本构造服从正态分布，t 分布，χ^2 分布或 F 分布的不含未知参数的随机变量，常用到 6.7 节的结论.

例如，总体 $\xi \sim N(\mu, \sigma_0^2)$ 其中 σ_0^2 已知，要检验的假设是 $H_0 : \mu = \mu_0$，那么

$$U = \frac{\overline{X} - \mu_0}{\sigma_0} \sqrt{n} \sim N(0,1),$$

$$T = \frac{\overline{X} - \mu_0}{S^*} \sqrt{n} \sim t(n-1),$$

$$\chi^2 = \frac{nS^2 + n(\overline{X} - \mu_0)^2}{\sigma_0^2} \sim \chi^2(n)$$

都可用作检验的统计量. 但是 T 忽略了 σ_0^2 已知的信息肯定不如 U 好，而 χ^2 因其概率密度的复杂性（这使得 H_0 的最小接受域难以确定），它也不如 U 统计量好. 其他统计量如

$$\chi^2 = \frac{nS^2}{\sigma_0^2} \sim \chi^2(n-1),$$

因不含 μ_0 显然无法用于这个检验.

一般地，关于正态总体期望的检验用 U 统计量或 T 统计量. 关于正态总体方差的检验用 χ^2 统计量或 F 统计量.

（3）确定拒绝域

拒绝域就是在 H_0 为真的情况下，所构造的统计量以很小的概率（显著性水平 α）落入的

范围,记为 W_1,即 $P\{$统计量 $\in W_1\} = \alpha$. 根据原假设形式上的不同,拒绝域可能为单侧或双侧. 那么如何确定拒绝域究竟在左侧,右侧还是双侧呢?比如我们用 $U = \dfrac{\overline{X} - \mu_0}{\sigma_0}\sqrt{n}$ 来检验 $H_0:\mu = \mu_0$ 时,在 H_0 成立的情况下,U 的取值应集中在其中心即原点附近,取值偏大或偏小都是可能的,但可能性会很小. 因此,此时 H_0 的拒绝域为双侧的. 但是如果要检验的 H_0 为 $\mu \geqslant \mu_0$,在 H_0 成立时有 $U = \dfrac{\overline{X} - \mu_0}{\sigma_0}\sqrt{n} \geqslant \dfrac{\overline{X} - \mu}{\sigma_0}\sqrt{n} \sim N(0,1)$,即 U 的取值会偏大,故此时 H_0 的拒绝域在左侧. 一个简单的判别准则是:单侧检验中拒绝域的不等号方向与备选假设的不等号方向一致,比如 $H_1:\mu < \mu_0$,则拒绝域为 $U < -u_{1-\alpha}$.

(4) 做出判断

代入样本观测值,若统计量观测值落入拒绝域 W_1 则拒绝原假设;否则接受原假设.

上述步骤也同样适用于非参数检验,如关于分布的检验和独立性检验. 只不过分布的检验和独立性检验都是以 χ^2 分布为检验统计量并且都是单侧检验.

最后需要说明的是,假设检验是根据小概率事件原理进行推断的. 但是一个发生可能性很小的事件也并非是绝对不会发生的,因此我们的检验也可能出现错误,即 H_0 为真而拒绝 H_0 的第一类错误,和 H_0 为假而接受 H_0 的第二类错误.

2) 区间估计

区间估计基本上是和假设检验等价的问题. 理解了假设检验的基本思想,也就不难掌握区间估计的方法了. 要找出参数 θ 的置信水平为 $1-\alpha$ 的置信区间 $[\underline{\theta}, \overline{\theta}]$,即

$$P\{\underline{\theta} \leqslant \theta \leqslant \overline{\theta}\} = 1-\alpha,$$

我们只需通过样本构造一个含有 θ 的随机变量 ξ,且 ξ 的分布是已知的,比如标准正态分布,t 分布,χ^2 分布或 F 分布等. 根据置信水平 $1-\alpha$ 就可以进一步确定一个范围 W_0,使得 $P\{\xi \in W_0\} = 1-\alpha$,由 $\xi \in W$ 就可以解出 $\underline{\theta}$ 和 $\overline{\theta}$ 了.

习　题　七

7.1　某车间加工的钢轴直径 ξ 服从正态分布 $N(\mu,\sigma^2)$,根据长期积累的资料,已知其中标准差 $\sigma = 0.012$ cm. 按照设计要求,钢轴直径的均值应该是 $\mu = 0.150$cm. 现从一批钢轴中抽查 75 件,测得它们直径的样本均值为 0.154cm,问:这批钢轴的直径是否符合设计要求?(显著水平 $\alpha = 0.05$)

7.2　从一批矿砂中抽取 5 个样品,测得它们的镍含量(单位:%)如下:3.25, 3.27, 3.24, 3.26, 3.24.

设矿砂中镍含量服从正态分布,问:能否认为这批矿砂中镍含量的平均值为 3.25 ?(显著水平 $\alpha = 0.05$)

7.3　某厂生产的一种保险丝,其熔化时间(单位:ms)$\xi \sim N(\mu,\sigma^2)$,在正常情况下,标准差 $\sigma = 20$. 现从某天生产的保险丝中抽取 25 个样品,测量熔化时间,计算得到样本均值为 $\overline{X} = 62.24$,修正样本方差为 $S^{*2} = 404.77$. 问:这批保险丝熔化时间的标准差,与正常情况相比,是否有显著的差异?(显著水平 $\alpha = 0.05$)

7.4 从切割机切割所得的金属棒中,随机抽取 15 根,测得长度(单位:cm)为

$$10.5, 10.6, 10.1, 10.4, 10.5, 10.3, 10.3, 10.2,$$
$$10.9, 10.6, 10.8, 10.5, 10.7, 10.2, 10.7.$$

设金属棒长度 $\xi \sim N(\mu, \sigma^2)$. 问:

(1) 是否可以认为金属棒长度的平均值 $\mu = 10.5$?(显著水平 $\alpha = 0.05$)

(2) 是否可以认为金属棒长度的标准差 $\sigma = 0.15$?(显著水平 $\alpha = 0.05$)

7.5 为了比较甲、乙两种安眠药的疗效,任选 20 名患者分成两组,其中 10 人服用甲种安眠药后,延长睡眠的时数为:

$$1.9, 0.8, 1.1, 0.1, -0.1, 4.4, 5.5, 1.6, 4.6, 3.4;$$

另外 10 人服用乙种安眠药后,延长睡眠的时数为:

$$0.7, -1.6, -0.2, -1.2, -0.1, 3.4, 3.7, 0.8, 0.0, 2.0.$$

设两组样本都来自正态总体,而且总体方差相等. 问:甲、乙两种安眠药的疗效是否有显著差异?(显著水平 $\alpha = 0.05$)

7.6 按两种不同的配方生产橡胶,测得橡胶伸长率(单位:%) 如下:

配方一	540, 533, 525, 520, 544, 531, 536, 529, 534
配方二	565, 577, 580, 575, 556, 542, 560, 532, 570, 561

如果橡胶的伸长率服从正态分布,两种配方生产的橡胶伸长率的标准差是否有显著差异?(显著水平 $\alpha = 0.05$)

7.7 设锰的熔化点(单位:℃) 服从正态分布. 进行 5 次试验,测得锰的熔化点如下:

$$1269, 1271, 1256, 1265, 1254.$$

是否可以认为锰的熔化点显著高于 1250℃?(显著水平 $\alpha = 0.05$)

7.8 某厂从用旧工艺和新工艺生产的灯泡中,各取 10 只进行寿命试验,测得旧工艺生产的灯泡寿命的样本均值为 2460 h,样本标准差为 56 h;新工艺生产的灯泡寿命的样本均值为 2550 h,样本标准差为 48 h. 设新、旧工艺生产的灯泡寿命都服从正态分布,而且方差相等. 问:能否认为采用新工艺后,灯泡的平均寿命有显著的提高?(显著水平 $\alpha = 0.05$)

7.9 甲、乙两台车床生产的滚珠的直径(单位:mm) 都服从正态分布,现从两台车床生产的滚珠中分别抽取 8 个和 9 个,测得直径如下:

甲车床生产的滚珠	15.0, 14.5, 15.2, 15.5, 14.8, 15.1, 15.2, 14.8
乙车床生产的滚珠	15.2, 15.0, 14.8, 15.2, 15.0, 15.0, 14.8, 15.1, 14.8

问:乙车床产品的方差是否显著地小于甲车床产品的方差?(显著水平 $\alpha = 0.05$)

7.10 某炼铁厂炼出的铁水含碳量(单位:%) 服从正态分布 $N(\mu, \sigma^2)$,根据长期积累的资料,已知其中 $\sigma = 0.108$. 现测量 5 炉铁水,测得含碳量为 4.28, 4.40, 4.42, 4.35, 4.37. 求总体均值 μ 的水平为 95% 的置信区间.

7.11 对铝的密度(单位:g/cm^3)进行 16 次测量,测得样本均值 $\overline{X} = 2.705$,样本标准差 $S = $

0.029. 设样本来自正态总体 $\xi \sim N(\mu,\sigma^2)$,求:

(1) 总体均值 μ 的水平为 95% 的置信区间;

(2) 总体标准差 σ 的水平为 95% 的置信区间.

7.12 某种炮弹的炮口速度服从正态分布 $N(\mu,\sigma^2)$,随机地取 9 发炮弹作试验,测得炮口速度的修正样本标准差 $S^* = 11(\text{m/s})$,求 σ^2 和 σ 的水平为 95% 的置信区间.

7.13 设用原料 A 和原料 B 生产的两种电子管的使用寿命(单位:h)分别为 $\xi \sim N(\mu_1,\sigma_1^2)$ 和 $\eta \sim N(\mu_2,\sigma_2^2)$,其中 σ_1,σ_2 都未知,但已知 $\sigma_1 = \sigma_2$. 现对这两种电子管的使用寿命进行测试,测得结果如下:

原料 A	1460, 1550, 1640, 1600, 1620, 1660, 1740, 1820
原料 B	1580, 1640, 1750, 1640, 1700

求 $\mu_1 - \mu_2$ 的水平为 0.95 的置信区间.

7.14 甲、乙两人相互独立地对一种聚合物的含氯量用相同的方法各作 10 次测定,测定值的样本方差分别为 $S_x^2 = 0.5419$ 和 $S_y^2 = 0.6050$,设测定值服从正态分布,求他们测定值的方差之比的水平为 95% 的置信区间.

7.15 一颗六面体的骰子掷了 300 次,出现各种点数的频数统计如下:

点数	1	2	3	4	5	6
频数	43	49	56	45	66	41

是否可以认为这颗骰子是均匀的?(显著水平 $\alpha = 0.05$)

7.16 对某地 100 天内,每天发生的交通事故数 ξ 统计如下:

每天发生的交通事故数	0	1	2	3
出现这种情况的天数	31	44	19	6

能否认为 ξ 服从普阿松分布 $P\{\xi = k\} = \dfrac{\lambda^k}{k!}\mathrm{e}^{-\lambda}(k = 0,1,2,\cdots)$?(显著水平 $\alpha = 0.05$)

7.17 为研究色盲与性别的关系,对 1000 人作统计,得到结果如下:

	男	女
色盲	38	6
正常	442	514

问:色盲是否与性别有关?(显著水平 $\alpha = 0.05$)

7.18 为研究儿童智力发展与营养的关系,抽查了 950 名小学生,得到统计数据如下:

	智	商		
	< 80	$80 \sim 89$	$90 \sim 99$	$\geqslant 100$
营养良好	245	228	177	219
营养不良	31	27	13	10

问:儿童的智力发展是否与营养状况有关?(显著水平 $\alpha = 0.05$)

自测题七

一、判断题(正确用"十",错误用"一")

1. 在假设检验中,设 α,β 分别为犯第一类错误和第二类错误的概率,则 $\alpha+\beta=1$. （ ）

2. 若给定显著性水平 $\alpha=0.05$,则在此水平下的假设检验犯第一类错误的概率最大不超过 5%. （ ）

3. 若在显著性水平 $\alpha=0.05$ 的情况下假设检验接受了原假设 H_0,则在新的显著性水平 $\alpha=0.01$ 的情况下重新检验可能拒绝 H_0. （ ）

4. 设参数 θ 的置信水平为 $1-\alpha$ 的置信区间为 $[\underline{\theta},\overline{\theta}]$,则 $P\{\theta\notin[\underline{\theta},\overline{\theta}]\}\leqslant\alpha$. （ ）

5. 判断一个检验是单侧检验还是双侧检验,取决于假设 H_0 和 H_1,与选定的统计量无关. （ ）

6. 设总体 $\xi\sim N(\mu,\sigma^2)$,其中 μ 和 σ^2 均未知,$\overline{X}$ 和 S^* 分别为样本的均值和修正样本标准差,样本容量为 n,则 μ 的置信水平为 $1-\alpha$ 的置信区间的长度与 $\overline{X}$ 无关. （ ）

7. 设总体 $\xi\sim N(\mu,\sigma_0^2)$,其中 σ_0 已知,$(X_1,X_2,\cdots,X_{10})$ 为其容量为 10 的样本,则 μ 的置信水平 $1-\alpha$ 的置信区间的长度与样本无关. （ ）

8. 设某厂生产的牛奶制品中三聚氰胺的含量服从正态分布 $N(\mu,\sigma^2)$,按规定当其含量低于 0.003 mg/L 时才能认定为合格品,要检验这厂的产品是否合格,则提出的假设为 $H_0:\mu\leqslant0.03,H_1:\mu>0.003$. （ ）

9. 设某厂生产的牛奶制品中三聚氰胺的含量服从正态分布 $N(\mu,\sigma^2)$,其中 μ,σ^2 均未知. 按规定当其含量低于 0.03 mg/L 时才能认定为合格品,从这个厂的产品中抽取一个容量为 n 的样本来检验该厂产品是否合格,则显著性水平 α 下统计量的拒绝域为 $(t_{1-\alpha}(n-1),+\infty)$. （ ）

10. 设总体 $\xi\sim N(\mu,\sigma^2)$,其中 μ 和 σ^2 均未知,$(x_1,x_2,\cdots,x_n)$ 为样本观测值,若在显著性水平 α 下检验 $H_0:\sigma^2=\sigma_0^2$;$H_1:\sigma^2\neq\sigma_0^2$,结果拒绝了 H_0,则 σ_0^2 不在 σ^2 的置信水平为 $1-\alpha$ 的置信区间中. （ ）

二、选择题

1. 某化工产品的含硫量 $\xi\sim N(\mu,\sigma^2)$,其中 $\mu,\sigma>0$ 都未知,取 5 个样品,测得含硫量为 4.28,4.40,4.42,4.35,4.37,检验 $H_{01}:\mu=4.50$ 和 $H_{02}:\sigma=0.04$(显著水平都是 $\alpha=0.05$),检验的结果为(   ).

   (A) 拒绝 H_{01},拒绝 H_{02} 　　　　　　　　(B) 拒绝 H_{01},接受 H_{02}

   (C) 接受 H_{01},拒绝 H_{02} 　　　　　　　　(D) 接受 H_{01},接受 H_{02}

2. 设总体 $\xi\sim N(\mu,\sigma^2)$,σ^2 已知,若样本容量 n 和置信水平 $1-\alpha$ 均不变,则对于不同的样本观测值,总体均值 μ 的置信区间的长度(   ).

   (A) 变长 　　　　(B) 变短 　　　　(C) 不变 　　　　(D) 不能确定

3. 设总体 $\xi\sim N(\mu,1)$,则总体均值 μ 的置信区间长度 L 与置信水平 $1-\alpha$ 的关系是(   ).

   (A) L 随 $1-\alpha$ 减少而缩短 　　　　　　(B) L 随 $1-\alpha$ 减少而增大

   (C) 随 $1-\alpha$ 减少,L 保持不变 　　　　(D) 以上说法都不对

4. 设总体 $\xi \sim N(\mu_1, \sigma_1^2)$, $\eta \sim N(\mu_2, \sigma_2^2)$,其中 $\mu_1, \sigma_1 > 0, \mu_2, \sigma_2 > 0$ 都未知,$(X_1, X_2, \cdots, X_m)$, $(Y_1, Y_2, \cdots, Y_n)$ 分别是 ξ, η 的样本,两个样本相互独立,

$$\overline{X} = \frac{1}{m} \sum_{i=1}^{m} X_i, \quad Q_1^2 = \sum_{i=1}^{m} (X_i - \overline{X})^2, \quad \overline{Y} = \frac{1}{n} \sum_{j=1}^{n} Y_j, \quad Q_2^2 = \sum_{j=1}^{n} (Y_j - \overline{Y})^2,$$

这时检验假设 $H_0 : \sigma_1^2 = \sigma_2^2$ 的统计量 $F = (\quad)$.

(A) $\dfrac{Q_1^2}{Q_2^2}$　　　　(B) $\dfrac{\frac{1}{m} Q_1^2}{\frac{1}{n} Q_2^2}$　　　　(C) $\dfrac{\frac{1}{m-1} Q_1^2}{\frac{1}{n-1} Q_2^2}$　　　　(D) $\dfrac{\frac{m}{m-1} Q_1^2}{\frac{n}{n-1} Q_2^2}$

5. 设总体 $\xi \sim N(\mu_1, \sigma_1^2)$, $(X_1, X_2, \cdots, X_m)$ 为 ξ 的样本,总体 $\eta \sim N(\mu_2, \sigma_2^2)$, $(Y_1, Y_2, \cdots, Y_n)$ 为 η 的样本,且 ξ 与 η 相互独立,令

$$F_1 = \frac{(n-1) \sum_{i=1}^{m} (X_i - \overline{X})^2}{(m-1) \sum_{i=1}^{n} (Y_i - \overline{Y})^2}, F_2 = \frac{n \sum_{i=1}^{m} (X_i - \mu_1)^2}{m \sum_{i=1}^{n} (Y_i - \mu_2)^2},$$

则(给定显著水平 α),检验 $H_0 : \sigma_1^2 \geqslant \sigma_2^2$, $H_1 : \sigma_1^2 < \sigma_2^2$ 的拒绝域为($\quad$).

(A) $W = \{F_1 < F_\alpha(m-1, n-1)\}$　　　　(B) $W = \{F_1 < F_\alpha(m, n)\}$
(C) $W = \{F_2 < F_\alpha(m, n)\}$　　　　(D) $W = \{F_2 < F_\alpha(m-1, n-1)\}$

6. 对 A, B 两种香烟,分别抽样测定香烟中的尼古丁含量,测得数据如下:

A 种香烟中的尼古丁含量 /%	20　23　22　25　26
B 种香烟中的尼古丁含量 /%	25　28　23　26　29　22

设 A, B 两种香烟中的尼古丁含量分别为 $\xi \sim N(\mu_1, \sigma_1^2)$ 和 $\eta \sim N(\mu_2, \sigma_2^2)$.
检验 $H_{01} : \sigma_1 = \sigma_2$ 和 $H_{02} : \mu_1 = \mu_2$(显著水平都是 $\alpha = 0.05$),检验的结果为($\quad$).
(A) 拒绝 H_{01},拒绝 H_{02}　　　　(B) 拒绝 H_{01},接受 H_{02}
(C) 接受 H_{01},拒绝 H_{02}　　　　(D) 接受 H_{01},接受 H_{02}

7. 设总体 $\xi \sim N(\mu, \sigma^2)$,已知其中 $\sigma = \sigma_0$,要在显著水平 α 下,检验假设 $H_0 : \mu \geqslant \mu_0$. 当($\quad$)时,拒绝 $H_0 : \mu \geqslant \mu_0$.
(A) $U < -u_{1-\alpha}$　　(B) $U > -u_{1-\alpha}$　　(C) $U < u_{1-\alpha}$　　(D) $U > u_{1-\alpha}$

8. 对正态总体 $\xi \sim N(\mu, \sigma^2)$ (σ^2 未知)的假设检验问题:$H_0 : \mu \leqslant 1, H_1 : \mu > 1$,若取显著水平 $\alpha = 0.05$,则其拒绝域为($\quad$).

(A) $W = \{|\overline{X} - 1| > u_{0.95}\}$　　　　(B) $W = \left\{\overline{X} > 1 + t_{0.95}(n-1) \dfrac{S^*}{\sqrt{n}}\right\}$

(C) $W = \left\{|\overline{X} - 1| > t_{0.95}(n-1) \dfrac{S^*}{\sqrt{n}}\right\}$　　　　(D) $W = \left\{\overline{X} < 1 - t_{0.95}(n-1) \dfrac{S^*}{\sqrt{n}}\right\}$

9. 设 $(X_1, X_2, \cdots, X_n)$ 是正态总体 $N(\mu, 4)$ 的一个样本,$\overline{X}$ 是样本均值,则 μ 的置信水平为 $1 - \alpha$ 的置信区间为($\quad$).

(A) $\left[\overline{X} - u_{1-\alpha/2} \dfrac{4}{\sqrt{n}}, \overline{X} + u_{1-\alpha/2} \dfrac{4}{\sqrt{n}}\right]$　　　　(B) $\left[\overline{X} - u_{1-\alpha/2} \dfrac{2}{\sqrt{n}}, \overline{X} + u_{1-\alpha/2} \dfrac{2}{\sqrt{n}}\right]$

(C) $\left[\overline{X} - u_{1-\alpha} \dfrac{4}{\sqrt{n}}, \overline{X} + u_{1-\alpha} \dfrac{4}{\sqrt{n}}\right]$　　　　(D) $\left[\overline{X} - u_{1-\alpha} \dfrac{2}{\sqrt{n}}, \overline{X} + u_{1-\alpha} \dfrac{2}{\sqrt{n}}\right]$

10. 对正态总体数学期望 μ 的假设检验,若在显著性水平 $\alpha = 0.05$ 下接受 $H_0 : \mu = \mu_0$,那么在 $\alpha = 0.01$ 下对 H_0 的检验是( ).

(A) 必接受 H_0 (B) 可能接受也可能拒绝 H_0

(C) 必拒绝 H_0 (D) 不接受也不拒绝 H_0

三、填空题

1. 设 $(X_1, X_2, \cdots, X_n)$ 为取自正态总体 $N(\mu, \sigma^2)$ 的样本,其中 μ 和 σ^2 均未知,在检验 $H_0 : \mu = \mu_0$ 时使用的统计量为_____;对于给定的显著性水平 α,H_0 的拒绝域为_____.

2. 设 $(X_1, X_2, \cdots, X_m)$ 和 $(Y_1, Y_2, \cdots, Y_n)$ 为分别取自相互独立的两个正态总体 $\xi \sim N(\mu_1, \sigma_1^2)$ 和 $\eta \sim N(\mu_2, \sigma_2^2)$ 的样本. 在检验 $H_0 : \sigma_1^2 \geqslant \sigma_2^2$ 中使用的统计量为_____;对于给定的显著性水平 α,H_0 的接受域为_____.

3. 设总体 $\xi \sim N(\mu, \sigma^2)$,其中 $\mu, \sigma > 0$ 均未知. $(X_1, X_2, \cdots, X_n)$ 是 ξ 的样本,$\overline{X} = \dfrac{1}{n} \sum\limits_{i=1}^{n} X_i$, $Q^2 = \sum\limits_{i=1}^{n} (X_1 - \overline{X})^2$,这时检验 $H_0 : \mu = 0$ 的统计量(用 $\overline{X}$ 和 Q^2 表示)是 $T =$ _____.

4. 设总体 $\xi \sim N(\mu, \sigma^2)$,从中抽取一个容量为 $n = 9$ 的样本,测得样本均值 $\overline{X} = 1575$,修正样本标准差 $S^* = 180$. 在显著水平 $\alpha = 0.05$ 下,检验假设 $H_0 : \mu \leqslant 1500$(备选假设 $H_1 : \mu > 1500$) 的结果是_____.

5. 设总体 $\xi \sim N(\mu, 4)$,样本均值为 $\overline{X}$,要使得总体均值 μ 的水平为 0.95 的置信区间为 $[\overline{X} - 0.560, \overline{X} + 0.560]$,样本容量(样本观测次数)$n$ 必须等于_____.

6. 从某厂生产的导线中抽取 5 根,测得其电阻(单位:$m\Omega$)为 145, 140, 136, 138, 141. 设导线的电阻服从正态分布 $N(\mu, \sigma^2)$,μ 的水平为 95% 的置信区间是_____,σ 的水平为 95% 的置信区间是_____.

7. 设总体 $\xi \sim N(\mu, \sigma^2)$,$(X_1, X_2, \cdots, X_{16})$ 为 ξ 的样本,则 μ 的置信水平为 95% 的置信区间的长度平方的数学期望为_____.

8. 设总体 $\xi \sim N(\mu, 36)$,$\eta \sim N(\mu_2, 16)$,且相互独立,$(X_1, \cdots, X_{4n})$ 为 ξ 的样本,$(Y_1, Y_2, \cdots, Y_n)$ 为 η 的样本,要使得 $\mu_1 - \mu_2$ 的 95% 的置信区间长度不超过 5,则 n 至少为_____.

9. 设甲、乙两种灯泡的使用寿命分别为 $\xi \sim N(\mu_1, \sigma_1^2)$ 和 $\eta \sim N(\mu_2, \sigma_2^2)$. 从甲种灯泡中任取 $m = 5$ 只,测得灯泡寿命的样本均值 $\overline{X} = 1000$,样本标准差 $S_x = 20$;从乙种灯泡中任取 $n = 7$ 只,测得灯泡寿命的样本均值 $\overline{Y} = 980$,样本标准差 $S_y = 21$. 这时 σ_1^2 / σ_2^2 的水平为 95% 的置信区间是_____. 如果假定已知 $\sigma_1 = \sigma_2$,这时 $\mu_1 - \mu_2$ 的水平为 95% 的置信区间是_____.

10. 设 $(X_1, X_2, \cdots, X_n)$ 为取自正态总体 $\xi \sim N(\mu, \sigma_0^2)$ 的样本,其中 σ_0^2 已知,并且已知 μ 的置信水平为 $1 - \alpha$ 的置信区间为 $[\underline{\theta}, \overline{\theta}]$,则在显著性水平 α 下检验 $H_0 : \mu = \mu_0$(其中 μ_0 已知,$\mu_0 \notin [\underline{\theta}, \overline{\theta}]$) 的结论是_____.

思考题、习题、自测题答案

思考题答案

第1章

1. 一个事件发生的可能性越大,一般说来这个事件发生的频率也会越大. 但一个事件发生的可能性大小是一个客观存在的常数,与试验的次数无关,也与试验者无关. 但频率不具有这样的属性. 频率的大小与试验次数有关. 即便试验次数确定,试验者也确定不变(比如,同一个人先抛币 100 次算得硬币正面向上的频率,与这个人再抛币 100 次算得正面向上的频率),得到的事件发生的频率也可能是不同的.

2. 不正确,因为得冠军和不得冠军的可能性未必相同.

3. 例如在 $[0,1]$ 区间随机地取一个数,取到数字 0.5 记为事件 A. 按概率的几何定义,事件 A 发生的概率为零,显然事件 A 是可能发生的.

4. 系统(a) 和(b) 的可靠性分别为 $1-0.882351 = 0.117649$ 和 $1-0.132651 = 0.867349$,所以(b) 的可靠性更高.

第2章

1. X_i 服从两点分布,即 $X_i \sim b\left(1, \dfrac{1}{2}\right)$;

   $X_1 + X_2 + \cdots + X_n$ 表示 n 次试验中出现的正面向上的次数;

   $X_1 + X_2 + \cdots + X_n$ 服从二项分布,即 $X_1 + X_2 + \cdots + X_n \sim b\left(n, \dfrac{1}{2}\right)$.

2. 分布函数 $F(x) = P\{\xi \leqslant x\}$,因此 $0 \leqslant F(x) \leqslant 1$.

   $F(+\infty) = \lim\limits_{x \to +\infty} F(x) = \lim\limits_{x \to +\infty} P\{\xi \leqslant x\} \stackrel{\Delta}{=\!=\!=} P\{\xi \leqslant +\infty\}$,而 ξ 是随机变量,其取值是数,因此"$\xi \leqslant +\infty$"是一个必然事件,因此 $F(+\infty) = P\{\xi \leqslant +\infty\} = 1$,同理有 $F(-\infty) = P\{\xi \leqslant -\infty\} = 0$.

3. 因测量的读数可能比真实外径大,也可能比真实外径小,即测量误差可能为正的,也可能是负的,当然也可能是零. 测量的读数应该在真实值的附近,即测量误差应该大都在零的附近,结合正态分布密度函数图形可得 $\mu = 0$.

4. 服从其他分布的随机变量的线性函数未必服从原来的分布. 例如 $\xi \sim P(2)$,$\eta = 3\xi + 1$ 可能的取值为 $1, 4, 7, \cdots$,故 η 不可能服从普阿松分布(普阿松分布取值为 $0, 1, 2, \cdots$). 又比如 $\xi \sim U(1,2)$,根据定理 2.1 易得 $\eta = 3\xi + 1$ 仍服从均匀分布 $\eta \sim U(4,7)$.

第 3 章

1. (X, Y, Z) 的联合分布函数为 $F(x, y, z) = P\{X \leqslant x, Y \leqslant y, Z \leqslant z\}$.

2. 参照例 1 中有放回取球时的联合分布与边缘分布,可知:各分量间无任何关系时有联合分布是边缘分布的乘积.

3. 随机事件的独立是指这些随机事件发生与否互不影响,而随机变量的独立是指这些随机变量的取值互不影响,因此在这个意义上两者是统一的,都表示互不影响. 另外,随机变量一旦确定了其取值或取值范围就变成随机事件了,比如 ξ 是一个随机变量,而 $\xi \leqslant 3$ 就是一个随机事件. 两个随机变量 ξ 与 η 独立,就是指 ξ 取值落入任一区域的事件与 η 落入任一区域的事件都相互独立. 因此,若 ξ 与 η 独立,那么对任意 $x \in R, y \in R$ 都有事件 $\{\xi \leqslant x\}$ 与事件 $\{\eta \leqslant y\}$ 相互独立,故有 $P\{\xi \leqslant x, \eta \leqslant y\} = P\{\xi \leqslant x\}P\{\eta \leqslant y\}$,即 $F(x, y) = F_\xi(x)F_\eta(y)$. 两边关于 x 和 y 求偏导即得 $\varphi(x, y) = \varphi_\xi(x)\varphi_\eta(y)$.

4. 证明　设 $\zeta = \xi + \eta$ 的分布函数为 $F(z)$,则
$$F(z) = P\{\xi + \eta \leqslant z\}$$
　　　　 = 联合密度函数在图中阴影部分的积分
$$= \int_{-\infty}^{+\infty} \mathrm{d}x \int_{-\infty}^{z-x} \varphi(x, y)\mathrm{d}y$$

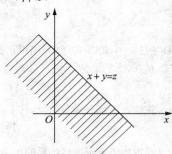

故 ζ 的密度函数为
$$\varphi_\zeta(z) = F'(z) = \left(\int_{-\infty}^{+\infty} \mathrm{d}x \int_{-\infty}^{z-x} \varphi(x, y)\mathrm{d}y \right)' = \int_{-\infty}^{+\infty} \varphi(x, z-x)\mathrm{d}x$$

特别地,当 ξ 与 η 相互独立时,有
$$\varphi(x, z-x) = \varphi_\xi(x)\varphi_\eta(z-x)$$

故有
$$\varphi_\zeta(z) = \int_{-\infty}^{+\infty} \varphi_\xi(x)\varphi_\eta(z-x)\mathrm{d}x$$

同理可证 $\varphi_\zeta(z) = \int_{-\infty}^{+\infty} \varphi(z-y, y)\mathrm{d}y = \int_{-\infty}^{+\infty} \varphi_\xi(z-y)\varphi_\eta(y)\mathrm{d}y$.

第 4 章

1. $E\xi = \mu$,因随机变量 ξ 取值的"中心"为 μ.

2. 数学期望 EX 的单位是小时;方差 DX 的单位是平方小时;标准差 $\sqrt{DX}$ 的单位是小时;标准化随机变量 $X^* = \dfrac{X - EX}{\sqrt{DX}}$ 是量纲为 1 的量.

3. 设 $\xi \sim b(n, p)$,则 ξ 可视为 n 重贝努里试验中,事件成功 A 发生的次数,其中 $P(A) = p$. 令
$$\xi_i = \begin{cases} 1 & \text{第 } i \text{ 次 } A \text{ 发生} \\ 0 & \text{否则} \end{cases} (i = 1, 2, \cdots, n),$$
显然有 $E\xi_i = p$ $(i = 1, 2, \cdots, n)$,于是
$$\xi = \xi_1 + \xi_2 + \cdots + \xi_n,$$
$$E\xi = E(\xi_1 + \xi_2 + \cdots + \xi_n) = E\xi_1 + E\xi_2 + \cdots + E\xi_n = np.$$

4. 根据题意 $\xi + \eta = 100$,即 $\eta = 100 - \xi$,根据本节性质 2 得 ξ 与 η 的相关系数为 -1.

第 5 章

1. 第 i 次的体温测量值 $\xi_i \sim U(10, 20)$,$(i = 1, 2, \cdots, 100)$. 故 $E\xi_i = \dfrac{10 + 20}{2} = 15$,又各次测量结果可以认为相互独立. 根据辛钦大数定理,这些测量结果的平均值在 15 附近.

2. 对于独立同分布的随机变量序列来说,如果它们的期望和方差都存在,那么根据定理 5.3 有
$$\lim_{n \to \infty} P\left\{ \frac{\sum \xi_i - n\mu}{\sqrt{n\sigma^2}} \leqslant x \right\} = \Phi(x)$$

于是有　$\lim\limits_{n\to\infty}P\left\{\left|\dfrac{\sum\limits_{i=1}^{n}\xi_i}{n}-\mu\right|<\varepsilon\right\}=\lim\limits_{n\to\infty}P\left\{\left|\sum\limits_{i=1}^{n}\xi_i-n\mu\right|<n\varepsilon\right\}=\lim\limits_{n\to\infty}P\left\{\dfrac{\left|\sum\limits_{i=1}^{n}\xi_i-n\mu\right|}{\sqrt{n\sigma^2}}<\dfrac{n\varepsilon}{\sqrt{n\sigma^2}}\right\}$

$$=\lim\limits_{n\to\infty}P\left\{\dfrac{\sum\limits_{i=1}^{n}\xi_i-n\mu}{\sqrt{n\sigma^2}}<\dfrac{n\varepsilon}{\sqrt{n\sigma^2}}\right\}-\lim\limits_{n\to\infty}P\left\{\dfrac{\sum\limits_{i=1}^{n}\xi_i-n\mu}{\sqrt{n\sigma^2}}<-\dfrac{n\varepsilon}{\sqrt{n\sigma^2}}\right\}$$

$$=\lim\limits_{n\to\infty}\Phi\left(\dfrac{n\varepsilon}{\sqrt{n\sigma^2}}\right)-\lim\limits_{n\to\infty}\Phi\left(-\dfrac{n\varepsilon}{\sqrt{n\sigma^2}}\right)=\lim\limits_{n\to\infty}2\Phi\left(\dfrac{\sqrt{n}}{\sigma}\varepsilon\right)-1=1.$$

即定理 5.3 可以推出定理 5.2,两者区别在于定理 5.3 可用于概率的近似计算,而定理 5.2 只说明随机事件序列的平均值以概率收敛于其期望,不能用于概率的近似计算. 另外,定理 5.3 还要求随机变量序列的方差存在,而定理 5.2 不需要这个条件.

第 6 章

1. 投掷一枚非均匀硬币,出现正面记为 $X=1$,出现反面记为 $X=0$. 因为硬币不均匀,$P\{X=1\}=p$ 未必是 0.5. 为了估计 p,可以对总体进行抽样,即重复抛币 n 次,记录 n 次试验中正面向上的次数 n_k. 然后用正面向上的频率 $\dfrac{n_k}{n}$ 来估计 p,于是总体 X 的分布可估计为

X	0	1
P	$1-\dfrac{n_k}{n}$	$\dfrac{n_k}{n}$

2. 样本均值表示抽样结果的集中趋势,是抽样结果的一个"中心". 比如随机抽查 10 个人的身高,样本均值就是这 10 个人的平均身高. 而样本方差表示抽样结果的分散程度. 方差越大表示抽样结果的分散程度越大. 此外,第 4 章中的随机变量的期望和方差都是数,而本节的样本均值和样本方差都是随机变量,而一旦把样本 $(X_1,X_2,\cdots,X_n)$ 的观测值 $(x_1,x_2,\cdots,x_n)$ 代入样本均值和样本方差,得到的就是样本均值和样本方差的观测值,就也是数了.

3. 设 $\xi\sim\chi^2(n)$,按卡方分布的定义,ξ 可表示为 $\xi=X_1^2+X_2^2+\cdots+X_n^2$,其中 X_i 相互独立,且 $X_i\sim N(0,1)$. 于是

$E\xi=E(X_1^2+X_2^2+\cdots+X_n^2)=EX_1^2+EX_2^2+\cdots+EX_n^2$

$\quad=[DX_1+(EX_1)^2]+[DX_2+(EX_2)^2]+\cdots+[DX_n+(EX_n)^2]$

$\quad=(1+0)+(1+0)+\cdots+(1+0)=n$

即自由度为 n 的卡方分布的数学期望就是它的自由度 n. 再设 $\eta\sim t(n)$,根据 η 的密度函数(如图 6-3 所示),易知 η 取值的"中心"为零,即 $E\eta=0$. 这个结论当然也可以严格证明:$E\eta=\int_{-\infty}^{+\infty}x\varphi(x)\mathrm{d}x$,因为 η 的概率密度 $\varphi(x)$ 为偶函数,故被积函数 $x\varphi(x)$ 为奇函数,而 $E\eta$ 是一个奇函数在对称区间上的积分,因此 $E\eta=0$.

4. 成立. 因为 $\overline{X}=\dfrac{1}{n}\sum\limits_{i=1}^{n}X_i$,根据中心极限定理,当 n 充分大时 $\overline{X}$ 近似服从正态分布. 再根据定理 6.1,$E\overline{X}=E\xi=\mu$;$D\overline{X}=\dfrac{D\xi}{n}=\dfrac{\sigma^2}{n}$. 故 $\overline{X}$ 的标准化 $\dfrac{\overline{X}-\mu}{\sigma}\sqrt{n}\sim N(0,1)$.

第 7 章

1. 犯第一类错误是指"H_0 为真而拒绝 H_0",它的对立事件是"H_0 为真而接受 H_0";而犯第二类错误是指"H_0 为假而接受 H_0". 因此,犯第一类错误与犯第二类错误不是对立的事件. 则两类错误的概率之和也未必等于 1.

2. 不妨假设正态总体的方差 σ^2 未知(方差已知时,同理). 显著性水平 α 下,对 $H_0:\mu\leqslant\mu_0$ 的检验是个单侧

检验. 原假设 H_0 的拒绝域为 $W_1 = (t_{1-\alpha}(n-1), +\infty)$. 已知原假设 H_0 在 $\alpha = 0.01$ 时被拒绝,即统计量的值落入拒绝域 $(t_{0.99}(n-1), +\infty)$. 而在新的显著性水平 $\alpha = 0.05$ 下的检验, H_0 的拒绝域为 $(t_{0.95}(n-1), +\infty)$. 两个拒绝域对应统计量的密度函数与 x 轴所围成的面积分别为 0.01 和 0.05,即 $(t_{0.99}(n-1), +\infty) \subset (t_{0.95}(n-1), +\infty)$. 因此,检验统计量的值一定也在 $\alpha = 0.05$ 时的拒绝域中. 所以,在 $\alpha = 0.05$ 下的检验结论仍是拒绝 H_0.

3. 当总体方差已知,置信水平 $1-\alpha$ 的 μ 的置信上、下限为 $\overline{X} \pm u_{1-\frac{\alpha}{2}} \frac{\sigma_0}{\sqrt{n}}$,故置信区间的中点为 $\overline{X}$. 置信区间的长度为 $2u_{1-\frac{\alpha}{2}} \frac{\sigma_0}{\sqrt{n}}$. 当 n 增大时,置信区间的长度变小. 而当总体方差未知时,置信水平 $1-\alpha$ 的 μ 的置信上下限为 $\overline{X} \pm t_{1-\frac{\alpha}{2}}(n-1) \frac{S^*}{\sqrt{n}}$,置信区间的中点仍为 $\overline{X}$. 置信区间的长度为 $2t_{1-\frac{\alpha}{2}}(n-1) \frac{S^*}{\sqrt{n}}$. 当 n 增大时,分母 $\sqrt{n}$ 变大而 $t_{1-\frac{\alpha}{2}}(n-1)$ 变小,故置信区间长度也变小.

4. 随机抽取该款手机芯片若干,比如 $n = 100$. 测试它们的寿命,记为 $x_1, x_2, \cdots, x_n$. 因为指数分布的随机变量取值范围是 $(0, +\infty)$. 把这个范围 $(0, +\infty)$ 分成 r 个区间 $(0, a_1], (a_1, a_2], \cdots, (a_{r-1}, +\infty)$. 这里区间的个数 r 要适当,保证每个区间包含的 x_i 的个数不少于 5 个. 设第 k 个区间包含的 x_i 的个数为 n_k 个. 假设该款手机芯片寿命 ξ 服从指数分布,即 $\xi \sim E(\lambda)$. λ 的极大似然估计值为 $\hat{\lambda} = \frac{1}{\overline{x}}$,即 n 个芯片平均寿命的倒数. 再计算 $\chi^2 = \frac{1}{n} \sum_{k=1}^{r} \frac{n_k^2}{\hat{p}_k} - n$ 的值,其中 $\hat{p}_k = \int_{a_{k-1}}^{a_k} \hat{\lambda} e^{-\hat{\lambda} x} dx$ $(k = 1, 2, \cdots, r-1)$, $\hat{p}_r = 1 - \hat{p}_1 - \hat{p}_2 - \cdots - \hat{p}_{r-1}$. 对于给定的显著性水平 α,比如 $\alpha = 0.05$. 比较 χ^2 与 $\chi_{1-\alpha}^2(r-2)$ 的大小,若 χ^2 的值小于临界值 $\chi_{1-\alpha}^2(r-2)$,则在显著性水平 α 下可以认为该款手机芯片的寿命服从指数分布 $E(\hat{\lambda})$.

习 题 答 案

习 题 一

1.1　(1) 样本空间 $\Omega = \{0, 1, 2, \cdots, 100\}$,事件 $A = \{81, 82, \cdots, 100\}$;

　　(2) 样本空间 $\Omega = \{3, 4, 5, \cdots, 18\}$, $A = \{7, 8, \cdots, 17\}$, $B = \{3, 4, \cdots, 8\}$;

　　(3) 样本空间 $\Omega = \{10, 11, 12, \cdots\}$,事件 $A = \{10, 11, 12, \cdots, 50\}$;

　　(4) 样本空间 $\Omega = \{(x, y, z) \mid x + y + z = 1, x, y, z > 0\}$.

1.2　(1) 样本点 ω_i 表示"抽到 i 号卡片"$(i = 1, 2, \cdots, 8)$,样本空间 $\omega = \{\omega_1, \omega_2, \cdots, \omega_8\}$;

　　(2) $AB = \{\omega_2, \omega_4\}$ 表示"抽到标号不大于 4 且是偶数的卡片";

　　　　$A + B = \{\omega_1, \omega_2, \omega_3, \omega_4, \omega_6, \omega_8\}$ 表示"抽到标号不大于 4 或是偶数的卡片";

　　　　$\overline{B} = \{\omega_1, \omega_3, \omega_5, \omega_7\}$ 表示"抽到标号是奇数的卡片";

　　　　$A - B = \{\omega_1, \omega_3\}$ 表示"抽到标号不大于 4 且为奇数的卡片";

　　　　$\overline{BC} = \{\omega_1, \omega_2, \omega_3, \omega_4, \omega_5, \omega_7, \omega_8\}$ 表示"抽到的卡片不能同时既是偶数又能被 3 整除";

　　　　$\overline{B + C} = \{\omega_1, \omega_5, \omega_7\}$ 表示"抽到标号既不能被 3 整除又不是偶数的卡片".

1.3　(1) A;

　　(2) $\overline{A}(BC + B\overline{C} + \overline{B}C)$ 或 $\overline{A}(B + C)$;

　　(3) $A\overline{B}\,\overline{C} + \overline{A}B\overline{C} + \overline{A}\,\overline{B}C$;

　　(4) $ABC + AB\overline{C} + A\overline{B}C + \overline{A}BC$ 或 $AB + AC + BC$;

　　(5) $\overline{A}\,\overline{B}\,\overline{C}$ 或 $\overline{A + B + C}$;

　　(6) $\overline{ABC}$ 或 $\overline{A} + \overline{B} + \overline{C}$.

1.4 (1) $\overline{AB} = A + B = \{2,3,5,7\}$; (2) $\overline{A(\overline{BC})} = \overline{A} + (BC) = \{1,3,4,6,7,8,9,10\}$.

1.5 提示:用事件之差的定义、德摩根定律和分配律证明.

1.6 $P(A_1) = \dfrac{C_8^3}{C_{10}^3} = \dfrac{7}{15}$; $P(A_2) = \dfrac{C_{10}^3 - C_8^1}{C_{10}^3} = \dfrac{14}{15}$; $P(A_3) = \dfrac{C_8^2}{C_{10}^3} = \dfrac{7}{30}$.

1.7 (1) $P_1 = \dfrac{1}{7^6}$; (2) $P_2 = \dfrac{6^6}{7^6}$; (3) $P_3 = 1 - \dfrac{1}{7^6}$.

1.8 设三段长分别为 x, y, z,它们满足 $x+y+z=a, x>0, y>0, z>0$,即 $x+y<a, x>0, y>0$. 所以样本空间

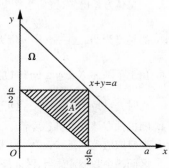

$$\Omega = \{(x,y) \mid x>0, y>0, x+y<a\}$$

面积 $S_\Omega = \dfrac{a^2}{2}$. 三段长要构成三角形,它们必须满足:

$$x+y>z, y+z>x, z+x>y.$$

由于 $z = a-x-y$,故上述条件等价于

$$x+y>\dfrac{a}{2}, x<\dfrac{a}{2}, y<\dfrac{a}{2}.$$

所以所求事件 $A = \{$三段长能构成三角形$\}$

$$= \{(x,y) \mid x+y>\dfrac{a}{2}, x<\dfrac{a}{2}, y<\dfrac{a}{2}\},$$

第 1.8 题图

A 对应的区域即图中阴影部分,其面积 $S_A = \dfrac{a^2}{8}$,所以 $P(A) = \dfrac{S_A}{S_\Omega} = \dfrac{1}{4}$.

1.9 因为 $ABC \subset AB$,由 $P(AB) = 0$,知 $P(ABC) = 0$,则

$$P(\overline{A}\overline{B}\overline{C}) = P(\overline{A+B+C}) = 1 - P(A+B+C)$$
$$= 1 - \left(\dfrac{1}{4} + \dfrac{1}{4} + \dfrac{1}{4} - \dfrac{1}{8} - \dfrac{1}{8} - 0 + 0\right) = \dfrac{1}{2}.$$

1.10 (1) $P(\overline{A}+\overline{B}) = P(\overline{AB}) = 1 - P(AB) = 1 - c$;

(2) $P(\overline{A}\overline{B}) = P(\overline{A+B}) = 1 - P(A+B) = 1 - a - b + c$;

(3) $P(\overline{A}B) = P(B) - P(AB) = b - c$;

(4) $P(\overline{A}+B) = P(\overline{A}) + P(B) - P(\overline{A}B) = 1 - a + b - (b-c) = 1 - a + c$.

1.11 设 $A_i = \{$零件为第 i 台机床加工的$\}$ $(i = 1,2,3)$,$B = \{$任取一件为合格品$\}$,由全概率公式,得

$$P(B) = \sum_{i=1}^{3} P(A_i)P(B|A_i) = 0.5 \times 0.94 + 0.3 \times 0.9 + 0.2 \times 0.95 = 0.93.$$

1.12 设 $A = \{$确定为色盲$\}$,$B = \{$此人为男性$\}$,$\overline{B} = \{$此人为女性$\}$,由题意可知

$$P(B) = P(\overline{B}) = \dfrac{1}{2}, P(A|B) = 0.05, P(A|\overline{B}) = 0.0025,$$由贝叶斯公式,得

$$P(B|A) = \dfrac{P(B)P(A|B)}{P(B)P(A|B) + P(\overline{B})P(A|\overline{B})} = \dfrac{20}{21} \approx 0.9524.$$

1.13 设 $A = \{$朋友迟到了$\}$,B_1, B_2, B_3, B_4 分别表示朋友乘火车、轮船、汽车、飞机来,则 $P(B_1) = 0.3$, $P(B_2) = 0.2, P(B_3) = 0.1, P(B_4) = 0.4, P(A \mid B_1) = \dfrac{1}{4}, P(A \mid B_2) = \dfrac{1}{3}, P(A \mid B_3) = \dfrac{1}{6}$, $P(A \mid B_4) = 0$. 所以 $P(B_1 \mid A) = \dfrac{P(AB_1)}{P(A)} = \dfrac{P(B_1)P(A \mid B_1)}{\displaystyle\sum_{i=1}^{4} P(B_i)P(A \mid B_i)} = \dfrac{9}{19}$.

1.14 设 $A_i = \{$第 i 道工序不出废品$\}(i = 1,2,3)$,则

$$P(A_1A_2A_3) = P(A_1)P(A_2)P(A_3) = 0.9 \times 0.95 \times 0.8 = 0.684.$$

1.15 设 $A_i = \{$第 i 人译出密码$\}$ $(i = 1,2,3)$,$P(A_1) = a, P(A_2) = b, P(A_3) = c$,

$$P(A_1 + A_2 + A_3) = 1 - P(\overline{A_1})P(\overline{A_2})P(\overline{A_3}) = 1 - (1-a)(1-b)(1-c).$$

1.16　(1) 若 A、B 互斥,则 $P(A+B) = P(A) + P(B) = 0.4 + P(B) = 0.7$,所以 $P(B) = 0.3$;

　　　(2) 若 A、B 独立,则 $P(AB) = P(A)P(B)$,从而

$$P(A+B) = P(A) + P(B) - P(A)P(B) = 0.4 + p - 0.4p = 0.7,$$

所以 $p = 0.5$.

1.17　(1) $P\{至少击中一次\} = 1 - (1-p)^n = 1 - (1-0.004)^{250} \approx 0.63286$;

　　　(2) 要求 $P\{至少击中一次\} = 1 - (1-p)^n = 1 - (1-0.004)^n \geqslant 0.99$,

　　　即要有 $0.996^n \leqslant 0.01$,由此可得到 $n \geqslant \log_{0.996} 0.01 \approx 1149$.

　　　所以,需要 1149 支枪同时进行射击,才能以 99% 以上的概率保证至少能击中一次飞机.

1.18　$P\{该批产品合格\} = P\{发现次品不多于一个\} = P\{发现 0 个次品\} + P\{发现 1 个次品\}$

$$= C_{50}^0 \times 0.05^0 \times 0.95^{50} + C_{50}^1 \times 0.05^1 \times 0.95^{49} \approx 0.2794.$$

习　题　二

2.1　(1) ξ 的概率分布为

ξ	1	2	3
$P\{\xi = x_i\}$	1/15	7/15	7/15

,

ξ 的分布函数 $F(x) = \begin{cases} 0 & x < 1 \\ 1/15 & 1 \leqslant x < 2 \\ 8/15 & 2 \leqslant x < 3 \\ 1 & x \geqslant 3 \end{cases}$;

　　　(2) $P\{\xi \geqslant 2\} = P\{\xi = 2\} + P\{\xi = 3\} = 14/15$.

2.2　(1) ξ 的概率分布为

ξ	3	4	5
$P\{\xi = x_i\}$	0.1	0.3	0.6

,

$$P\{\xi \leqslant 4\} = 0.4;$$

　　　(2) η 的概率分布为

η	1	2	3
$P\{\eta = y_j\}$	0.6	0.3	0.1

,

$$P\{\eta > 3\} = 0.$$

2.3　用超几何分布计算,ξ 的概率分布为 $P\{\xi = k\} = \dfrac{C_{100}^k C_{900}^{3-k}}{C_{1000}^3}$ $(k = 0,1,2,3)$,

$$P\{\xi = 1\} = \frac{C_{100}^1 C_{900}^2}{C_{1000}^3} = \frac{13485}{55389} \approx 0.24346;$$

用二项分布近似计算,ξ 的概率分布为 $P\{\xi = k\} = C_3^k \cdot 0.1^k \cdot 0.9^{3-k} (k = 0,1,2,3)$,

$$P\{\xi = 1\} = C_3^1 \times 0.1^1 \times 0.9^2 = 0.24300.$$

2.4　设 ξ 是 5 个人中能活 30 年的人数,则 $\xi \sim b\left(5, \dfrac{2}{3}\right)$.

　　　(1) $P\{\xi = 5\} = \left(\dfrac{2}{3}\right)^5 = \dfrac{32}{243}$;

　　　(2) $P\{\xi \geqslant 3\} = P\{\xi = 3\} + P\{\xi = 4\} + P\{\xi = 5\} = \dfrac{192}{243}$;

(3) $P\{\xi=2\}=\dfrac{40}{243}$;

(4) $P\{\xi\geqslant 1\}=1-P\{\xi=0\}=1-\left(\dfrac{1}{3}\right)^5=\dfrac{242}{243}$.

2.5　设 ξ 为猜对的题数,则 $\xi\sim b\left(5,\dfrac{1}{3}\right)$,$P\{\xi\geqslant 4\}=\dfrac{11}{243}$.

2.6　$P\{\xi\geqslant 1\}=1-P\{\xi=0\}=1-(1-p)^2=\dfrac{5}{9}$,得 $p=\dfrac{1}{3}$,知

$$P\{\eta\geqslant 1\}=1-(1-p)^3=\dfrac{19}{27}.$$

2.7　(1) $P\{\xi\geqslant 3\}=1-P\{\xi<3\}=1-\sum_{k=0}^{2}P\{\xi=k\}=1-\sum_{k=0}^{2}\dfrac{3^k}{k!}\mathrm{e}^{-3}=1-\dfrac{17}{2}\times\mathrm{e}^{-3}\approx 0.5768$;

(2) $P\{\xi\geqslant 3\,|\,\xi\geqslant 1\}=\dfrac{P\{\xi\geqslant 3\}}{P\{\xi\geqslant 1\}}=\dfrac{P\{\xi\geqslant 3\}}{1-P\{\xi=0\}}=\dfrac{1-\dfrac{17}{2}\times\mathrm{e}^{-3}}{1-\mathrm{e}^{-3}}\approx 0.6070$.

2.8　设月初要进货 a 件,ξ 是月销售量,$\xi\sim P(3)$.据题意,要有

$P\{\xi\leqslant a\}=\sum_{k=0}^{a}=\dfrac{3^k}{k!}\mathrm{e}^{-3}\geqslant 0.99$,查附录表 2 得 $\sum_{k=0}^{7}\dfrac{3^k}{k!}\mathrm{e}^{-3}\approx 0.988<0.99$,$\sum_{k=0}^{8}\dfrac{3^k}{k!}\mathrm{e}^{-3}\approx 0.9962>0.99$,

所以至少需要 8 件.

2.9　$P\{\xi=k\}=\left(\dfrac{3}{13}\right)^{k-1}\cdot\dfrac{10}{13}$ $(k=1,2,3,\cdots)$.

2.10　设为了要有 90% 的把握成功,预计所需求职次数的上限为 n,而到成功为止,实际所需的求职次数为 ξ,显然 $\xi\sim g(0.4)$,据题意,要有

$$P\{\xi\leqslant n\}=\sum_{k=1}^{n}0.4\times 0.6^{k-1}=0.4(1+0.6+0.6^2+\cdots+0.6^{n-1})=1-0.6^n\geqslant 0.9,$$

即 $0.6^n\leqslant 0.1$,$n\geqslant\log_{0.6}0.1\approx 4.5076$,取整得 $n=5$,即至少要求职 5 次.

2.11　(1) $\displaystyle\int_{-\infty}^{+\infty}\varphi(x)\mathrm{d}x=\int_{0}^{1}Ax\mathrm{d}x=\dfrac{A}{2}=1\Rightarrow A=2$;

(2) $P\{\xi\leqslant 0.5\}=\displaystyle\int_{-\infty}^{0.5}\varphi(x)\mathrm{d}x=\int_{0}^{0.5}2x\mathrm{d}x=x^2\Big|_{0}^{0.5}=0.25$;

(3) $F(x)=\displaystyle\int_{-\infty}^{x}\varphi(x)\mathrm{d}x=\begin{cases}0 & x<0\\[2mm]\displaystyle\int_{0}^{x}2x\mathrm{d}x=x^2 & 0\leqslant x<1\\[2mm]\displaystyle\int_{0}^{1}2x\mathrm{d}x=1 & x\geqslant 1\end{cases}$.

2.12　(1) $\displaystyle\int_{-\infty}^{+\infty}\varphi(x)\mathrm{d}x=\int_{-\infty}^{+\infty}A\mathrm{e}^{-|x|}\mathrm{d}x=2A\int_{0}^{+\infty}\mathrm{e}^{-x}\mathrm{d}x=2A=1\Rightarrow A=\dfrac{1}{2}$;

(2) $P\{0<\xi<1\}=\displaystyle\int_{0}^{1}\varphi(x)\mathrm{d}x=\int_{0}^{1}\dfrac{1}{2}\mathrm{e}^{-x}\mathrm{d}x=\dfrac{1-\mathrm{e}^{-1}}{2}\approx 0.3161$;

(3) 当 $x<0$,$F(x)=\displaystyle\int_{-\infty}^{x}\varphi(x)\mathrm{d}x=\int_{-\infty}^{x}\dfrac{1}{2}\mathrm{e}^{x}\mathrm{d}x=\dfrac{1}{2}\mathrm{e}^{x}$,

当 $x>0$,$F(x)=\displaystyle\int_{-\infty}^{x}\varphi(x)\mathrm{d}x=\int_{-\infty}^{0}\dfrac{1}{2}\mathrm{e}^{x}\mathrm{d}x+\int_{0}^{x}\dfrac{1}{2}\mathrm{e}^{-x}\mathrm{d}x=1-\dfrac{1}{2}\mathrm{e}^{-x}$,

所以 $F(x)=\begin{cases}\dfrac{1}{2}\mathrm{e}^{x} & x<0\\[2mm]1-\dfrac{1}{2}\mathrm{e}^{-x} & x\geqslant 0\end{cases}$.

2.13　(1) 因为 $F(x)$ 连续,所以在 $x=1$ 有 $F(1-0)=F(1)$,而 $F(1-0)=\lim\limits_{x\to 1^{-}}F(x)=\lim\limits_{x\to 1^{-}}Ax^2=A$,

$F(1)=1$,则 $A=1$;

(2) $\varphi(x) = \dfrac{\mathrm{d}}{\mathrm{d}x}F(x) = \begin{cases} 2x & 0 < x < 1 \\ 0 & \text{其他} \end{cases}$；

(3) $P\{-0.3 < \xi < 0.7\} = F(0.7) - F(-0.3) = 0.7^2 - 0 = 0.49$.

2.14 (1) 由分布函数性质知

$$\begin{cases} F(-\infty) = \lim\limits_{x \to -\infty} (A + B\arctan x) = A - \dfrac{\pi}{2}B = 0 \\ F(+\infty) = \lim\limits_{x \to +\infty} (A + B\arctan x) = A + \dfrac{\pi}{2}B = 1 \end{cases} \text{，解得} \begin{cases} A = \dfrac{1}{2} \\ B = \dfrac{1}{\pi} \end{cases};$$

(2) $P\{-1 < \xi < 1\} = F(1) - F(-1) = 0.5$；

(3) $\varphi(x) = \dfrac{\mathrm{d}}{\mathrm{d}x}F(x) = \dfrac{1}{\pi(1 + x^2)}$.

2.15 设 ξ 表示乘客的候车时间，则 $\xi \sim U(0,5)$，所以 $P\{\xi \leqslant 3\} = \displaystyle\int_0^3 \dfrac{1}{5}\mathrm{d}x = 0.6$.

2.16 设 ξ 是修理时间，$\xi \sim E\left(\dfrac{1}{2}\right)$，$\xi$ 的分布函数 $F(x) = \begin{cases} 1 - \mathrm{e}^{-\frac{1}{2}x} & x > 0 \\ 0 & x \leqslant 0 \end{cases}$.

$P\{\xi > 2\} = 1 - P\{\xi \leqslant 2\} = 1 - F(2) = \mathrm{e}^{-1} \approx 0.3679$.

2.17 (1) 0.7257；(2) 0.8950；(3) 0.8822；(4) 0.0402.

2.18 $\xi \sim E(1), \varphi_\xi(x) \begin{cases} \mathrm{e}^{-x} & x \geqslant 0 \\ 0 & x < 0 \end{cases}$.

因为 $F_\eta(y) = P\{\eta \leqslant y\} = P\{\ln\xi \leqslant y\} = P\{\xi \leqslant \mathrm{e}^y\} = F_\xi(\mathrm{e}^y)$

所以 $\varphi_\eta(y) = \dfrac{\mathrm{d}}{\mathrm{d}y}F_\eta(y) = \dfrac{\mathrm{d}}{\mathrm{d}y}F_\xi(\mathrm{e}^y) = F'_\xi(\mathrm{e}^y) \cdot \mathrm{e}^y = \mathrm{e}^y\varphi_\xi(\mathrm{e}^y)$

$\qquad = \mathrm{e}^y \cdot \mathrm{e}^{-\mathrm{e}^y} = \mathrm{e}^{y - \mathrm{e}^y} \quad (-\infty < y < +\infty)$.

习 题 三

3.1 (1) $P\{\xi \leqslant 1\} = \displaystyle\sum_{j=0}^5 P\{\xi = 0, \eta = j\} + \sum_{j=0}^5 P\{\xi = 1, \eta = j\} = 0.52$；

(2) $P\{\xi = \eta\} = \displaystyle\sum_{j=0}^3 P\{\xi = i, \eta = i\} = 0.14$；

(3) $P\{\xi \leqslant \eta\} = \displaystyle\sum_{j=0}^5 P\{\xi = 0, \eta = j\} + \sum_{j=1}^5 P\{\xi = 1, \eta = j\} + \sum_{j=2}^5 P\{\xi = 2, \eta = j\}$

$\qquad + \displaystyle\sum_{j=3}^5 P\{\xi = 3, \eta = j\} = 0.89$.

3.2 (1)

ξ \\ η	0	1	$P\{\xi = i\}$
0	$\dfrac{a^2}{(a+b)^2}$	$\dfrac{ab}{(a+b)^2}$	$\dfrac{a}{a+b}$
1	$\dfrac{ab}{(a+b)^2}$	$\dfrac{b^2}{(a+b)^2}$	$\dfrac{b}{a+b}$
$P\{\eta = j\}$	$\dfrac{a}{a+b}$	$\dfrac{b}{a+b}$	1

ξ ╲ η	0	1	$P\{\xi=i\}$
0	$\dfrac{a(a-1)}{(a+b)(a+b-1)}$	$\dfrac{ab}{(a+b)(a+b-1)}$	$\dfrac{a}{a+b}$
1	$\dfrac{ab}{(a+b)(a+b-1)}$	$\dfrac{b(b-1)}{(a+b)(a+b-1)}$	$\dfrac{b}{a+b}$
$P\{\eta=j\}$	$\dfrac{a}{a+b}$	$\dfrac{b}{a+b}$	1

(2) 对应上表.

3.3　$P\{\xi=i,\eta=j\}=\dfrac{C_2^i C_j^j C_1^{3-i-j}}{C_{10}^3}$ $(i=0,1,2;j=0,1,2,3)$.

ξ ╲ η	0	1	2	3	$P\{\xi=i\}$
0	0	0	$\dfrac{21}{120}$	$\dfrac{35}{120}$	$\dfrac{56}{120}$
1	0	$\dfrac{14}{120}$	$\dfrac{42}{120}$	0	$\dfrac{56}{120}$
2	$\dfrac{1}{120}$	$\dfrac{7}{120}$	0	0	$\dfrac{8}{120}$
$P\{\eta=j\}$	$\dfrac{1}{120}$	$\dfrac{21}{120}$	$\dfrac{63}{120}$	$\dfrac{35}{120}$	1

3.4　$P\{\xi=i,\eta=j\}=P\{先失败\ i\ 次\}P\{成功1次\}P\{再失败\ j\ 次\}P\{再成功1次\}$
$\qquad\qquad =(1-p)^i p(1-p)^j p=(1-p)^{i+j}p^2\,(i,j=0,1,2,\cdots).$

3.5　(1) 由二维随机变量分布函数的性质知：

$$\begin{cases} F(-\infty,+\infty)=A\left(B-\dfrac{\pi}{2}\right)\left(C+\dfrac{\pi}{2}\right)=0 \\[2mm] F(+\infty,-\infty)=A\left(B+\dfrac{\pi}{2}\right)\left(C-\dfrac{\pi}{2}\right)=0 \quad 解得\ A=\dfrac{1}{\pi^2},B=\dfrac{\pi}{2},C=\dfrac{\pi}{2}. \\[2mm] F(+\infty,+\infty)=A\left(B+\dfrac{\pi}{2}\right)\left(C+\dfrac{\pi}{2}\right)=1 \end{cases}$$

所以 (ξ,η) 的联合分布函数为 $F(x,y)=\dfrac{1}{\pi^2}\left(\dfrac{\pi}{2}+\arctan\dfrac{x}{2}\right)\left(\dfrac{\pi}{2}+\arctan\dfrac{y}{3}\right)$；

(2) $\varphi(x,y)=\dfrac{\partial^2}{\partial x\partial y}F(x,y)=\dfrac{6}{\pi^2(x^2+4)(y^2+9)}$；

(3) $F_\xi(x)=F(x,+\infty)=\dfrac{1}{2}+\dfrac{1}{\pi}\arctan\dfrac{\pi}{2}$，$F_\eta(y)=F(+\infty,y)=\dfrac{1}{2}+\dfrac{1}{\pi}\arctan\dfrac{y}{3}$，

$\quad\varphi_\xi(x)=\dfrac{\mathrm{d}}{\mathrm{d}x}F_\xi(x)=\dfrac{2}{\pi(x^2+4)}$，$\varphi_\eta(y)=\dfrac{\mathrm{d}}{\mathrm{d}y}F_\eta(y)=\dfrac{3}{\pi(y^2+9)}$.

3.6　只需在 $x>y$ 与 $0\leqslant x\leqslant 1,0\leqslant y\leqslant 1$ 的交集 $D=\{(x,y)\mid 0\leqslant y<x\leqslant 1\}$ 内积分即可.

$\quad P\{\xi>\eta\}=\iint\limits_{D}\varphi(x,y)\mathrm{d}x\mathrm{d}y=\dfrac{12}{7}\int_0^1\mathrm{d}x\int_0^x(x^2+xy)\mathrm{d}y=\dfrac{9}{14}.$

3.7　(1) 因为 $\displaystyle\int_{-\infty}^{+\infty}\int_{-\infty}^{+\infty}\varphi(x,y)\mathrm{d}x\mathrm{d}y=\int_0^{+\infty}\int_0^{+\infty}A\mathrm{e}^{-(2x+3y)}\mathrm{d}x\mathrm{d}y=A\int_0^{+\infty}\mathrm{e}^{-2x}\mathrm{d}x\int_0^{+\infty}\mathrm{e}^{-3y}\mathrm{d}y=\dfrac{A}{6}=1$，所以 $A=6$；

(2) $F(x,y)=\displaystyle\int_{-\infty}^x\int_{-\infty}^y\varphi(x,y)\mathrm{d}x\mathrm{d}y=\begin{cases}\displaystyle\int_0^x\int_0^y 6\mathrm{e}^{-(2x+3y)}\mathrm{d}x\mathrm{d}y & x>0,y>0 \\ 0 & 其他\end{cases}$

$\qquad =\begin{cases}(1-\mathrm{e}^{-2x})(1-\mathrm{e}^{-3y}) & x>0,y>0 \\ 0 & 其他\end{cases}$；

(3) $P\{\xi,\eta \in D\} = \iint\limits_{D} \varphi(x,y)\mathrm{d}x\mathrm{d}y = \int_0^3 \mathrm{d}x \int_0^{2-\frac{2x}{3}} 6\mathrm{e}^{-(2x+3y)}\mathrm{d}y$

$$= \int_0^3 (2\mathrm{e}^{-2x} - 2\mathrm{e}^{-6})\mathrm{d}x = 1 - 7\mathrm{e}^{-6} \approx 0.983.$$

3.8

η	2	3
$P_{\eta|\xi}(y_j \mid 0)$	$\frac{3}{8}$	$\frac{5}{8}$

ξ	0	1
$P_{\xi|\eta}(x_i \mid 2)$	$\frac{1}{3}$	$\frac{2}{3}$

ξ 与 η 不独立.

3.9 (1) $\varphi_\xi(x) = \int_{-\infty}^{+\infty} \varphi(x,y)\mathrm{d}y = \begin{cases} \int_{-1}^1 \dfrac{1+xy}{4}\mathrm{d}y = \dfrac{1}{2} & |x| < 1 \\ 0 & |x| \geqslant 1 \end{cases}$; $\varphi_\eta(y) = \begin{cases} \dfrac{1}{2} & |y| < 1 \\ 0 & |y| \geqslant 1 \end{cases}$,

因为 $\varphi_\xi(x)\varphi_\eta(y) \neq \varphi(x,y)$ 所以 ξ,η 不独立;

(2) $\varphi_{\xi|\eta}(x \mid y) = \dfrac{\varphi(x,y)}{\varphi_\eta(y)} = \begin{cases} \dfrac{1}{2}(1+xy) & |x| < 1 \\ 0 & |x| \geqslant 1 \end{cases}$ $(y > 0)$.

3.10 $\varphi(x,y) = \varphi_\eta(y)\varphi_{\xi|\eta}(x \mid y) = \begin{cases} 15x^2 y & 0 < x < y < 1 \\ 0 & \text{其他} \end{cases}$,

$\varphi_\xi(x) = \int_{-\infty}^{+\infty} \varphi(x,y)\mathrm{d}y = \begin{cases} \int_x^1 15x^2 y\mathrm{d}y = \dfrac{15}{2}x^2(1-x^2) & 0 < x < 1 \\ 0 & \text{其他} \end{cases}$,

$P\{\xi > \dfrac{1}{2}\} = \int_{\frac{1}{2}}^{+\infty} \varphi_\xi(x)\mathrm{d}x = \int_{\frac{1}{2}}^1 \dfrac{15}{2}x^2(1-x)^2\mathrm{d}x = \dfrac{47}{64}$.

3.11 (1) $F_\xi(x) = F(x,+\infty) = \begin{cases} \lim\limits_{y\to+\infty}(1-\mathrm{e}^{-0.01x})(1-\mathrm{e}^{-0.01y}) = 1-\mathrm{e}^{-0.01x} & x > 0 \\ 0 & x \leqslant 0 \end{cases}$,

$F_\eta(y) = F(+\infty,y) = \begin{cases} \lim\limits_{x\to+\infty}(1-\mathrm{e}^{-0.01x})(1-\mathrm{e}^{-0.01y}) = 1-\mathrm{e}^{-0.01y} & y > 0 \\ 0 & y \leqslant 0 \end{cases}$,

因为 $F_\xi(x)F_\eta(y) = F(x,y)$,所以 ξ,η 相互独立;

(2) 因为 ξ,η 相互独立,所以

$P\{\xi > 120,\eta > 120\} = P\{\xi > 120\}P\{\eta > 120\} = [1-P\{\xi \leqslant 120\}][1-P\{\eta \leqslant 120\}]$

$$= [1-F_\xi(120)][1-F_\eta(120)] = \mathrm{e}^{-0.01\times120} \times \mathrm{e}^{-0.01\times120}$$

$$= \mathrm{e}^{-2.4} \approx 0.0907.$$

3.12 (1) $\varphi(x,y) = \varphi_\xi(x)\varphi_\eta(y) = \begin{cases} \mathrm{e}^{-2y} & 0 \leqslant x \leqslant 2,\ y > 0 \\ 0 & \text{其他} \end{cases}$;

(2) $P\{\xi \leqslant \eta\} = \iint\limits_{x \leqslant y} \varphi(x,y)\mathrm{d}x\mathrm{d}y = \int_0^2 \mathrm{d}x \int_x^{+\infty} \mathrm{e}^{-2y}\mathrm{d}y = \int_0^2 \dfrac{1}{2}\mathrm{e}^{-2x}\mathrm{d}x = \dfrac{1}{4}(1-\mathrm{e}^{-4}) = 0.245.$

3.13 设两人到达的时间分别为 2 点 ξ 分和 2 点 η 分,则 $\xi,\eta \sim U(0,60)$,故

$$\varphi(x,y) = \begin{cases} \dfrac{1}{3600} & 0 < x < 60, 0 < y < 60 \\ 0 & \text{其他} \end{cases},$$

两人能会面即 $|\xi-\eta| \leqslant 15$,概率为 $P\{|\xi-\eta| \leqslant 15\} = \iint\limits_{|x-y|\leqslant15} \varphi(x,y)\mathrm{d}x\mathrm{d}y = \dfrac{7}{16}$.

3.14 $P\{\xi = i,\eta = j\} = \dfrac{1}{3} \times \dfrac{1}{2} = \dfrac{1}{6}$ $(i,j = 1,2,3; i \neq j)$.

(ξ,η) 的联合分布为

ξ＼η	1	2	3
1	0	1/6	1/6
2	1/6	0	1/6
3	1/6	1/6	0

$\zeta = \xi + \eta$ 的概率分布为

ζ	3	4	5
$P\{\zeta = z_k\}$	$\frac{1}{3}$	$\frac{1}{3}$	$\frac{1}{3}$

3.15　因为 ξ,η 相互独立,所以 $\varphi_\zeta(z) = \int_{-\infty}^{+\infty} \varphi(x)\varphi_\eta(z-x)\mathrm{d}x.$

当 $z > 0$ 时,$\varphi_\zeta(z) = \int_0^z \lambda \mathrm{e}^{-\lambda x} \mu \mathrm{e}^{-\mu(z-x)} \mathrm{d}x = \lambda\mu \mathrm{e}^{-\mu z} \int_0^z \mathrm{e}^{-(\lambda-\mu)x} \mathrm{d}x,$

若 $\lambda = \mu$,$\varphi_\zeta(z) = \lambda^2 \mathrm{e}^{-\lambda z} z = \lambda^2 z \mathrm{e}^{-\lambda z}$,

若 $\lambda \neq \mu$,$\varphi_\zeta(z) = \lambda\mu \mathrm{e}^{-\mu z} \cdot \left[-\frac{\mathrm{e}^{-(\lambda-\mu)x}}{\lambda-\mu} \right]\Big|_0^z = \frac{\lambda\mu}{\lambda-\mu}(\mathrm{e}^{-\mu z} - \mathrm{e}^{-\lambda z});$

当 $z \leqslant 0$ 时,$\varphi_\zeta(z) = 0$;

总之,有

若 $\lambda = \mu$,则 $\varphi_\zeta(z) = \begin{cases} \lambda^2 z \mathrm{e}^{-\lambda z} & z > 0 \\ 0 & z \leqslant 0 \end{cases}$;

若 $\lambda \neq \mu$,则 $\varphi_\zeta(z) = \begin{cases} \dfrac{\lambda\mu}{\lambda-\mu}(\mathrm{e}^{-\mu z} - \mathrm{e}^{-\lambda z}) & z > 0 \\ 0 & z \leqslant 0 \end{cases}.$

3.16　设 ξ_i 为第 i 个元件无故障的时间,$\xi_i \sim E(\lambda)$ $(i = 1,2,3)$,ξ_1,ξ_2,ξ_3 相互独立,根据题意可知,$T = \min(\xi_1,\xi_2,\xi_3)$,所以 T 的分布函数

$$F_T(t) = 1 - [1-F_{\xi_1}(t)][1-F_{\xi_2}(t)][1-F_{\xi_3}(t)] = \begin{cases} 1 - \mathrm{e}^{-3\lambda t} & t > 0 \\ 0 & t \leqslant 0 \end{cases},$$

即有 $T \sim E(3\lambda)$.

3.17　$\xi_{ij} \sim E(\lambda)$,ξ_{ij} 的分布函数 $F_{\xi_{ij}}(x) = \begin{cases} 1 - \mathrm{e}^{-\lambda x} & x > 0 \\ 0 & x \leqslant 0 \end{cases}$ $(i = 1,2; j = 1,2,3).$

设 3 个并联组的使用寿命分别为 η_1,η_2,η_3,由于 $\eta_j = \max(\xi_{1j},\xi_{2j})(j = 1,2,3)$,

所以 $F_{\eta_j}(y) = F_{\xi_{1j}}(y)F_{\xi_{2j}}(y) = \begin{cases} (1 - \mathrm{e}^{-\lambda y})^2 & y > 0 \\ 0 & y \leqslant 0 \end{cases}$ $(j = 1,2,3).$

设整个仪器的使用寿命为 ζ,由于 $\zeta = \min(\eta_1,\eta_2,\eta_3)$,所以

$$F_\zeta(z) = 1 - [1-F_{\eta_1}(z)][1-F_{\eta_2}(z)][1-F_{\eta_3}(z)] = \begin{cases} 1 - (2\mathrm{e}^{-\lambda z} - \mathrm{e}^{-2\lambda z})^3 & z > 0 \\ 0 & z \leqslant 0 \end{cases},$$

$$\varphi_\zeta(z) = \frac{\mathrm{d}F_\zeta(z)}{\mathrm{d}z} = \begin{cases} 6\lambda \mathrm{e}^{-3\lambda z}(1 - \mathrm{e}^{-\lambda z})(2 - \mathrm{e}^{-\lambda z})^2 & z > 0 \\ 0 & z \leqslant 0 \end{cases}.$$

3.18　$2\xi_1 + 3\xi_2 - \xi_3 \sim N(0,6^2)$,故 $P\{0 \leqslant 2\xi_1 + 3\xi_2 - \xi_3 \leqslant 6\} = \Phi(1) - \Phi(0) = 0.3413.$

习 题 四

4.1

ξ	3	4	5
$P\{\xi = x_k\}$	$\dfrac{1}{C_5^3}$	$\dfrac{C_3^2}{C_5^3}$	$\dfrac{C_4^2}{C_5^3}$

, $E\xi = 4.5$.

4.2 $E\eta = 100P\{\xi > 1\} - 300P\{\xi \leqslant 1\} = -300 + 400\mathrm{e}^{-\frac{1}{4}} \approx 11.52$.

4.3 设 ξ 为球的直径，则 $E\left(\dfrac{1}{6}\pi\xi^3\right) = \dfrac{\pi}{24}(a+b)(a^2+b^2)$.

4.4 $\eta = \begin{cases} 500a + (\xi - a) \cdot 300 & a < \xi \leqslant 30 \\ 500\xi - (a-\xi) \cdot 100 & 10 \leqslant \xi \leqslant a \end{cases}$, $E\eta = -7.5a^2 + 350a + 5250$.

(1) $21 \leqslant a \leqslant 26$(单位)；(2) $a = 23$(单位).

4.5 (1) $\xi = \min(\xi_1, \xi_2), F_\xi(x) = 1 - (1-F(x))^2 = \begin{cases} 1 - \mathrm{e}^{-2\lambda x} & x > 0 \\ 0 & x \leqslant 0 \end{cases}$,

$E\xi = \displaystyle\int_0^{+\infty} x\varphi_\xi(x)\mathrm{d}x = \dfrac{1}{2\lambda}$; (2) $\eta = \max(\xi_1, \xi_2), F_\eta(x) = (F(x))^2 = \begin{cases} (1 - \mathrm{e}^{-\lambda x})^2 & x > 0 \\ 0 & x \leqslant 0 \end{cases}$,

$E\eta = \displaystyle\int_0^{+\infty} x\varphi_\eta(x)\mathrm{d}x = \dfrac{3}{2\lambda}$.

4.6 (1) $E\xi = \dfrac{1}{n}\sum_{k=1}^{n} k = \dfrac{n+1}{2}, D\xi = E\xi^2 - (E\xi)^2 = \dfrac{n^2-1}{12}$;

(2) $\xi \sim g\left(\dfrac{1}{n}\right), E\xi = n, D\xi = n(n-1)$.

4.7 $E\xi = -0.2, D\xi = 2.76, E(\xi^2 + 2) = 4.8$.

4.8 $E\xi = 0, D\xi = 2$.

4.9 $P\{\xi \geqslant a\} \leqslant \displaystyle\int_{-\infty}^{+\infty} \dfrac{x}{a}\varphi(x)\mathrm{d}x = \dfrac{1}{a}E\xi$，即 $P\{\xi < a\} \geqslant 1 - \dfrac{E\xi}{a}$.

4.10 $\xi \sim b\left(3, \dfrac{2}{5}\right), E\xi = \dfrac{6}{5}, D\xi = \dfrac{18}{25}$.

4.11 $E(\xi + \mathrm{e}^{-2\xi}) = 1 + \dfrac{1}{3} = \dfrac{4}{3}, D(3\xi - 2) = 9$.

4.12 $E\xi = 0.5, E\eta = 1.05, E\left[\sin\dfrac{(\xi+\eta)\pi}{2}\right] = 0.25, E[\max(\xi,\eta)] = 1.2, D[\max(\xi,\eta)] = 0.36$.

4.13 $E\xi = \dfrac{7}{6}, E\eta = \dfrac{7}{6}, E\xi\eta = \dfrac{4}{3}$.

4.14 (1) $\rho_{\xi\eta} = \dfrac{1}{12}$; (2) $D(\xi + \eta) = 17.8$.

4.15 (1) $E\xi = \dfrac{2}{3}, E\eta = 0, E\xi\eta = 0, \mathrm{Cov}(\xi, \eta) = 0$; (2) ξ 与 η 不独立.

4.16 (1) $E\xi = E\eta = \dfrac{3}{2}, E\xi\eta = \dfrac{9}{4}, \mathrm{Cov}(\xi, \eta) = 0, \rho_{\xi\eta} = 0$; (2) ξ 与 η 不独立.

4.17 $\lambda = 1$.

4.18 $E\eta = 4, D\eta = 20$.

习 题 五

5.1 设各个加数的取整误差为 $\xi_i (i = 1, 2, \cdots, 100)$. 因为 $\xi_i \sim U(-0.5, 0.5)$，所以

$$\mu = E\xi_i = \frac{-0.5+0.5}{2} = 0, \sigma^2 = D\xi_i = \frac{(0.5+0.5)^2}{12} = \frac{1}{12} \ (i=1,2,\cdots,100).$$

设取整误差的总和为 $\eta = \sum_{i=1}^{n} \xi_i$，因为 $n=100$ 数值很大，由定理 5.3 可知，近似有

$\eta = \sum_{i=1}^{n} \xi_i \sim N(n\mu, n\sigma^2)$，其中，$n\mu = 100 \times 0 = 0, n\sigma^2 = 100 \times \frac{1}{12} = \frac{25}{3}$. 所以，取整误差总和的绝对值超过 5 的概率为

$$P\{|\eta|>5\} = 1 - P\{-5 \leqslant \eta \leqslant 5\} \approx 1 - \left[\Phi\left(\frac{5-n\mu}{\sqrt{n\sigma^2}}\right) - \Phi\left(\frac{-5-n\mu}{\sqrt{n\sigma^2}}\right) \right]$$

$$= 1 - \left[\Phi\left(\frac{5-0}{\sqrt{25/3}}\right) - \Phi\left(\frac{-5-0}{\sqrt{25/3}}\right) \right] = 1 - \Phi(1.73) + \Phi(-1.73)$$

$$= 2[1 - \Phi(1.73)] = 2 \times (1 - 0.9582) = 0.0836.$$

5.2 因为 $\xi_i (i=1,2,\cdots,20)$ 的概率密度为 $\varphi(x) = \begin{cases} 2x & 0 \leqslant x \leqslant 1 \\ 0 & \text{其他} \end{cases}$，所以

$$E\xi_i = \int_{-\infty}^{+\infty} x\varphi(x)\mathrm{d}x = \int_0^1 2x^2 \mathrm{d}x = \frac{2}{3}$$

$$D\xi_i = E(\xi_i^2) - (E\xi_i)^2 = \int_0^1 2x^3 \mathrm{d}x - \left(\frac{2}{3}\right)^2 = \frac{1}{2} - \frac{4}{9} = \frac{1}{18}.$$

由中心极限定理(定理 5.3)可知，这时近似有 $\eta = \sum_{i=1}^{20} \xi_i \sim N(n\mu, n\sigma^2)$，其中，$n=20, n\mu = nE\xi_i = \frac{40}{3}$，

$n\sigma^2 = nD\xi_i = \frac{10}{9}$. 所以，

$$P\{\xi \leqslant 10\} \approx \Phi\left(\frac{10-n\mu}{\sqrt{n\sigma^2}}\right) = \Phi\left(\frac{10-\frac{40}{3}}{\sqrt{10/9}}\right) \approx \Phi(-3.16) = 1 - \Phi(3.16) \approx 0.0008.$$

5.3 设 ξ_i 是第 i 页印刷错误的个数，已知 $\xi_i \sim P(0.2) \ (i=1,2,\cdots,300)$，它们相互独立，下面用独立同分布中心极限定理近似计算.

因为 $\xi_i \sim P(0.2) \ (i=1,2,\cdots,300)$，独立同分布，数学期望 $E\xi_i = \lambda = 0.2$，方差 $D\xi_i = \lambda = 0.2 (i=1,2,\cdots,300)$，根据独立同分布中心极限定理，可认为 $\eta = \sum_{i=1}^{300} \xi_i$ 近似服从正态分布 $N(n\mu, n\sigma^2)$，其中 $n\mu = nE\xi_i = 60, n\sigma^2 = nD\xi_i = 60$. 所以

$$P\{0 \leqslant \eta \leqslant 70\} \approx \Phi\left(\frac{70-60}{\sqrt{60}}\right) - \Phi\left(\frac{0-60}{\sqrt{60}}\right) = \Phi\left(\frac{10}{\sqrt{60}}\right) - \Phi\left(\frac{-60}{\sqrt{60}}\right)$$

$$\approx \Phi(1.29) - \Phi(-7.75) \approx 0.9015 - 0 = 0.9015.$$

5.4 设 ξ_i 是第 i 个电子器件的寿命，已知 $\xi_i \sim E(0.1) \ (i=1,2,\cdots,30)$，它们独立同分布，$E\xi_i = \frac{1}{\lambda} = 10$，

$D\xi_i = \frac{1}{\lambda^2} = 100 \ (i=1,2,\cdots,30)$. 根据独立同分布中心极限定理，$T = \sum_{i=1}^{30} \xi_i$ 近似服从正态分布 $N(n\mu, n\sigma^2)$，

其中 $n\mu = nE\xi_i = 300, n\sigma^2 = nD\xi_i = 3000$. 所以

$$P\{T>350\} = 1 - P\{T \leqslant 350\} \approx 1 - \Phi\left(\frac{350-300}{\sqrt{3000}}\right) = 1 - \Phi\left(\frac{50}{\sqrt{3000}}\right)$$

$$\approx 1 - \Phi(0.913) \approx 1 - 0.8186 = 0.1814.$$

5.5 设 ξ 是起作用的部件数，$\xi \sim b(n,p)$，当 n 比较大时，可以认为近似有 $\xi \sim N(np, npq)$.

(1) $n=900, p=0.9, q=1-p=0.1, np=810, npq=81$.

整个系统要能可靠地工作,至少要有 $n \times 88\% = 792$ 个部件起作用,所以,这时系统能可靠地工作的概率等于

$$P\{792 \leqslant \xi \leqslant 900\} \approx \Phi\Big(\frac{900-792}{\sqrt{81}}\Big) - \Phi\Big(\frac{792-810}{\sqrt{81}}\Big) = \Phi(12) - \Phi(-2) \approx 0.9772;$$

(2) 设至少需要 n 个部件,$np = 0.9n, npq = 0.09n$.

这时系统能可靠地工作的概率等于

$$P\{0.88n \leqslant \xi \leqslant n\} \approx \Phi\Big(\frac{n-0.9n}{\sqrt{0.09n}}\Big) - \Phi\Big(\frac{0.88n-0.9n}{\sqrt{0.09n}}\Big)$$

$$= \Phi\Big(\frac{\sqrt{n}}{3}\Big) - \Phi\Big(-\frac{\sqrt{n}}{15}\Big)$$

$$\approx 1 - \Phi\Big(-\frac{\sqrt{n}}{15}\Big) = \Phi\Big(\frac{n}{15}\Big)$$

(因为本题中 n 很大,$\frac{\sqrt{n}}{3}$ 的值远远超过了 4,所以可以认为 $\Phi\Big(\frac{\sqrt{n}}{3}\Big) \approx 1$).

要 $\Phi\Big(\frac{\sqrt{n}}{15}\Big) \geqslant 0.99$,查附录表 4 可得 $\frac{\sqrt{n}}{15} \geqslant 2.3263$,即 $n \geqslant (2.3263 \times 15)^2 \approx 1218$,

即如果整个系统可靠性要达到 0.99,它至少需要由 1218 个部件组成.

5.6 设 ξ 是每一盒中的废品数,$\xi \sim b(n,p), n = 500, p = 0.01, q = 1 - p = 0.99$. 由于 n 很大,可以认为近似有 $\xi \sim N(np, npq)$,其中 $np = 5, npq = 4.95$.

废品数不超过 5 个的概率

$$P\{0 \leqslant \xi \leqslant 5\} \approx \Phi\Big(\frac{5-5}{\sqrt{4.95}}\Big) - \Phi\Big(\frac{0-5}{\sqrt{4.95}}\Big) \approx \Phi(0) - \Phi(-2.25)$$

$$\approx 0.5 - (1-0.9878) = 0.4878.$$

5.7 设 ξ 是要使用外线的分机数,$\xi \sim b(n,p), n = 200, p = 0.05, q = 1 - p = 0.95$.

近似有 $\xi \sim N(np, npq)$,其中 $np = 10, npq = 9.5$. 设 k 是需要设置的外线数. 根据题意,各个分机通话时有足够的外线可供使用,即 $\xi \leqslant k$ 的概率要大于 90%,即要有

$$P\{\xi \leqslant k\} \approx \Phi\Big(\frac{k-10}{\sqrt{9.5}}\Big) \geqslant 0.9.$$

查附录表 4 可得 $\frac{k-10}{\sqrt{9.5}} \geqslant 1.2816$,解得 $k \geqslant 10 + 1.2816 \times \sqrt{9.5} \approx 13.95$,大于它的最小整数是 14,所以,需要设置 14 条外线.

5.8 设 ξ 是死亡的人数,$\xi \sim b(n,p), n = 100000, p = 0.002, q = 1 - p = 0.998$. 可以认为近似有 $\xi \sim N(np, npq)$,其中 $np = 100000 \times 0.002 = 200, npq = 200 \times 0.998 = 199.6$.

保险公司的净获益为 $20 \times 100000 - 8000\xi$.

(1) 当 $20 \times 100000 - 8000\xi < 0$,即 $\xi > 250$ 时,保险公司在此项保险中亏本,其概率为

$$P\{\xi > 250\} \approx 1 - \Phi\Big(\frac{250-200}{\sqrt{199.6}}\Big) \approx 1 - \Phi(3.539) \approx 0.0002;$$

(2) 若要 $20 \times 100000 - 8000\xi > 80000$,必须有 $\xi < 240$,这时,概率为

$$P\{\xi < 240\} \approx \Phi\Big(\frac{240-200}{\sqrt{199.6}}\Big) \approx \Phi(2.831) \approx 0.9977.$$

5.9 设要检查 n 个产品,ξ 是次品数,$\xi \sim b(n,p), p = 0.1, q = 1 - p = 0.9$. 近似有 $\xi \sim N(np, npq)$,$np = 0.1n, npq = 0.1n \times 0.9 = 0.09n$. 当 $\xi \geqslant 10$ 时这批产品不被接受,所以,产品不被接受的概率为

$$P\{10 \leqslant \xi \leqslant n\} \approx \Phi\left(\frac{n-0.1n}{\sqrt{0.09n}}\right) - \Phi\left(\frac{10-0.1n}{\sqrt{0.09n}}\right) = \Phi(3\sqrt{n}) - \Phi\left(\frac{10-0.1n}{\sqrt{0.09n}}\right)$$

$$\approx 1 - \Phi\left(\frac{10-0.1n}{\sqrt{0.09n}}\right) = \Phi\left(\frac{0.1n-10}{\sqrt{0.09n}}\right)$$

(因为本题中 n 很大,$3\sqrt{n}$ 的值远远超过了 4,所以可以认为 $\Phi(3\sqrt{n}) \approx 1$).

现在要 $P\{10 \leqslant \xi \leqslant n\} = \Phi\left(\frac{0.1n-10}{\sqrt{0.09n}}\right) \geqslant 0.9$,查附录表 4 可得 $\frac{0.1n-10}{\sqrt{0.09n}} \geqslant 1.2816$,即有

$$0.1n - 0.38448\sqrt{n} - 10 \geqslant 0.$$

这是一个关于 $\sqrt{n}$ 的一元二次不等式,解这个不等式,得到 $\sqrt{n} \geqslant 12.1055$ 或 $\sqrt{n} \leqslant -8.2607$,但 $\sqrt{n}$ 不可能小于负值,所以只有 $\sqrt{n} \geqslant 12.1055$,平方后得到 $n \geqslant (12.1055)^2 = 146.543$,大于 146.543 的最小整数是 147,即只要检查 147 个产品即可达到要求.

5.10　设要掷 n 次硬币,ξ 是掷出的正面数,$\xi \sim b(n,p)$,$p = 0.5$,$q = 1-p = 0.5$,$E\xi = np = 0.5n$,$D\xi = npq = 0.5n \times 0.5 = 0.25n$.

(1) 用切比雪夫不等式估计.

$$P\left\{0.4 \leqslant \frac{\xi}{n} \leqslant 0.6\right\} = P\left\{\left|\frac{\xi}{n} - 0.5\right| \leqslant 0.1\right\} = P\{|\xi - 0.5n| \leqslant 0.1n\}$$

$$= P\{|\xi - E\xi| \leqslant 0.1n\} \geqslant 1 - \frac{D\xi}{(0.1n)^2}$$

$$= 1 - \frac{0.25n}{0.01n^2} = 1 - \frac{25}{n}.$$

要使 $P\left\{0.4 \leqslant \frac{\xi}{n} \leqslant 0.6\right\} = 1 - \frac{25}{n} \geqslant 0.9$,即要有 $n \geqslant \frac{25}{1-0.9} = 250$. 用切比雪夫不等式估计,需要掷 250 次.

(2) 用德莫哇佛-拉普拉斯定理估计.

因为 $\xi \sim b(n,p)$,近似有 $\xi \sim N(np,npq)$,$np = 0.5n$,$npq = 0.25n$.

$$P\left\{0.4 \leqslant \frac{\xi}{n} \leqslant 0.6\right\} = P\{0.4n \leqslant \xi \leqslant 0.6n\}$$

$$\approx \Phi\left(\frac{0.6n-0.5n}{\sqrt{0.25n}}\right) - \Phi\left(\frac{0.4n-0.5n}{\sqrt{0.25n}}\right)$$

$$= \Phi(0.2\sqrt{n}) - \Phi(-0.2\sqrt{n}) = 2\Phi(0.2\sqrt{n}) - 1.$$

现在要 $P\{0.4 \leqslant \frac{\xi}{n} \leqslant 0.6\} = 2\Phi(0.2\sqrt{n}) - 1 \geqslant 0.9$,即要有 $2\Phi(0.2\sqrt{n}) \geqslant 0.95$,查附录表 4

可得 $0.2\sqrt{n} \geqslant 1.6449$,即有 $n \geqslant \left(\frac{1.6449}{0.2}\right)^2 = 67.6424$.

大于 67.6424 的最小整数是 68,用德莫哇佛-拉普拉斯定理估计,只要掷 68 次就可以了.

习　题　六

6.1　$\overline{X} = 58$,　$S = 25.184$,　$S^2 = 634.25$,　$S^* = 26.923$,　$S^{*2} = 724.86$.

6.2　$E\xi = \int_a^b x \frac{1}{b-a} dx = \frac{a+b}{2}$,$E(\xi^2) = \int_a^b x^2 \frac{1}{b-a} dx = \frac{a^2+ab+b^2}{3}$. 解方程

$$\begin{cases} \dfrac{a+b}{2} = E\xi = \overline{X} \\ \dfrac{a^2+ab+b^2}{3} = E(\xi^2) = \overline{X^2} \end{cases},$$

可得到两组解 $\begin{cases} \hat{a} = \overline{X} - \sqrt{3}S \\ \hat{b} = \overline{X} + \sqrt{3}S \end{cases}$ 和 $\begin{cases} \hat{a} = \overline{X} + \sqrt{3}S \\ \hat{b} = \overline{X} - \sqrt{3}S \end{cases}$. 因为 $a < b$, 第二组解应该舍去, 所以矩法估计为

$$\begin{cases} \hat{a} = \overline{X} - \sqrt{3}S \\ \hat{b} = \overline{X} + \sqrt{3}S \end{cases}.$$

6.3　因 $EX = 0$, 故 a 的矩法估计可由 $EX^2 = \overline{X^2}$ 求解.

$EX^2 = (-1)^2 \times a + 0^2 \times (1 - 2a) + 1^2 \times a = 2a$. 故 a 的矩法估计为 $\hat{a} = \dfrac{1}{2}\overline{X^2}$.

6.4　(1) 因为 $\xi \sim P(\lambda)$, $E\xi = \lambda$, 所以矩法估计为 $\hat{\lambda} = \overline{X}$.

(2) 似然函数 $L = \prod_{i=1}^{n} P\{\xi = x_i\} = \prod_{i=1}^{n} \dfrac{\lambda^{x_i}}{x_i!} e^{-\lambda} = \dfrac{\lambda^{\sum_{i=1}^{n} x_i}}{\prod_{i=1}^{n} x_i!} e^{-n\lambda}$,

$$\ln L = \sum_{i=1}^{n} x_i \ln\lambda - \ln \prod_{i=1}^{n} x_i! - n\lambda.$$

解方程 $\dfrac{\mathrm{d}\ln L}{\mathrm{d}\lambda} = \dfrac{\sum_{i=1}^{n} x_i}{\lambda} - n = 0$, 得到极大似然估计 $\hat{\lambda} = \dfrac{1}{n} \sum_{i=1}^{n} X_i = \overline{X}$.

6.5　(1) $E\xi = \int_0^1 x\theta x^{\theta-1} \mathrm{d}x = \dfrac{\theta}{\theta+1}$. 解方程 $\dfrac{\theta}{\theta+1} = E\xi = \overline{X}$, 得到矩法估计 $\hat{\theta} = \dfrac{\overline{X}}{1-\overline{X}}$.

(2) 先求似然函数: $L = \prod_{i=1}^{n} \varphi(x_i) = \begin{cases} \prod_{i=1}^{n} \theta x_i^{\theta-1} = \theta^n \prod_{i=1}^{n} x_i^{\theta-1} & 0 < x_i < 1 (i = 1, 2, \cdots, n) \\ 0 & \text{其他} \end{cases}$.

当 $L \neq 0$ 时, 对 L 取对数, 得到 $\ln L = n\ln\theta + (\theta-1) \sum_{i=1}^{n} \ln x_i$.

解方程 $\dfrac{\mathrm{d}\ln L}{\mathrm{d}\theta} = \dfrac{n}{\theta} + \sum_{i=1}^{n} \ln x_i = 0$, 得到极大似然估计 $\hat{\theta} = -\dfrac{n}{\sum_{i=1}^{n} \ln x_i}$.

6.6　似然函数 $L = \prod_{i=1}^{n} P\{\xi = x_i\} = \prod_{i=1}^{n} (1-p)^{x_i - 1} p = (1-p)^{\sum_{i=1}^{n} x_i - n} p^n$.

$$\ln L = \Big(\sum_{i=1}^{n} x_i - n\Big)\ln(1-p) + n\ln p.$$

解方程 $\dfrac{\mathrm{d}\ln L}{\mathrm{d}p} = -\dfrac{\sum_{i=1}^{n} x_i - n}{1-p} + \dfrac{n}{p} = 0$, 得到极大似然估计 $\hat{p} = \dfrac{n}{\sum_{i=1}^{n} X_i} = \dfrac{1}{\overline{X}}$.

6.7　似然函数

$$L = \prod_{i=1}^{n} \varphi(x_i) = \begin{cases} \prod_{i=1}^{n} \dfrac{1}{2} & \mu - 1 \leqslant x_i \leqslant \mu + 1, i = 1, 2, \cdots, n \\ 0 & \text{其他} \end{cases}$$

$$= \begin{cases} \Big(\dfrac{1}{2}\Big)^n & \mu - 1 \leqslant \min_i x_i \leqslant \max_i x_i \leqslant \mu + 1 \\ 0 & \text{其他} \end{cases} = \begin{cases} \dfrac{1}{2^n} & \max_i x_i - 1 \leqslant \mu \leqslant \min_i x_i + 1 \\ 0 & \text{其他} \end{cases}$$

可以看出, 当且仅当 $\mu \in [\max_i x_i - 1, \min_i x_i + 1]$ 时, 似然函数 L 取到最大值 $\dfrac{1}{2^n}$, 其他情况下 $L = 0$.

所以,根据极大似然估计的定义,区间$[\max_i X_i - 1, \min_i X_i + 1]$中的任何一个值都是$\mu$的极大似然估计,也就是有$\overset{\wedge}{\mu} \in [\max_i X_i - 1, \min_i X_i + 1]$.

6.8　(1) $E\xi = \sum_{k=0}^{2} kP\{\xi = k\} = 0 \times (1 - 3\theta) + 1 \times \theta + 2 \times 2\theta = 5\theta,$

$$\bar{x} = \frac{1 + 0 + 1 + 2 + 1}{5} = \frac{5}{5} = 1.$$

解方程$5\overset{\wedge}{\theta} = E\overset{\wedge}{\xi} = \bar{x} = 1$,得到$\theta$的矩法估计值$\hat{\theta} = \frac{1}{5}$.

(2) 似然函数$L = \prod_{i=1}^{n} P\{\xi = x_i\} = (1 - 3\theta)^1 \times \theta^3 \times (2\theta)^1 = 2(1 - 3\theta)\theta^4.$

$\ln L = \ln 2 + \ln(1 - 3\theta) + 4\ln\theta$,由$\dfrac{\mathrm{d}\ln L}{\mathrm{d}\theta} = -\dfrac{3}{1 - 3\theta} + \dfrac{4}{\theta} = 0$,得$\hat{\theta} = \dfrac{4}{15}$.

6.9　矩法估计不唯一,参见 6.4 节例 2 的说明;极大似然估计也不唯一,参见习题 6.7.

6.10　因为$\xi \sim E(\lambda)$,$E\xi = \dfrac{1}{\lambda}$,$D\xi = \dfrac{1}{\lambda^2}$,所以

$$E(\overline{X}) = E\xi = \frac{1}{\lambda}, \quad D(\overline{X}) = \frac{D\xi}{n} = \frac{1}{n\lambda^2}, \quad E(S^2) = \frac{n-1}{n}D\xi = \frac{n-1}{n\lambda^2}.$$

6.11　因为$E\overline{X} = E\xi$,所以样本均值$\overline{X}$是总体数学期望$E\xi$的无偏估计. 从观测数据可以求得$\overline{X} = 1147$,所以整批灯泡的平均寿命(即数学期望)的无偏估计值为$E\overset{\wedge}{\xi} = 1147(\mathrm{h})$.

因为$E(S^{*2}) = D\xi$,所以修正样本方差S^{*2}是总体方差$D\xi$的无偏估计. 从观测数据可以求得$S^{*2} = 7579$,所以整批灯泡寿命方差的无偏估计值为$D\overset{\wedge}{\xi} = 7579(\mathrm{h}^2)$.

6.12　因为$\xi \sim P(\lambda)$,$E\xi = \lambda$,$D\xi = \lambda$,所以

$$E(\overline{X}) = E\xi = \lambda, \quad E(S^{*2}) = E\left(\frac{n}{n-1}S^2\right) = \frac{n}{n-1}E(S^2) = D\xi = \lambda,$$

$$E\overset{\wedge}{\lambda} = E[\alpha\overline{X} + (1 - \alpha)S^{*2}] = \alpha E(\overline{X}) + (1 - \alpha)E(S^{*2}) = \alpha\lambda + (1 - \alpha)\lambda = \lambda,$$

所以$\overset{\wedge}{\lambda}$是$\lambda$的无偏估计.

6.13　(1) 因为

$$E(\overset{\wedge}{\mu_1}) = \frac{1}{2}EX_1 + \frac{1}{4}EX_2 + \frac{1}{4}EX_3 = \frac{1}{2}E\xi + \frac{1}{4}E\xi + \frac{1}{4}E\xi = E\xi = \mu,$$

$$E(\overset{\wedge}{\mu_2}) = \frac{1}{3}EX_1 + \frac{1}{3}EX_2 + \frac{1}{3}EX_3 = \frac{1}{3}E\xi + \frac{1}{3}E\xi + \frac{1}{3}E\xi = E\xi = \mu,$$

$$E(\overset{\wedge}{\mu_3}) = \frac{2}{5}EX_1 + \frac{2}{5}EX_2 + \frac{1}{5}EX_3 = \frac{2}{5}E\xi + \frac{2}{5}E\xi + \frac{1}{5}E\xi = E\xi = \mu,$$

所以它们都是μ的无偏估计;

(2) 因为

$$D(\overset{\wedge}{\mu_1}) = \frac{1}{4}DX_1 + \frac{1}{16}DX_2 + \frac{1}{16}DX_3 = \frac{1}{4}D\xi + \frac{1}{16}D\xi + \frac{1}{16}D\xi = \frac{3}{8}D\xi = \frac{3}{8},$$

$$D(\overset{\wedge}{\mu_2}) = \frac{1}{9}DX_1 + \frac{1}{9}DX_2 + \frac{1}{9}DX_3 = \frac{1}{9}D\xi + \frac{1}{9}D\xi + \frac{1}{9}D\xi = \frac{1}{3}D\xi = \frac{1}{3},$$

$$D(\overset{\wedge}{\mu_3}) = \frac{4}{25}DX_1 + \frac{4}{25}DX_2 + \frac{1}{25}DX_3 = \frac{4}{25}D\xi + \frac{4}{25}D\xi + \frac{1}{25}D\xi = \frac{9}{25}D\xi = \frac{9}{25},$$

由于$\dfrac{1}{3} < \dfrac{9}{25} < \dfrac{3}{8}$,即$D(\overset{\wedge}{\mu_2}) < D(\overset{\wedge}{\mu_3}) < D(\overset{\wedge}{\mu_1})$,所以$\overset{\wedge}{\mu_2}$最有效.

6.14　因为$(X_1, X_2, \cdots, X_n)$是$\xi \sim N(0, \sigma^2)$的样本,所以$X_i \sim N(0, \sigma^2)$,有$E(X_i) = 0$,$D(X_i) = \sigma^2$,

$$E(X_i^2) = D(X_i) + [E(X_i)]^2 = \sigma^2 + 0^2 = \sigma^2, i = 1, 2, \cdots, n.$$

$$E\left(c\sum_{i=1}^{n} X_i^2\right) = c\sum_{i=1}^{n} E(X_i^2) = c\sum_{i=1}^{n}\sigma^2 = cn\sigma^2$$

$c\sum_{i=1}^{n} X_i^2$ 为 σ^2 的无偏估计,即 $cn\sigma^2 = \sigma^2$,故得 $c = \dfrac{1}{n}$.

6.15 (1) 因为 $(X_1, X_2, \cdots, X_m)$ 是 $\xi \sim N(0, \sigma^2)$ 的样本,所以 $X_i \sim N(0, \sigma^2)$,$\dfrac{X_i}{\sigma} \sim N(0,1)$ $(i = 1, 2, \cdots, m)$,而且相互独立.

由 χ^2 分布定义可知 $\dfrac{1}{\sigma^2}\sum_{i=1}^{m} X_i^2 = \sum_{i=1}^{m}\left(\dfrac{X_i}{\sigma}\right)^2 \sim \chi^2(m)$.

同理可得 $\dfrac{1}{\sigma^2}\sum_{j=1}^{n} Y_j^2 = \sum_{j=1}^{n}\left(\dfrac{Y_j}{\sigma}\right)^2 \sim \chi^2(n)$,它与上式独立(因为两个样本独立).

由 χ^2 分布的可加性,可知必有 $\dfrac{\sum\limits_{i=1}^{m} X_i^2 + \sum\limits_{j=1}^{n} Y_j^2}{\sigma^2} \sim \chi^2(m+n)$.

(2) 因为 $\dfrac{X_i}{\sigma} \sim N(0,1)$ $(i = 1, 2, \cdots, m)$,而且相互独立. 因此有 $\dfrac{1}{\sigma}\sum_{i=1}^{m} X_i = \sum_{i=1}^{m}\dfrac{X_i}{\sigma} \sim N(0, m)$,所以 $\dfrac{1}{\sigma\sqrt{m}}\sum_{i=1}^{m} X_i \sim N(0,1)$. 又因为 $(Y_1, Y_2, \cdots, Y_n)$ 是 $\eta \sim N(0, \sigma^2)$ 的样本,所以 $Y_j \sim N(0, \sigma^2)$,$\dfrac{Y_j}{\sigma} \sim N(0,1)(j = 1, 2, \cdots, n)$,而且相互独立.

由 χ^2 分布定义可知 $\dfrac{1}{\sigma^2}\sum_{j=1}^{n} Y_j^2 = \sum_{j=1}^{n}\left(\dfrac{Y_j}{\sigma}\right)^2 \sim \chi^2(n)$,而且由于两个样本相互独立,所以 $\dfrac{1}{\sigma\sqrt{m}}\sum_{i=1}^{m} X_i$ 与 $\dfrac{1}{\sigma^2}\sum_{j=1}^{n} Y_j^2$ 相互独立.

根据 t 分布的定义可知 $\dfrac{\sum\limits_{i=1}^{m} X_i}{\sqrt{\sum\limits_{j=1}^{n} Y_j^2}}\sqrt{\dfrac{n}{m}} = \dfrac{\dfrac{1}{\sigma\sqrt{m}}\sum\limits_{i=1}^{m} X_i}{\sqrt{\dfrac{1}{\sigma^2}\sum\limits_{j=1}^{n} Y_j^2 \Big/ n}} \sim t(n)$.

6.16 因为 $T \sim t(n)$,由 t 分布定义可知,必有 $\xi \sim N(0,1)$,$\eta \sim \chi^2(n)$,两者相互独立,使得 $T = \dfrac{\xi}{\sqrt{\eta/n}}$,这时 $T^2 = \left(\dfrac{\xi}{\sqrt{\eta/n}}\right)^2 = \dfrac{\xi^2/1}{\eta/n}$. 因为 $\xi \sim N(0,1)$,由 χ^2 分布定义可知 $\xi^2 \sim \chi^2(1)$,而且它与 $\eta \sim \chi^2(n)$ 相互独立,所以,由 F 分布定义可知 $T^2 = \dfrac{\xi^2/1}{\eta/n} \sim F(1, n)$.

6.17 已知 $\xi \sim N(\mu, 2^2)$,$(X_1, X_2, \cdots, X_n)$ 为 ξ 的样本,由 $P\{|\overline{X} - \mu| \leqslant 0.1\} \geqslant 0.95$ 得

$$P\left\{\left|\dfrac{\overline{X} - \mu}{2}\sqrt{n}\right| \leqslant \dfrac{0.1}{2}\sqrt{n}\right\} = 2\Phi\left(\dfrac{\sqrt{n}}{20}\right) - 1 \geqslant 0.95,\text{即}\dfrac{\sqrt{n}}{20} \geqslant 1.96,\text{得} n \geqslant 1536.64.$$

即样本容量 n 至少要达到 1537 才能满足要求.

6.18 因为 $(X_1, X_2, \cdots, X_n)$ 是总体 $\xi \sim N(\mu, \sigma^2)$ 的样本,所以有:$\overline{X} \sim N\left(\mu, \dfrac{\sigma^2}{n}\right)$. 又因为 $X_{n+1} \sim N(\mu, \sigma^2)$,且它与 $X_1, X_2, \cdots, X_n$ 相互独立,因此它也与 $\overline{X}$ 相互独立,故 $\overline{X} - X_{n+1} \sim N\left(0, \dfrac{\sigma^2}{n} + \sigma^2\right)$,即

$\dfrac{\overline{X} - X_{n+1}}{\sqrt{\dfrac{n+1}{n}}\sigma} \sim N(0,1)$. 而 $\dfrac{(n-1)S^{*2}}{\sigma^2} \sim \chi^2(n-1)$,而且 $\overline{X}$ 与 S^{*2} 相互独立. 又因为 X_{n+1} 与 X_1, X_2,

$\cdots,X_n$ 相互独立,因此 X_{n+1} 也与 S^{*2} 相互独立. 所以 $\dfrac{\overline{X}-X_{n+1}}{\sqrt{\dfrac{n+1}{n}\sigma^2}}$ 与 $\dfrac{(n-1)S^{*2}}{\sigma^2}$ 相互独立. 因此,由 t

分布的定义可知

$$\frac{\overline{X}-X_{n+1}}{S^*}\sqrt{\frac{n}{n+1}}=\frac{\dfrac{\overline{X}-X_{n+1}}{\sqrt{\dfrac{n+1}{n}\sigma^2}}}{\sqrt{\dfrac{(n-1)S^{*2}}{\sigma^2}\Big/(n-1)}}\sim t(n-1)$$

于是由 $P\left\{\dfrac{\overline{X}-X_{n+1}}{S^*}\sqrt{\dfrac{n}{n+1}}\leqslant a\right\}=0.95$,得 $a=t_{0.95}(n-1)$.

习　题　七

7.1 问题相当于要检验 $H_0:\mu=0.150$. $n=75,\overline{X}=0.154$,已知 $\sigma=0.012$.
$$U=\frac{\overline{X}-\mu_0}{\sigma_0}\sqrt{n}=\frac{0.154-0.150}{0.012}\times\sqrt{75}=2.8868.$$
对 $\alpha=0.05$,查 $N(0,1)$ 分布表可得 $u_{1-\alpha/2}=u_{0.975}=1.9600$.
因为 $|U|=|2.8868|>1.9600$,拒绝 $H_0:\mu=0.150$.

7.2 问题相当于要检验 $H_0:\mu=3.25$. $n=5,\overline{X}=3.252,S^*=0.013038$.
$$T=\frac{\overline{X}-\mu_0}{S^*}\sqrt{n}=\frac{3.252-3.25}{0.013038}\times\sqrt{5}=0.3430.$$
对 $\alpha=0.05$,查 t 分布表可得 $t_{1-\alpha/2}(n-1)=t_{0.975}(4)=2.7764$.
因为 $|T|=|0.3430|<2.7764$,接受 $H_0:\mu=3.25$.

7.3 问题相当于要检验 $H_0:\sigma=20$.
$$n=25,\quad S^{*2}=404.77,\quad S^2=\frac{n-1}{n}S^{*2}=388.58,$$
$$\chi^2=\frac{nS^2}{\sigma_0^2}=\frac{25\times388.58}{20^2}=24.286.$$
对 $\alpha=0.05$,查 χ^2 分布表可得
$$\chi^2_{\alpha/2}(n-1)=\chi^2_{0.025}(24)=12.401,\chi^2_{1-\alpha/2}(n-1)=\chi^2_{0.975}(24)=39.364,$$
因为 $12.401<\chi^2=24.286<39.364$,接受 $H_0:\sigma=20$.

7.4 $n=15,\quad \overline{X}=10.4867,\quad S^*=0.235635,\quad S^2=0.0518222$.
(1) 问题相当于要检验 $H_0:\mu=10.5$.
$$T=\frac{\overline{X}-\mu_0}{S^*}\sqrt{n}=\frac{10.2867-10.5}{0.235635}\times\sqrt{15}=-0.219.$$
对 $\alpha=0.05$,查 t 分布表可得 $t_{1-\alpha/2}(n-1)=t_{0.975}(14)=2.1448$.
因为 $|T|=|-0.2192|<2.1448$,接受 $H_0:\mu=10.5$.
(2) 问题相当于要检验 $H_0:\sigma=0.15$.
$$\chi^2=\frac{nS^2}{\sigma_0^2}=\frac{15\times0.0518222}{0.15^2}=34.548.$$
对 $\alpha=0.05$,查 χ^2 分布表可得
$$\chi^2_{\alpha/2}(n-1)=\chi^2_{0.025}(14)=5.629,\chi^2_{1-\alpha/2}(n-1)=\chi^2_{0.975}(14)=26.119,$$
因为 $\chi^2=34.548>26.119$,拒绝 $H_0:\sigma=0.15$.

7.5 设两组患者延长睡眠时数分别为总体 $\xi\sim N(\mu_1,\sigma_1^2)$ 和 $\eta\sim N(\mu_2,\sigma_2^2)$,其中 $\sigma_1=\sigma_2$. 问题相当于要检

验 $H_0 : \mu_1 = \mu_2$.

$$m = 10, \overline{X} = 2.33, S_x^2 = 3.6801, n = 10, \overline{Y} = 0.75, S_y^2 = 2.8805,$$

$$S_w = \sqrt{\frac{mS_x^2 + nS_y^2}{m+n-2}} = \sqrt{\frac{10 \times 3.6801 + 10 \times 2.8805}{10+10-2}} = 1.8986,$$

$$T = \frac{\overline{X} - \overline{Y}}{S_w \sqrt{\frac{1}{m} + \frac{1}{n}}} = \frac{2.33 - 0.75}{1.8986 \times \sqrt{\frac{1}{10} + \frac{1}{10}}} = 1.8608.$$

对 $\alpha = 0.05$,查 t 分布表可得 $t_{1-\alpha/2}(m+n-2) = t_{0.975}(18) = 2.1009$.

因为 $|T| = 1.8608 < 2.1009$,接受 $H_0 : \mu_1 = \mu_2$.

7.6 设两种配方生产的橡胶伸长率分别为总体 $\xi \sim N(\mu_1, \sigma_1^2)$ 和 $\eta \sim N(\mu_2, \sigma_2^2)$.
问题相当于要检验 $H_0 : \sigma_1 = \sigma_2$.

$$m = 9, \quad S_x^{*2} = 53.7778; \quad n = 10, \quad S_y^{*2} = 236.844.$$

$$F = \frac{S_x^{*2}}{S_y^{*2}} = \frac{53.7778}{236.844} = 0.227.$$

对 $\alpha = 0.05$,查 F 分布表,可得

$$F_{1-\alpha/2}(m-1, n-1) = F_{0.975}(8, 9) = 4.10,$$

$$F_{\alpha/2}(m-1, n-1) = \frac{1}{F_{1-\alpha/2}(n-1, m-1)} = \frac{1}{F_{0.975}(9, 8)} = \frac{1}{4.36} = 0.229,$$

因为 $F = 0.227 < 0.229$,拒绝 $H_0 : \sigma_1 = \sigma_2$.

7.7 设锰的熔化点为总体 $\xi \sim N(\mu, \sigma^2)$,问题相当于要检验 $H_0 : \mu \leqslant 1250$ $(H_1 : \mu > 1250)$.

$n = 5, \overline{X} = 1263, S^* = 7.64853, T = \frac{\overline{X} - \mu_0}{S^*} \sqrt{n} = \frac{1263 - 1250}{7.64853} \times \sqrt{5} = 3.8006.$

对 $\alpha = 0.05$,查 t 分布表,可得 $t_{1-\alpha}(n-1) = t_{0.95}(4) = 2.1318$.

因为 $T = 3.8006 > 2.1318$,拒绝 $H_0 : \mu \leqslant 1250$,接受 $H_1 : \mu > 1250$.

可认为锰的熔化点显著高于 1250℃.

7.8 设新、旧工艺生产的灯泡寿命分别为总体 $\xi \sim N(\mu_1, \sigma_1^2)$ 和 $\eta \sim N(\mu_2, \sigma_2^2)$,其中 $\sigma_1 = \sigma_2$. 问题相当于
要检验 $H_0 : \mu_1 \geqslant \mu_2$ $(H_1 : \mu_1 < \mu_2)$.

$$m = 10, \quad \overline{X} = 2460, \quad S_x = 56, \quad n = 10, \quad \overline{Y} = 2550, \quad S_y = 48,$$

$$S_w = \sqrt{\frac{mS_x^2 + nS_y^2}{m+n-2}} = \sqrt{\frac{10 \times 56^2 + 10 \times 48^2}{10+10-2}} = 54.9747,$$

$$T = \frac{\overline{X} - \overline{Y}}{S_w \sqrt{\frac{1}{m} + \frac{1}{n}}} = \frac{2460 - 2550}{54.9747 \times \sqrt{\frac{1}{10} + \frac{1}{10}}} = -3.6607.$$

对 $\alpha = 0.05$,查 t 分布表可得 $t_{1-\alpha}(m+n-2) = t_{0.95}(18) = 2.1009$.

因为 $T = -3.6607 < -2.1009$,拒绝 $H_0 : \mu_1 \geqslant \mu_2$,接受 $H_1 : \mu_1 < \mu_2$. 可以认为采用新工艺后,灯泡的
平均寿命有显著的提高.

7.9 设甲乙两台车床生产的滚珠的直径分别为 $\xi \sim N(\mu_1, \sigma_1^2)$ 和 $\eta \sim N(\mu_2, \sigma_2^2)$.
问题相当于要检验 $H_0 : \sigma_1^2 \leqslant \sigma_2^2$ $(H_1 : \sigma_1^2 > \sigma_2^2)$.

$$m = 8, \quad S_x^{*2} = 0.0955357; \quad n = 9, \quad S_y^{*2} = 0.0261111.$$

$$F = \frac{S_x^{*2}}{S_y^{*2}} = \frac{0.0955357}{0.0261111} = 3.66.$$

对 $\alpha = 0.05$,查 F 分布表,可得 $F_{1-\alpha}(m-1, n-1) = F_{0.95}(7, 8) = 3.50$.

因为 $F = 3.66 > 3.50$,拒绝 $H_0 : \sigma_1^2 \leqslant \sigma_2^2$,接受 $H_1 : \sigma_1^2 > \sigma_2^2$. 可认为乙车床产品的方差显著地小于甲
车床产品的方差.

7.10　$n = 5, \overline{X} = 4.364.$

　　　对 $1 - \alpha = 0.95,$ 查 $N(0,1)$ 分布表可得 $u_{1-\alpha/2} = u_{0.975} = 1.9600.$

$$u_{1-\alpha/2} \frac{\sigma_0}{\sqrt{n}} = 1.9600 \times \frac{0.108}{\sqrt{5}} = 0.095,$$

$$\underline{\theta} = \overline{X} - u_{1-\alpha/2} \frac{\sigma_0}{\sqrt{n}} = 4.364 - 0.095 = 4.27,$$

$$\overline{\theta} = \overline{X} + u_{1-\alpha/2} \frac{\sigma_0}{\sqrt{n}} = 4.364 + 0.095 = 4.46.$$

　　μ 的水平为 95% 的置信区间为 $[4.27, 4.46].$

7.11　(1) $n = 16, \overline{X} = 2.705, S = 0.029, S^* = \sqrt{\dfrac{n}{n-1}} S = 0.029951.$

　　　对 $1 - \alpha = 0.95,$ 查 t 分布表可得 $t_{1-\alpha/2}(n-1) = t_{0.975}(15) = 2.1314.$

$$t_{1-\alpha/2} \frac{S^*}{\sqrt{n}} = 2.1314 \times \frac{0.029951}{\sqrt{16}} = 0.016,$$

$$\underline{\theta} = \overline{X} - t_{1-\alpha/2} \frac{S^*}{\sqrt{n}} = 2.705 - 0.016 = 2.689,$$

$$\overline{\theta} = \overline{X} + t_{1-\alpha/2} \frac{S^*}{\sqrt{n}} = 2.705 + 0.016 = 2.721.$$

　　μ 水平为 95% 的置信区间为 $[2.689, 2.721].$

　　　(2) $nS^2 = 16 \times 0.029^2 = 0.013456.$

　　　对 $1 - \alpha = 0.95,$ 查 χ^2 分布表,可得

$$\chi^2_{\alpha/2}(n-1) = \chi^2_{0.025}(15) = 6.262, \quad \chi^2_{1-\alpha/2}(n-1) = \chi^2_{0.975}(15) = 27.488.$$

$$\underline{\theta} = \frac{nS^2}{\chi^2_{1-\alpha/2}} = \frac{0.013456}{27.488} = 0.0004895, \quad \overline{\theta} = \frac{nS^2}{\chi^2_{\alpha/2}} = \frac{0.013456}{6.262} = 0.0021488.$$

$$\sqrt{\underline{\theta}} = \sqrt{0.0004895} = 0.0221, \quad \sqrt{\overline{\theta}} = \sqrt{0.0021488} = 0.0464.$$

　　σ 的水平为 95% 的置信区间为 $[0.0221, 0.0464].$

7.12　$n = 9, nS^2 = (n-1)S^{*2} = (9-1) \times 11^2 = 968.$

　　　对 $1 - \alpha = 0.95,$ 查 χ^2 分布表,可得

$$\chi^2_{\alpha/2}(n-1) = \chi^2_{0.025}(8) = 2.180, \quad \chi^2_{1-\alpha/2}(n-1) = \chi^2_{0.975}(8) = 17.535.$$

$$\underline{\theta} = \frac{nS^2}{\chi^2_{1-\alpha/2}} = \frac{968}{17.535} = 55.2, \quad \overline{\theta} = \frac{nS^2}{\chi^2_{\alpha/2}} = \frac{968}{2.180} = 444.$$

$$\sqrt{\underline{\theta}} = \sqrt{55.2} = 7.43, \quad \sqrt{\overline{\theta}} = \sqrt{444} = 21.1.$$

　　σ^2 的置信区间为 $[55.2, 444];\sigma$ 的置信区间为 $[7.43, 21.1].$

7.13　$m = 8, \overline{X} = 1636.25, S_x^2 = 10648.4, n = 5, \overline{Y} = 1662, S_y^2 = 3376.$

$$S_w = \sqrt{\frac{mS_x^2 + nS_y^2}{m+n-2}} = \sqrt{\frac{8 \times 10648.4 + 5 \times 3376}{8+5-2}} = 96.3267.$$

　　　对 $1 - \alpha = 0.95,$ 查 t 分布表,可得 $t_{1-\alpha/2}(m+n-2) = t_{0.975}(11) = 2.2010.$

$$t_{1-\alpha/2}(m+n-2)S_w \sqrt{\frac{1}{m} + \frac{1}{n}} = 2.2010 \times 96.3267 \times \sqrt{\frac{1}{8} + \frac{1}{5}} = 120.87,$$

$$\underline{\theta} = \overline{X} - \overline{Y} - t_{1-\alpha/2}S_w \sqrt{\frac{1}{m} + \frac{1}{n}} = 1636.25 - 1662 - 120.87 = -146.62,$$

$$\overline{\theta} = \overline{X} - \overline{Y} + t_{1-\alpha/2}S_w \sqrt{\frac{1}{m} + \frac{1}{n}} = 1636.25 - 1662 + 120.87 = 95.12.$$

$\mu_1 - \mu_2$ 的水平为 95% 的置信区间为 $[-146.62, 95.12]$.

7.14　$m = 10, S_x^2 = 0.5419, S_x^{*2} = \dfrac{m}{m-1} S_x^2 = 0.602111$;

$n = 10, S_y^2 = 0.6050, S_y^{*2} = \dfrac{n}{n-1} S_y^2 = 0.672222$.

$$S_x^{*2} / S_y^{*2} = \frac{0.602111}{0.672222} = 0.8957.$$

对 $1 - \alpha = 0.95$, 查 F 分布表, 可得

$$F_{1-\alpha/2}(m-1, n-1) = F_{0.975}(9, 9) = 4.03,$$

$$F_{\alpha/2}(m-1, n-1) = \frac{1}{F_{1-\alpha/2}(n-1, m-1)} = \frac{1}{F_{0.975}(9, 9)} = \frac{1}{4.03} = 0.248.$$

$$\underline{\theta} = \frac{S_x^{*2}/S_y^{*2}}{F_{1-\alpha/2}} = \frac{0.8957}{4.03} = 0.222, \quad \overline{\theta} = \frac{S_x^{*2}/S_y^{*2}}{F_{\alpha/2}} = \frac{0.8957}{0.248} = 3.61.$$

σ_1^2 / σ_2^2 的水平为 95% 的置信区间为 $[0.222, 3.61]$.

7.15　骰子掷出的点数可以看作是一个总体 ξ, 问题相当于要检验假设

$$H_0 : \xi \sim P\{\xi = k\} = \frac{1}{6} \ (k = 1, 2, 3, 4, 5, 6).$$

作分点 $0.5 < 1.5 < 2.5 < 3.5 < 4.5 < 5.5 < 6.5$, 把 ξ 的取值范围分成下列 6 个区间

$$(k - 0.5, \ k + 0.5] \ (k = 1, 2, 3, 4, 5, 6).$$

H_0 为真时, ξ 落在各区间中的概率为

$$p_k = P\{k - 0.5 < \xi \leqslant k + 0.5\} = P\{\xi = k\} = \frac{1}{6} (k = 1, 2, 3, 4, 5, 6).$$

$$\chi^2 = \frac{1}{n} \sum_{k=1}^{r} \frac{n_k^2}{p_k} - n = \frac{1}{300} \times \left(\frac{43^2}{1/6} + \frac{49^2}{1/6} + \frac{56^2}{1/6} + \frac{45^2}{1/6} + \frac{66^2}{1/6} + \frac{41^2}{1/6} \right) - 300 = 8.96.$$

查 χ^2 分布表, 可得 $\chi_{1-\alpha}^2(r-1) = \chi_{0.95}^2(5) = 11.070$. 因为 $\chi^2 = 8.96 < 11.070$, 所以接受 H_0, 可以认为这颗骰子是均匀的.

7.16　问题相当于要检验 $H_0 : \xi \sim P(\lambda)$, 其中含有一个未知参数 λ.

先求 λ 的极大似然估计. 当总体服从普阿松分布时, 未知参数 λ 的极大似然估计为 λ 的极大似然估计为 $\hat{\lambda} = \overline{X}$. 所以有 $\hat{\lambda} = \overline{x} = \dfrac{1}{n} \sum_{k=1}^{r} n_k x_k = \dfrac{1}{100} \times (31 \times 0 + 44 \times 1 + 19 \times 2 + 6 \times 3) = 1$.

作分点 $-0.5 < 0.5 < 1.5 < 2.5 < +\infty$, 把 ξ 的取值范围分成 4 个区间:

$$(-0.5, 0.5], \ (0.5, 1.5], \ (1.5, 2.5], \ (2.5, +\infty).$$

H_0 为真时, ξ 落在各区间中的概率的估计值为

$$\hat{p}_1 = \hat{P}\{-0.5 < \xi \leqslant 0.5\} = \hat{P}\{\xi = 0\} = \frac{\hat{\lambda}^0}{0!} e^{-\hat{\lambda}} = \frac{1^0}{0!} \times e^{-1} = 0.36788,$$

$$\hat{p}_2 = \hat{P}\{0.5 < \xi \leqslant 1.5\} = \hat{P}\{\xi = 1\} = \frac{\hat{\lambda}^1}{1!} e^{-\hat{\lambda}} = \frac{1^1}{1!} \times e^{-1} = 0.36788,$$

$$\hat{p}_3 = \hat{P}\{1.5 < \xi \leqslant 2.5\} = \hat{P}\{\xi = 2\} = \frac{\hat{\lambda}^2}{2!} e^{-\hat{\lambda}} = \frac{1^2}{2!} \times e^{-1} = 0.18394,$$

$$\hat{p}_4 = \hat{P}\{2.5 < \xi < +\infty\} = 1 - \hat{P}\{\xi \leqslant 2.5\} = 1 - \hat{p}_1 - \hat{p}_2 - \hat{p}_3 = 0.08030.$$

$$\chi^2 = \frac{1}{n} \sum_{k=1}^{4} \frac{n_k^2}{\hat{p}_k} - n = \frac{1}{100} \times \left(\frac{31^2}{0.36788} + \frac{44^2}{0.36788} + \frac{19^2}{0.18394} + \frac{6^2}{0.08030} \right) - 100 = 2.858.$$

查 χ^2 分布表, 可得

$$\chi_{1-\alpha}^2(r-m-1) = \chi_{0.95}^2(2) = 5.991.$$

由于 $\chi^2 = 2.858 < 5.991$, 因此接受 $H_0 : \xi \sim P(\lambda)$, 可以认为每天发生的交通事故数服从普阿松

分布.

7.17 设 ξ 为患色盲的状况, η 为性别, 问题相当于要检验 $H_0:\xi$ 与 η 独立.

首先, 求出联立表中各行、各列的总和:

	B_1 男	B_2 女	总和
A_1 色盲	38	6	44
A_2 正常	442	514	956
总和	480	520	1000

$$\chi^2 = n\left(\sum_{i=1}^r \sum_{j=1}^s \frac{n_{ij}^2}{n_{i.}n_{.j}} - 1\right)$$
$$= 1000 \times \left(\frac{38^2}{44 \times 480} + \frac{6^2}{44 \times 520} + \frac{442^2}{956 \times 480} + \frac{514^2}{956 \times 520} - 1\right)$$
$$= 27.139.$$

查 χ^2 分布表, 可得临界值

$$\chi_{1-\alpha}^2((r-1)(s-1)) = \chi_{0.95}^2(1) = 3.841.$$

由于 $\chi^2 = 27.139 > 3.841$, 拒绝 $H_0:\xi$ 与 η 独立, 即可认为色盲与性别有关.

7.18 设 ξ 为营养状况, η 为智商情况, 问题相当于要检验 $H_0:\xi$ 与 η 独立.

首先, 求出联立表中各行、各列的总和:

	智	商			
	< 80	$80 \sim 89$	$90 \sim 99$	$\geqslant 100$	总和
营养良好	245	228	177	219	869
营养不良	31	27	13	10	81
总和	276	255	190	229	950

$$\chi^2 = n\left(\sum_{i=1}^r \sum_{j=1}^s \frac{n_{ij}^2}{n_{i.}n_{.j}} - 1\right)$$
$$= 950 \times \left(\frac{245^2}{869 \times 276} + \frac{228^2}{869 \times 255} + \frac{177^2}{869 \times 190} + \frac{219^2}{869 \times 229}\right.$$
$$\left. + \frac{31^2}{81 \times 276} + \frac{27^2}{81 \times 255} + \frac{13^2}{81 \times 190} + \frac{10^2}{81 \times 229} - 1\right)$$
$$= 9.75$$

查 χ^2 分布表, 可得临界值

$$\chi_{1-\alpha}^2((r-1)(s-1)) = \chi_{0.95}^2(3) = 7.815.$$

由于 $\chi^2 = 9.75 > 7.815$, 拒绝 $H_0:\xi$ 与 η 独立, 即可认为智力发展与营养状况有关.

自测题答案

自 测 题 一

一、1. $-$; 2. $+$; 3. $+$; 4. $+$; 5. $+$; 6. $-$; 7. $-$; 8. $+$; 9. $-$; 10. $-$

二、1. C; 2. B; 3. A; 4. C; 5. C; 6. C; 7. B; 8. A; 9. C; 10. B

三、1. 720,120; 2. $\overline{A_1 A_2} = \overline{A_1} + \overline{A_2}$; 3. $\frac{4}{35}$; 4. 0.5; 5. $P(AB) \leqslant P(A) \leqslant P(A+B) \leqslant P(A) + P(B)$;

6. 0.7; 　7. 0.3,0.5; 　8. 0.025; 　9. $\dfrac{10}{2^{10}}$; 　10. $\dfrac{10}{17}$

自　测　题　二

一、1. $-$; 　2. $-$; 　3. $+$; 　4. $-$; 　5. $+$; 　6. $-$; 　7. $+$; 　8. $+$; 　9. $-$; 　10. $+$

二、1. C; 　2. D; 　3. A; 　4. A; 　5. A; 　6. D; 　7. C; 　8. A; 　9. B; 　10. A

三、1. $\dfrac{3}{8}$; 　2. 1; 　3. $\varphi_\xi(x)=\begin{cases}\cos x & 0<x<\dfrac{\pi}{2}\\ 0 & \text{其他}\end{cases}$; 　4. 0.3; 　5. 0.352; 　6. 2,3; 　7. 0.2;

8. $\begin{array}{c|ccc}\eta & 1 & 9 & 19\\\hline P\{\eta=y_i\} & 0.2 & 0.5 & 0.3\end{array}$; 　9. $\dfrac{\sqrt{2}}{2},\sqrt{2}$; 　10. $\dfrac{1}{4\sqrt{y}}$

自　测　题　三

一、1. $-$; 　2. $-$; 　3. $+$; 　4. $+$; 　5. $-$; 　6. $-$; 　7. $-$; 　8. $+$; 　9. $+$; 　10. $-$

二、1. D; 　2. A; 　3. B; 　4. D; 　5. C; 　6. B; 　7. D; 　8. D; 　9. B; 　10. B

三、1. 0.7; 　2. $2e^{-2}$; 　3. 0.3; 　4. $\dfrac{15}{64},0,\dfrac{1}{2}$; 　5. $\dfrac{3}{5},\dfrac{1}{3},\dfrac{2}{5}b+\dfrac{2}{3}a=\dfrac{8}{15}$; 　6. $\dfrac{1}{10},\dfrac{2}{15}$;

7. $\varphi(x,y)=\begin{cases}\dfrac{1}{2\sqrt{2\pi}}e^{-\frac{(y-1)^2}{2}} & 0\leqslant x\leqslant 2,-\infty<y<+\infty\\ 0 & \text{其他}\end{cases}$;

8. $F(x,y)=\begin{cases}(1-e^{-2x})(1-e^{-2y}) & x\geqslant 0,y\geqslant 0\\ 0 & \text{其他}\end{cases}$; 　9. $\begin{array}{c|cc}\zeta & 0 & 1\\\hline P & 0.25 & 0.75\end{array}$;

10. $P\{\eta=1\}=0.36,P\{\eta=0\}=0.64$

自　测　题　四

一、1. $+$; 　2. $+$; 　3. $+$; 　4. $+$; 　5. $+$; 　6. $+$; 　7. $-$; 　8. $+$; 　9. $+$; 　10. $+$

二、1. B; 　2. A; 　3. B; 　4. B; 　5. C; 　6. B; 　7. C; 　8. A; 　9. A; 　10. D

三、1. $\dfrac{7}{30}$; 　2. 5; 　3. 4.7; 　4. $\dfrac{1}{18}$; 　5. 2,4; 　6. $N(2,6)$; 　7. $\dfrac{a}{3}$; 　8. 0.6; 　9. $\dfrac{a+b}{2},\dfrac{(b-a)^2}{12n}$;

10. $-\dfrac{1}{3}$

自　测　题　五

一、1. $+$; 　2. $-$; 　3. $+$; 　4. $+$; 　5. $-$; 　6. $+$; 　7. $-$; 　8. $-$; 　9. $+$; 　10. $-$

二、1. B; 　2. A; 　3. A; 　4. D; 　5. A; 　6. B; 　7. C; 　8. B; 　9. C; 　10. D

三、1. $\Phi(x)$; 　2. $\Phi\left(\dfrac{b-np}{\sqrt{npq}}\right)-\Phi\left(\dfrac{a-np}{\sqrt{npq}}\right)$; 　3. $N\left(\dfrac{a}{2},\dfrac{a^2}{12n}\right)$; 　4. 1; 　5. 15; 　6. $N(n\lambda,n\lambda)$;

7. $b(1000,0.03),N(30,29.1),2\Phi\left(\dfrac{10}{\sqrt{29.1}}\right)-1\approx 0.9356$; 　8. 0.5; 　9. $N\left(a_2,\dfrac{a_4-a_2^2}{n}\right)$; 　10. a

自　测　题　六

一、1. $+$; 　2. $-$; 　3. $+$; 　4. $+$; 　5. $+$; 　6. $-$; 　7. $-$; 　8. $-$; 　9. $-$; 　10. $+$

二、1. C; 　2. A; 　3. B; 　4. D; 　5. A; 　6. B; 　7. D; 　8. D; 　9. B; 　10. C

三、1. $X_i\sim P(\lambda)(i=1,2,\cdots,n),X_1,X_2,\cdots,X_n$ 相互独立,$P\{X_1=x_1,X_2=x_2,\cdots,X_n=x_n\}=\prod\limits_{i=1}^{n}\dfrac{\lambda^{x_i}}{x_i!}e^{-\lambda}.$

2. $3, \dfrac{1}{27}, \dfrac{8}{27}$;　　3. $\dfrac{\overline{X}}{\overline{X}-1}, \dfrac{n}{\sum\limits_{i=1}^{n} \ln X_i}$;　　4. $\overline{X}, \overline{X}; S^2, S^2$;　　5. $\overline{X}-\dfrac{1}{2}, \min\limits_{1\leqslant i\leqslant n} X_i$;　　6. 40;　　7. $\dfrac{\sigma_1^2}{m}+\dfrac{\sigma_2^2}{n}$;

8. $\dfrac{1}{3}, 2$;　　9. $t(1)$;　　10. $F, (10,5)$

自 测 题 七

一、1. $-$;　2. $+$;　3. $+$;　4. $+$;　5. $-$;　6. $+$;　7. $+$;　8. $-$;　9. $-$;　10. $+$

二、1. B;　2. C;　3. A;　4. C;　5. A;　6. D;　7. A;　8. B;　9. B;　10. A

三、1. $T=\dfrac{\overline{X}-\mu_0}{S^*}\sqrt{n}, |T|>t_{1-\frac{\alpha}{2}}(n-1)$;　　2. $F=\dfrac{S_x^{*2}}{S_y^{*2}}, F>F_{\alpha}(m-1, n-1)$;　　3. $\overline{X}\sqrt{\dfrac{n(n-1)}{Q^2}}$;

4. 接受 H_0;　　5. 49;　　6. $[135.8, 144.2], [2.03, 9.75]$;　　7. $1.1357\sigma^2$;　　8. 16;

9. $[0.156, 8.94], [-9.4, 49.4]$;　　10. 拒绝 H_0

附 录

表1 常用离散型和连续型分布

分布名称	分布记号	概率分布或概率密度	数学期望	方差
$0-1$ 分布	$b(1,p)$	$P\{\xi=k\}=p^k(1-p)^{1-k}$ $(k=0,1)$	p	$p(1-p)$
二项分布	$b(n,p)$	$P\{\xi=k\}=C_n^k p^k(1-p)^{n-k}$ $(k=0,1,\cdots,n)$	np	$np(1-p)$
普阿松分布	$P(\lambda)$	$P\{\xi=k\}=\dfrac{\lambda^k}{k!}\mathrm{e}^{-\lambda}$ $(k=0,1,2,\cdots)$	λ	λ
几何分布	$g(p)$	$P\{\xi=k\}=(1-p)^{k-1}p$ $(k=1,2,\cdots)$	$\dfrac{1}{p}$	$\dfrac{1-p}{p^2}$
超几何分布	$H(n,M,N)$	$P\{\xi=k\}=\dfrac{C_M^k C_{N-M}^{n-k}}{C_N^n}$ $(k=0,1,\cdots,n)$	$\dfrac{nM}{N}$	$\dfrac{nM}{N}\left(1-\dfrac{M}{N}\right)\dfrac{N-n}{N-1}$
均匀分布	$U(a,b)$	$\varphi(x)=\begin{cases}\dfrac{1}{b-a} & a\leqslant x\leqslant b \\ 0 & \text{其他}\end{cases}$	$\dfrac{a+b}{2}$	$\dfrac{(b-a)^2}{12}$
指数分布	$E(\lambda)$	$\varphi(x)=\begin{cases}\lambda\mathrm{e}^{-\lambda x} & x>0 \\ 0 & x\leqslant 0\end{cases}$	$\dfrac{1}{\lambda}$	$\dfrac{1}{\lambda^2}$
正态分布	$N(\mu,\sigma^2)$	$\varphi(x)=\dfrac{1}{\sqrt{2\pi}\sigma}\mathrm{e}^{-\frac{(x-\mu)^2}{2\sigma^2}}$	μ	σ^2
χ^2 分布	$\chi^2(n)$	$\varphi(x)=\begin{cases}\dfrac{1}{2^{\frac{n}{2}}\Gamma\left(\frac{n}{2}\right)}x^{\frac{n}{2}-1}\mathrm{e}^{-\frac{x}{2}} & x>0 \\ 0 & x\leqslant 0\end{cases}$	n	$2n$
t 分布	$t(n)$	$\varphi(x)=\dfrac{\Gamma\left(\frac{n+1}{2}\right)}{\sqrt{n\pi}\Gamma\left(\frac{n}{2}\right)}\left(1+\dfrac{x^2}{n}\right)^{-\frac{n+1}{2}}$	0 $(n>1)$	$\dfrac{n}{n-2}$ $(n>2)$
F 分布	$F(m,n)$	$\varphi(x)=\begin{cases}\dfrac{\Gamma\left(\frac{m+n}{2}\right)m^{\frac{m}{2}}n^{\frac{n}{2}}x^{\frac{m}{2}-1}}{\Gamma\left(\frac{m}{2}\right)\Gamma\left(\frac{n}{2}\right)(mx+n)^{\frac{m+n}{2}}} & x>0 \\ 0 & x\leqslant 0\end{cases}$	$\dfrac{n}{n-2}$ $(n>2)$	$\dfrac{2n^2(m+n-2)}{m(n-2)^2(n-4)}$ $(n>4)$

表2　普阿松分布的概率 $P\{\xi = k\} = \dfrac{\lambda^k}{k!}e^{-\lambda}$

k \ λ	0.1	0.2	0.3	0.4	0.5	0.6	0.7	0.8	0.9	1.0	1.5
0	0.9048	0.8187	0.7408	0.6703	0.6065	0.5488	0.4966	0.4493	0.4066	0.3679	0.2231
1	0.0905	0.1637	0.2222	0.2681	0.3033	0.3293	0.3476	0.3595	0.3659	0.3679	0.3347
2	0.0045	0.0164	0.0333	0.0536	0.0758	0.0988	0.1217	0.1438	0.1647	0.1839	0.2510
3	0.0002	0.0011	0.0033	0.0072	0.0126	0.0198	0.0284	0.0383	0.0494	0.0613	0.1255
4		0.0001	0.0003	0.0007	0.0016	0.0030	0.0050	0.0077	0.0111	0.0153	0.0471
5				0.0001	0.0002	0.0004	0.0007	0.0012	0.0020	0.0031	0.0141
6							0.0001	0.0002	0.0003	0.0005	0.0035
7										0.0001	0.0008
8											0.0001

k \ λ	2.0	2.5	3.0	3.5	4.0	4.5	5.0	6.0	7.0	8.0	9.0
0	0.1353	0.0821	0.0498	0.0302	0.0183	0.0111	0.0067	0.0025	0.0009	0.0003	0.0001
1	0.2707	0.2052	0.1494	0.1057	0.0733	0.0500	0.0337	0.0149	0.0064	0.0027	0.0011
2	0.2707	0.2565	0.2240	0.1850	0.1465	0.1125	0.0842	0.0446	0.0223	0.0107	0.0050
3	0.1804	0.2138	0.2240	0.2158	0.1954	0.1687	0.1404	0.0892	0.0521	0.0286	0.0150
4	0.0902	0.1336	0.1680	0.1888	0.1954	0.1898	0.1755	0.1339	0.0912	0.0573	0.0337
5	0.0361	0.0668	0.1008	0.1322	0.1563	0.1708	0.1755	0.1606	0.1277	0.0916	0.0607
6	0.0120	0.0278	0.0504	0.0771	0.1042	0.1281	0.1462	0.1606	0.1490	0.1221	0.0911
7	0.0034	0.0099	0.0216	0.0385	0.0595	0.0824	0.1044	0.1377	0.1490	0.1396	0.1171
8	0.0009	0.0031	0.0081	0.0169	0.0298	0.0463	0.0653	0.1033	0.1304	0.1396	0.1318
9	0.0002	0.0009	0.0027	0.0066	0.0132	0.0232	0.0363	0.0688	0.1014	0.1241	0.1318
10		0.0002	0.0008	0.0023	0.0053	0.0104	0.0181	0.0413	0.0710	0.0993	0.1186
11			0.0002	0.0007	0.0019	0.0043	0.0082	0.0225	0.0452	0.0722	0.0970
12			0.0001	0.0002	0.0006	0.0016	0.0034	0.0113	0.0263	0.0481	0.0728
13				0.0001	0.0002	0.0006	0.0013	0.0052	0.0142	0.0296	0.0504
14					0.0001	0.0002	0.0005	0.0022	0.0071	0.0169	0.0324
15						0.0001	0.0002	0.0009	0.0033	0.0090	0.0194
16								0.0003	0.0014	0.0045	0.0109
17								0.0001	0.0006	0.0021	0.0058
18									0.0002	0.0009	0.0029
19									0.0001	0.0004	0.0014
20										0.0002	0.0006
21										0.0001	0.0003
22											0.0001

续表

k \ λ	10	11	12	13	14	15	16	17	18	19	20
0											
1	0.0005	0.0002	0.0001								
2	0.0023	0.0010	0.0004	0.0002	0.0001						
3	0.0076	0.0037	0.0018	0.0008	0.0004	0.0002	0.0001				
4	0.0189	0.0102	0.0053	0.0027	0.0013	0.0006	0.0003	0.0001	0.0001		
5	0.0378	0.0224	0.0127	0.0070	0.0037	0.0019	0.0010	0.0005	0.0002	0.0001	0.0001
6	0.0631	0.0411	0.0255	0.0152	0.0087	0.0048	0.0026	0.0014	0.0007	0.0004	0.0002
7	0.0901	0.0646	0.0437	0.0281	0.0174	0.0104	0.0060	0.0034	0.0019	0.0010	0.0005
8	0.1126	0.0888	0.0655	0.0457	0.0304	0.0194	0.0120	0.0072	0.0042	0.0024	0.0013
9	0.1251	0.1085	0.0874	0.0661	0.0473	0.0324	0.0213	0.0135	0.0083	0.0050	0.0029
10	0.1251	0.1194	0.1048	0.0859	0.0663	0.0486	0.0341	0.0230	0.0150	0.0095	0.0058
11	0.1137	0.1194	0.1144	0.1015	0.0844	0.0663	0.0496	0.0355	0.0245	0.0164	0.0106
12	0.0948	0.1094	0.1144	0.1099	0.0984	0.0829	0.0661	0.0504	0.0368	0.0259	0.0176
13	0.0729	0.0926	0.1056	0.1099	0.1060	0.0956	0.0814	0.0658	0.0509	0.0378	0.0271
14	0.0521	0.0728	0.0905	0.1021	0.1060	0.1024	0.0930	0.0800	0.0655	0.0514	0.0387
15	0.0347	0.0534	0.0724	0.0885	0.0989	0.1024	0.0992	0.0906	0.0786	0.0650	0.0516
16	0.0217	0.0367	0.0543	0.0719	0.0866	0.0960	0.0992	0.0963	0.0884	0.0772	0.0646
17	0.0128	0.0237	0.0383	0.0550	0.0713	0.0847	0.0934	0.0963	0.0936	0.0863	0.0760
18	0.0071	0.0145	0.0255	0.0397	0.0554	0.0706	0.0830	0.0909	0.0936	0.0911	0.0844
19	0.0037	0.0084	0.0161	0.0272	0.0409	0.0557	0.0699	0.0814	0.0887	0.0911	0.0888
20	0.0019	0.0046	0.0097	0.0177	0.0286	0.0418	0.0559	0.0692	0.0798	0.0866	0.0888
21	0.0009	0.0024	0.0055	0.0109	0.0191	0.0299	0.0426	0.0560	0.0684	0.0783	0.0846
22	0.0004	0.0012	0.0030	0.0065	0.0121	0.0204	0.0310	0.0433	0.0560	0.0676	0.0769
23	0.0002	0.0006	0.0016	0.0037	0.0074	0.0133	0.0216	0.0320	0.0438	0.0559	0.0669
24	0.0001	0.0003	0.0008	0.0020	0.0043	0.0083	0.0144	0.0226	0.0328	0.0442	0.0557
25		0.0001	0.0004	0.0010	0.0024	0.0050	0.0092	0.0154	0.0237	0.0336	0.0446
26			0.0002	0.0005	0.0013	0.0029	0.0057	0.0101	0.0164	0.0246	0.0343
27			0.0001	0.0002	0.0007	0.0016	0.0034	0.0063	0.0109	0.0173	0.0254
28				0.0001	0.0003	0.0009	0.0019	0.0038	0.0070	0.0117	0.0181
29				0.0001	0.0002	0.0004	0.0011	0.0023	0.0044	0.0077	0.0125
30					0.0001	0.0002	0.0006	0.0013	0.0026	0.0049	0.0083
31						0.0001	0.0003	0.0007	0.0015	0.0030	0.0054
32						0.0001	0.0001	0.0004	0.0009	0.0018	0.0034
33							0.0001	0.0002	0.0005	0.0010	0.0020
34								0.0001	0.0002	0.0006	0.0012
35									0.0001	0.0003	0.0007
36									0.0001	0.0002	0.0004
37										0.0001	0.0002
38											0.0001
39											0.0001

表3　标准正态分布的分布函数

$$\xi \sim N(0,1) \quad \Phi(x) = P\{\xi \leqslant x\} = \frac{1}{\sqrt{2\pi}} \int_{-\infty}^{x} e^{-\frac{t^2}{2}} dt$$

表中是与 x 对应的 $N(0,1)$ 分布的分布函数 $\Phi(x)$ 的值

x	0.00	0.01	0.02	0.03	0.04	0.05	0.06	0.07	0.08	0.09
0.0	0.5000	0.5040	0.5080	0.5120	0.5160	0.5199	0.5239	0.5279	0.5319	0.5359
0.1	0.5398	0.5438	0.5478	0.5517	0.5557	0.5596	0.5636	0.5675	0.5714	0.5753
0.2	0.5793	0.5832	0.5871	0.5910	0.5948	0.5987	0.6026	0.6064	0.6103	0.6141
0.3	0.6179	0.6217	0.6255	0.6293	0.6331	0.6368	0.6406	0.6443	0.6480	0.6517
0.4	0.6554	0.6591	0.6628	0.6664	0.6700	0.6736	0.6772	0.6808	0.6844	0.6879
0.5	0.6915	0.6950	0.6985	0.7019	0.7054	0.7088	0.7123	0.7157	0.7190	0.7224
0.6	0.7257	0.7291	0.7324	0.7357	0.7389	0.7422	0.7454	0.7486	0.7517	0.7549
0.7	0.7580	0.7611	0.7642	0.7673	0.7704	0.7734	0.7764	0.7794	0.7823	0.7852
0.8	0.7881	0.7910	0.7939	0.7967	0.7995	0.8023	0.8051	0.8078	0.8106	0.8133
0.9	0.8159	0.8186	0.8212	0.8238	0.8264	0.8289	0.8315	0.8340	0.8365	0.8389
1.0	0.8413	0.8438	0.8461	0.8485	0.8508	0.8531	0.8554	0.8577	0.8599	0.8621
1.1	0.8643	0.8665	0.8686	0.8708	0.8729	0.8749	0.8770	0.8790	0.8810	0.8830
1.2	0.8849	0.8869	0.8888	0.8907	0.8925	0.8944	0.8962	0.8980	0.8997	0.9015
1.3	0.9032	0.9049	0.9066	0.9082	0.9099	0.9115	0.9131	0.9147	0.9162	0.9177
1.4	0.9192	0.9207	0.9222	0.9236	0.9251	0.9265	0.9279	0.9292	0.9306	0.9319
1.5	0.9332	0.9345	0.9357	0.9370	0.9382	0.9394	0.9406	0.9418	0.9429	0.9441
1.6	0.9452	0.9463	0.9474	0.9484	0.9495	0.9505	0.9515	0.9525	0.9535	0.9545
1.7	0.9554	0.9564	0.9573	0.9582	0.9591	0.9599	0.9608	0.9616	0.9625	0.9633
1.8	0.9641	0.9649	0.9656	0.9664	0.9671	0.9678	0.9686	0.9693	0.9699	0.9706
1.9	0.9713	0.9719	0.9726	0.9732	0.9738	0.9744	0.9750	0.9756	0.9761	0.9767
2.0	0.9772	0.9778	0.9783	0.9788	0.9793	0.9798	0.9803	0.9808	0.9812	0.9817
2.1	0.9821	0.9826	0.9830	0.9834	0.9838	0.9842	0.9846	0.9850	0.9854	0.9857
2.2	0.9861	0.9864	0.9868	0.9871	0.9875	0.9878	0.9881	0.9884	0.9887	0.9890
2.3	0.9893	0.9896	0.9898	0.9901	0.9904	0.9906	0.9909	0.9911	0.9913	0.9916
2.4	0.9918	0.9920	0.9922	0.9925	0.9927	0.9929	0.9931	0.9932	0.9934	0.9936
2.5	0.9938	0.9940	0.9941	0.9943	0.9945	0.9946	0.9948	0.9949	0.9951	0.9952
2.6	0.9953	0.9955	0.9956	0.9957	0.9959	0.9960	0.9961	0.9962	0.9963	0.9964
2.7	0.9965	0.9966	0.9967	0.9968	0.9969	0.9970	0.9971	0.9972	0.9973	0.9974
2.8	0.9974	0.9975	0.9976	0.9977	0.9977	0.9978	0.9979	0.9979	0.9980	0.9981
2.9	0.9981	0.9982	0.9982	0.9983	0.9984	0.9984	0.9985	0.9985	0.9986	0.9986
3.0	0.9987	0.9987	0.9987	0.9988	0.9988	0.9989	0.9989	0.9989	0.9990	0.9990
3.1	0.9990	0.9991	0.9991	0.9991	0.9992	0.9992	0.9992	0.9992	0.9993	0.9993
3.2	0.9993	0.9993	0.9994	0.9994	0.9994	0.9994	0.9994	0.9995	0.9995	0.9995
3.3	0.9995	0.9995	0.9995	0.9996	0.9996	0.9996	0.9996	0.9996	0.9996	0.9997
3.4	0.9997	0.9997	0.9997	0.9997	0.9997	0.9997	0.9997	0.9997	0.9997	0.9998
3.5	0.9998	0.9998	0.9998	0.9998	0.9998	0.9998	0.9998	0.9998	0.9998	0.9998
3.6	0.9998	0.9998	0.9999	0.9999	0.9999	0.9999	0.9999	0.9999	0.9999	0.9999
3.7	0.9999	0.9999	0.9999	0.9999	0.9999	0.9999	0.9999	0.9999	0.9999	0.9999
3.8	0.9999	0.9999	0.9999	0.9999	0.9999	0.9999	0.9999	0.9999	0.9999	0.9999
3.9	1.0000	1.0000	1.0000	1.0000	1.0000	1.0000	1.0000	1.0000	1.0000	1.0000

表 4 $N(0,1)$ 标准正态分布的临界值

$$\xi \sim N(0,1) \quad p = \Phi(x) = P\{\xi \leqslant x\} = \frac{1}{\sqrt{2\pi}} \int_{-\infty}^{x} e^{-\frac{t^2}{2}} dt$$

表中是与 $p = \Phi(x)$ 对应的 $N(0,1)$ 分布的临界值 x 的值

p	0.000	0.001	0.002	0.003	0.004	0.005	0.006	0.007	0.008	0.009
0.50	0.0000	0.0025	0.0050	0.0075	0.0100	0.0125	0.0150	0.0175	0.0201	0.0226
0.51	0.0251	0.0276	0.0301	0.0326	0.0351	0.0376	0.0401	0.0426	0.0451	0.0476
0.52	0.0502	0.0527	0.0552	0.0577	0.0602	0.0627	0.0652	0.0677	0.0702	0.0728
0.53	0.0753	0.0778	0.0803	0.0828	0.0853	0.0878	0.0904	0.0929	0.0954	0.0979
0.54	0.1004	0.1030	0.1055	0.1080	0.1105	0.1130	0.1156	0.1181	0.1206	0.1231
0.55	0.1257	0.1282	0.1307	0.1332	0.1358	0.1383	0.1408	0.1434	0.1459	0.1484
0.56	0.1510	0.1535	0.1560	0.1586	0.1611	0.1637	0.1662	0.1687	0.1713	0.1738
0.57	0.1764	0.1789	0.1815	0.1840	0.1866	0.1891	0.1917	0.1942	0.1968	0.1993
0.58	0.2019	0.2045	0.2070	0.2096	0.2121	0.2147	0.2173	0.2198	0.2224	0.2250
0.59	0.2275	0.2301	0.2327	0.2353	0.2378	0.2404	0.2430	0.2456	0.2482	0.2508
0.60	0.2533	0.2559	0.2585	0.2611	0.2637	0.2663	0.2689	0.2715	0.2741	0.2767
0.61	0.2793	0.2819	0.2845	0.2871	0.2898	0.2924	0.2950	0.2976	0.3002	0.3029
0.62	0.3055	0.3081	0.3107	0.3134	0.3160	0.3186	0.3213	0.3239	0.3266	0.3292
0.63	0.3319	0.3345	0.3372	0.3398	0.3425	0.3451	0.3478	0.3505	0.3531	0.3558
0.64	0.3585	0.3611	0.3638	0.3665	0.3692	0.3719	0.3745	0.3772	0.3799	0.3826
0.65	0.3853	0.3880	0.3907	0.3934	0.3961	0.3989	0.4016	0.4043	0.4070	0.4097
0.66	0.4125	0.4152	0.4179	0.4207	0.4234	0.4261	0.4289	0.4316	0.4344	0.4372
0.67	0.4399	0.4427	0.4454	0.4482	0.4510	0.4538	0.4565	0.4593	0.4621	0.4649
0.68	0.4677	0.4705	0.4733	0.4761	0.4789	0.4817	0.4845	0.4874	0.4902	0.4930
0.69	0.4959	0.4987	0.5015	0.5044	0.5072	0.5101	0.5129	0.5158	0.5187	0.5215
0.70	0.5244	0.5273	0.5302	0.5330	0.5359	0.5388	0.5417	0.5446	0.5476	0.5505
0.71	0.5534	0.5563	0.5592	0.5622	0.5651	0.5681	0.5710	0.5740	0.5769	0.5799
0.72	0.5828	0.5858	0.5888	0.5918	0.5948	0.5978	0.6008	0.6038	0.6068	0.6098
0.73	0.6128	0.6158	0.6189	0.6219	0.6250	0.6280	0.6311	0.6341	0.6372	0.6403
0.74	0.6433	0.6464	0.6495	0.6526	0.6557	0.6588	0.6620	0.6651	0.6682	0.6713

p	0.000	0.001	0.002	0.003	0.004	0.005	0.006	0.007	0.008	0.009
0.75	0.6745	0.6776	0.6808	0.6840	0.6871	0.6903	0.6935	0.6967	0.6999	0.7031
0.76	0.7063	0.7095	0.7128	0.7160	0.7192	0.7225	0.7257	0.7290	0.7323	0.7356
0.77	0.7388	0.7421	0.7454	0.7488	0.7521	0.7554	0.7588	0.7621	0.7655	0.7688
0.78	0.7722	0.7756	0.7790	0.7824	0.7858	0.7892	0.7926	0.7961	0.7995	0.8030
0.79	0.8064	0.8099	0.8134	0.8169	0.8204	0.8239	0.8274	0.8310	0.8345	0.8381
0.80	0.8416	0.8452	0.8488	0.8524	0.8560	0.8596	0.8633	0.8669	0.8705	0.8742
0.81	0.8779	0.8816	0.8853	0.8890	0.8927	0.8965	0.9002	0.9040	0.9078	0.9116
0.82	0.9154	0.9192	0.9230	0.9269	0.9307	0.9346	0.9385	0.9424	0.9463	0.9502
0.83	0.9542	0.9581	0.9621	0.9661	0.9701	0.9741	0.9782	0.9822	0.9863	0.9904
0.84	0.9945	0.9986	1.0027	1.0069	1.0110	1.0152	1.0194	1.0237	1.0279	1.0322
0.85	1.0364	1.0407	1.0450	1.0494	1.0537	1.0581	1.0625	1.0669	1.0714	1.0758
0.86	1.0803	1.0848	1.0893	1.0939	1.0985	1.1031	1.1077	1.1123	1.1170	1.1217
0.87	1.1264	1.1311	1.1359	1.1407	1.1455	1.1503	1.1552	1.1601	1.1650	1.1700
0.88	1.1750	1.1800	1.1850	1.1901	1.1952	1.2004	1.2055	1.2107	1.2160	1.2212
0.89	1.2265	1.2319	1.2372	1.2426	1.2481	1.2536	1.2591	1.2646	1.2702	1.2759
0.90	1.2816	1.2873	1.2930	1.2988	1.3047	1.3106	1.3165	1.3225	1.3285	1.3346
0.91	1.3408	1.3469	1.3532	1.3595	1.3658	1.3722	1.3787	1.3852	1.3917	1.3984
0.92	1.4051	1.4118	1.4187	1.4255	1.4325	1.4395	1.4466	1.4538	1.4611	1.4684
0.93	1.4758	1.4833	1.4909	1.4985	1.5063	1.5141	1.5220	1.5301	1.5382	1.5464
0.94	1.5548	1.5632	1.5718	1.5805	1.5893	1.5982	1.6072	1.6164	1.6258	1.6352
0.95	1.6449	1.6546	1.6646	1.6747	1.6849	1.6954	1.7060	1.7169	1.7279	1.7392
0.96	1.7507	1.7624	1.7744	1.7866	1.7991	1.8119	1.8250	1.8384	1.8522	1.8663
0.97	1.8808	1.8957	1.9110	1.9268	1.9431	1.9600	1.9774	1.9954	2.0141	2.0335
0.98	2.0537	2.0749	2.0969	2.1201	2.1444	2.1701	2.1973	2.2262	2.2571	2.2904
0.99	2.3263	2.3656	2.4089	2.4573	2.5121	2.5758	2.6521	2.7478	2.8782	3.0902

表5 t 分布的临界值

$$T \sim t(k) \quad P\{T \leqslant t_p(k)\} = p$$

表中是与 p 和自由度 k 对应的 t 分布的临界值 $t_p(k)$

k \ p	0.90	0.95	0.975	0.99	0.995
1	3.0777	6.3138	12.7062	31.8205	63.6567
2	1.8856	2.9200	4.3027	6.9646	9.9248
3	1.6377	2.3534	3.1824	4.5407	5.8409
4	1.5332	2.1318	2.7764	3.7469	4.6041
5	1.4759	2.0150	2.5706	3.3649	4.0321
6	1.4398	1.9432	2.4469	3.1427	3.7074
7	1.4149	1.8946	2.3646	2.9980	3.4995
8	1.3968	1.8595	2.3060	2.8965	3.3554
9	1.3830	1.8331	2.2622	2.8214	3.2498
10	1.3722	1.8125	2.2281	2.7638	3.1693
11	1.3634	1.7959	2.2010	2.7181	3.1058
12	1.3562	1.7823	2.1788	2.6810	3.0545
13	1.3502	1.7709	2.1604	2.6503	3.0123
14	1.3450	1.7613	2.1448	2.6245	2.9768
15	1.3406	1.7531	2.1314	2.6025	2.9467
16	1.3368	1.7459	2.1199	2.5835	2.9208
17	1.3334	1.7396	2.1098	2.5669	2.8982
18	1.3304	1.7341	2.1009	2.5524	2.8784
19	1.3277	1.7291	2.0930	2.5395	2.8609
20	1.3253	1.7247	2.0860	2.5280	2.8453
21	1.3232	1.7207	2.0796	2.5176	2.8314
22	1.3212	1.7171	2.0739	2.5083	2.8188
23	1.3195	1.7139	2.0687	2.4999	2.8073
24	1.3178	1.7109	2.0639	2.4922	2.7969
25	1.3163	1.7081	2.0595	2.4851	2.7874
26	1.3150	1.7056	2.0555	2.4786	2.7787
27	1.3137	1.7033	2.0518	2.4727	2.7707
28	1.3125	1.7011	2.0484	2.4671	2.7633
29	1.3114	1.6991	2.0452	2.4620	2.7564
30	1.3104	1.6973	2.0423	2.4573	2.7500
40	1.3031	1.6839	2.0211	2.4233	2.7045
50	1.2987	1.6759	2.0086	2.4033	2.6778
60	1.2958	1.6706	2.0003	2.3901	2.6603
120	1.2886	1.6577	1.9799	2.3578	2.6174
∞	1.2816	1.6449	1.9600	2.3263	2.5758

表6　χ^2 分布的临界值

$$\chi^2 \sim \chi^2(k) \quad P\{\chi^2 \leqslant \chi^2_p(k)\} = p$$

表中是与 p 和自由度 k 对应的 χ^2 分布的临界值 $\chi^2_p(k)$

k \ p	0.005	0.01	0.025	0.05	0.10	0.90	0.95	0.975	0.99	0.995
1	0.000	0.000	0.001	0.004	0.016	2.706	3.841	5.024	6.635	7.879
2	0.010	0.020	0.051	0.103	0.211	4.605	5.991	7.378	9.210	10.597
3	0.072	0.115	0.216	0.352	0.584	6.251	7.815	9.348	11.345	12.838
4	0.207	0.297	0.484	0.711	1.064	7.779	9.488	11.143	13.277	14.860
5	0.412	0.554	0.831	1.145	1.610	9.236	11.070	12.833	15.086	16.750
6	0.676	0.872	1.237	1.635	2.204	10.645	12.592	14.449	16.812	18.548
7	0.989	1.239	1.690	2.167	2.833	12.017	14.067	16.013	18.475	20.278
8	1.344	1.646	2.180	2.733	3.490	13.362	15.507	17.535	20.090	21.955
9	1.735	2.088	2.700	3.325	4.168	14.684	16.919	19.023	21.666	23.589
10	2.156	2.558	3.247	3.940	4.865	15.987	18.307	20.483	23.209	25.188
11	2.603	3.053	3.816	4.575	5.578	17.275	19.675	21.920	24.725	26.757
12	3.074	3.571	4.404	5.226	6.304	18.549	21.026	23.337	26.217	28.300
13	3.565	4.107	5.009	5.892	7.042	19.812	22.362	24.736	27.688	29.819
14	4.075	4.660	5.629	6.571	7.790	21.064	23.685	26.119	29.141	31.319
15	4.601	5.229	6.262	7.261	8.547	22.307	24.996	27.488	30.578	32.801
16	5.142	5.812	6.908	7.962	9.312	23.542	26.296	28.845	32.000	34.267
17	5.697	6.408	7.564	8.672	10.085	24.769	27.587	30.191	33.409	35.718
18	6.265	7.015	8.231	9.390	10.865	25.989	28.869	31.526	34.805	37.156
19	6.844	7.633	8.907	10.117	11.651	27.204	30.144	32.852	36.191	38.582
20	7.434	8.260	9.591	10.851	12.443	28.412	31.410	34.170	37.566	39.997
21	8.034	8.897	10.283	11.591	13.240	29.615	32.671	35.479	38.932	41.401
22	8.643	9.542	10.982	12.338	14.041	30.813	33.924	36.781	40.289	42.796
23	9.260	10.196	11.689	13.091	14.848	32.007	35.172	38.076	41.638	44.181
24	9.886	10.856	12.401	13.848	15.659	33.196	36.415	39.364	42.980	45.559
25	10.520	11.524	13.120	14.611	16.473	34.382	37.652	40.646	44.314	46.928
26	11.160	12.198	13.844	15.379	17.292	35.563	38.885	41.923	45.642	48.290
27	11.808	12.879	14.573	16.151	18.114	36.741	40.113	43.195	46.963	49.645
28	12.461	13.565	15.308	16.928	18.939	37.916	41.337	44.461	48.278	50.993
29	13.121	14.256	16.047	17.708	19.768	39.087	42.557	45.722	49.588	52.336
30	13.787	14.953	16.791	18.493	20.599	40.256	43.773	46.979	50.892	53.672
35	17.192	18.509	20.569	22.465	24.797	46.059	49.802	53.203	57.342	60.275
40	20.707	22.164	24.433	26.509	29.051	51.805	55.758	59.342	63.691	66.766
45	24.311	25.901	28.366	30.612	33.350	57.505	61.656	65.410	69.957	73.166
50	27.991	29.707	32.357	34.764	37.689	63.167	67.505	71.420	76.154	79.490
60	35.534	37.485	40.482	43.188	46.459	74.397	79.082	83.298	88.379	91.952

表7 F 分布的临界值

$$F \sim F(k_1, k_2) \quad P\{F \leqslant F_p(k_1, k_2)\} = p$$

表中是与 p 和自由度 (k_1, k_2) 对应的 F 分布临界值 $F_p(k_1, k_2)$

p	k_1 / k_2	1	2	3	4	5	6	7	8	9	10	11	12
0.95	1	161	200	216	225	230	234	237	239	241	242	243	244
0.975		648	799	864	900	922	937	948	957	963	969	973	977
0.95	2	18.5	19.0	19.2	19.2	19.3	19.3	19.4	19.4	19.4	19.4	19.4	19.4
0.975		38.5	39.0	39.2	39.2	39.3	39.3	39.4	39.4	39.4	39.4	39.4	39.4
0.95	3	10.1	9.55	9.28	9.12	9.01	8.94	8.89	8.85	8.81	8.79	8.76	8.74
0.975		17.4	16.0	15.4	15.1	14.9	14.7	14.6	14.5	14.5	14.4	14.4	14.3
0.95	4	7.71	6.94	6.59	6.39	6.26	6.16	6.09	6.04	6.00	5.96	5.94	5.91
0.975		12.2	10.6	9.98	9.60	9.36	9.20	9.07	8.98	8.90	8.84	8.79	8.75
0.95	5	6.61	5.79	5.41	5.19	5.05	4.95	4.88	4.82	4.77	4.74	4.70	4.68
0.975		10.0	8.43	7.76	7.39	7.15	6.98	6.85	6.76	6.68	6.62	6.57	6.52
0.95	6	5.99	5.14	4.76	4.53	4.39	4.28	4.21	4.15	4.10	4.06	4.03	4.00
0.975		8.81	7.26	6.60	6.23	5.99	5.82	5.70	5.60	5.52	5.46	5.41	5.37
0.95	7	5.59	4.74	4.35	4.12	3.97	3.87	3.79	3.73	3.68	3.64	3.60	3.57
0.975		8.07	6.54	5.89	5.52	5.29	5.12	4.99	4.90	4.82	4.76	4.71	4.67
0.95	8	5.32	4.46	4.07	3.84	3.69	3.58	3.50	3.44	3.39	3.35	3.31	3.28
0.975		7.57	6.06	5.42	5.05	4.82	4.65	4.53	4.43	4.36	4.30	4.24	4.20
0.95	9	5.12	4.26	3.86	3.63	3.48	3.37	3.29	3.23	3.18	3.14	3.10	3.07
0.975		7.21	5.71	5.08	4.72	4.48	4.32	4.20	4.10	4.03	3.96	3.91	3.87
0.95	10	4.96	4.10	3.71	3.48	3.33	3.22	3.14	3.07	3.02	2.98	2.94	2.91
0.975		6.94	5.46	4.83	4.47	4.24	4.07	3.95	3.85	3.78	3.72	3.66	3.62
0.95	11	4.84	3.98	3.59	3.36	3.20	3.09	3.01	2.95	2.90	2.85	2.82	2.79
0.975		6.72	5.26	4.63	4.28	4.04	3.88	3.76	3.66	3.59	3.53	3.47	3.43
0.95	12	4.75	3.89	3.49	3.26	3.11	3.00	2.91	2.85	2.80	2.75	2.72	2.69
0.975		6.55	5.10	4.47	4.12	3.89	3.73	3.61	3.51	3.44	3.37	3.32	3.28
0.95	13	4.67	3.81	3.41	3.18	3.03	2.92	2.83	2.77	2.71	2.67	2.63	2.60
0.975		6.41	4.97	4.35	4.00	3.77	3.60	3.48	3.39	3.31	3.25	3.20	3.15

续表

p	k_2 \\ k_1	13	14	15	16	17	18	19	20	30	40	60	120
0.95	1	245	245	246	246	247	247	248	248	250	251	252	253
0.975		980	983	985	987	989	990	992	993	1001	1006	1010	1014
0.95	2	19.4	19.4	19.4	19.4	19.4	19.4	19.4	19.4	19.5	19.5	19.5	19.5
0.975		39.4	39.4	39.4	39.4	39.4	39.4	39.4	39.4	39.5	39.5	39.5	39.5
0.95	3	8.73	8.71	8.70	8.69	8.68	8.67	8.67	8.66	8.62	8.59	8.57	8.55
0.975		14.3	14.3	14.3	14.2	14.2	14.2	14.2	14.2	14.1	14.0	14.0	13.9
0.95	4	5.89	5.87	5.86	5.84	5.83	5.82	5.81	5.80	5.75	5.72	5.69	5.66
0.975		8.71	8.68	8.66	8.63	8.61	8.59	8.58	8.56	8.46	8.41	8.36	8.31
0.95	5	4.66	4.64	4.62	4.60	4.59	4.58	4.57	4.56	4.50	4.46	4.43	4.40
0.975		6.49	6.46	6.43	6.40	6.38	6.36	6.34	6.33	6.23	6.18	6.12	6.07
0.95	6	3.98	3.96	3.94	3.92	3.91	3.90	3.88	3.87	3.81	3.77	3.74	3.70
0.975		5.33	5.30	5.27	5.24	5.22	5.20	5.18	5.17	5.07	5.01	4.96	4.90
0.95	7	3.55	3.53	3.51	3.49	3.48	3.47	3.46	3.44	3.38	3.34	3.30	3.27
0.975		4.63	4.60	4.57	4.54	4.52	4.50	4.48	4.47	4.36	4.31	4.25	4.20
0.95	8	3.26	3.24	3.22	3.20	3.19	3.17	3.16	3.15	3.08	3.04	3.01	2.97
0.975		4.16	4.13	4.10	4.08	4.05	4.03	4.02	4.00	3.89	3.84	3.78	3.73
0.95	9	3.05	3.03	3.01	2.99	2.97	2.96	2.95	2.94	2.86	2.83	2.79	2.75
0.975		3.83	3.80	3.77	3.74	3.72	3.70	3.68	3.67	3.56	3.51	3.45	3.39
0.95	10	2.89	2.86	2.85	2.83	2.81	2.80	2.79	2.77	2.70	2.66	2.62	2.58
0.975		3.58	3.55	3.52	3.50	3.47	3.45	3.44	3.42	3.31	3.26	3.20	3.14
0.95	11	2.76	2.74	2.72	2.70	2.69	2.67	2.66	2.65	2.57	2.53	2.49	2.45
0.975		3.39	3.36	3.33	3.30	3.28	3.26	3.24	3.23	3.12	3.06	3.00	2.94
0.95	12	2.66	2.64	2.62	2.60	2.58	2.57	2.56	2.54	2.47	2.43	2.38	2.34
0.975		3.24	3.21	3.18	3.15	3.13	3.11	3.09	3.07	2.96	2.91	2.85	2.79
0.95	13	2.58	2.55	2.53	2.51	2.50	2.48	2.47	2.46	2.38	2.34	2.30	2.25
0.975		3.12	3.08	3.05	3.03	3.00	2.98	2.96	2.95	2.84	2.78	2.72	2.66

续表

p	k_1 k_2	1	2	3	4	5	6	7	8	9	10	11	12
0.95	14	4.60	3.74	3.34	3.11	2.96	2.85	2.76	2.70	2.65	2.60	2.57	2.53
0.975		6.30	4.86	4.24	3.89	3.66	3.50	3.38	3.29	3.21	3.15	3.09	3.05
0.95	15	4.54	3.68	3.29	3.06	2.90	2.79	2.71	2.64	2.59	2.54	2.51	2.48
0.975		6.20	4.77	4.15	3.80	3.58	3.41	3.29	3.20	3.12	3.06	3.01	2.96
0.95	16	4.49	3.63	3.24	3.01	2.85	2.74	2.66	2.59	2.54	2.49	2.46	2.42
0.975		6.12	4.69	4.08	3.73	3.50	3.34	3.22	3.12	3.05	2.99	2.93	2.89
0.95	17	4.45	3.59	3.20	2.96	2.81	2.70	2.61	2.55	2.49	2.45	2.41	2.38
0.975		6.04	4.62	4.01	3.66	3.44	3.28	3.16	3.06	2.98	2.92	2.87	2.82
0.95	18	4.41	3.55	3.16	2.93	2.77	2.66	2.58	2.51	2.46	2.41	2.37	2.34
0.975		5.98	4.56	3.95	3.61	3.38	3.22	3.10	3.01	2.93	2.87	2.81	2.77
0.95	19	4.38	3.52	3.13	2.90	2.74	2.63	2.54	2.48	2.42	2.38	2.34	2.31
0.975		5.92	4.51	3.90	3.56	3.33	3.17	3.05	2.96	2.88	2.82	2.76	2.72
0.95	20	4.35	3.49	3.10	2.87	2.71	2.60	2.51	2.45	2.39	2.35	2.31	2.28
0.975		5.87	4.46	3.86	3.51	3.29	3.13	3.01	2.91	2.84	2.77	2.72	2.68
0.95	25	4.24	3.39	2.99	2.76	2.60	2.49	2.40	2.34	2.28	2.24	2.20	2.16
0.975		5.69	4.29	3.69	3.35	3.13	2.97	2.85	2.75	2.68	2.61	2.56	2.51
0.95	30	4.17	3.32	2.92	2.69	2.53	2.42	2.33	2.27	2.21	2.16	2.13	2.09
0.975		5.57	4.18	3.59	3.25	3.03	2.87	2.75	2.65	2.57	2.51	2.46	2.41
0.95	40	4.08	3.23	2.84	2.61	2.45	2.34	2.25	2.18	2.12	2.08	2.04	2.00
0.975		5.42	4.05	3.46	3.13	2.90	2.74	2.62	2.53	2.45	2.39	2.33	2.29
0.95	60	4.00	3.15	2.76	2.53	2.37	2.25	2.17	2.10	2.04	1.99	1.95	1.92
0.975		5.29	3.93	3.34	3.01	2.79	2.63	2.51	2.41	2.33	2.27	2.22	2.17
0.95	120	3.92	3.07	2.68	2.45	2.29	2.18	2.09	2.02	1.96	1.91	1.87	1.83
0.975		5.15	3.80	3.23	2.89	2.67	2.52	2.39	2.30	2.22	2.16	2.10	2.05
0.95	∞	3.84	3.00	2.60	2.37	2.21	2.10	2.01	1.94	1.88	1.83	1.79	1.75
0.975		5.02	3.69	3.12	2.79	2.57	2.41	2.29	2.19	2.11	2.05	1.99	1.94

p	k_1 / k_2	13	14	15	16	17	18	19	20	30	40	60	120
0.95	14	2.51	2.48	2.46	2.44	2.43	2.41	2.40	2.39	2.31	2.27	2.22	2.18
0.975		3.01	2.98	2.95	2.92	2.90	2.88	2.86	2.84	2.73	2.67	2.61	2.55
0.95	15	2.45	2.42	2.40	2.38	2.37	2.35	2.34	2.33	2.25	2.20	2.16	2.11
0.975		2.92	2.89	2.86	2.84	2.81	2.79	2.77	2.76	2.64	2.59	2.52	2.46
0.95	16	2.40	2.37	2.35	2.33	2.32	2.30	2.29	2.28	2.19	2.15	2.11	2.06
0.975		2.85	2.82	2.79	2.76	2.74	2.72	2.70	2.68	2.57	2.51	2.45	2.38
0.95	17	2.35	2.33	2.31	2.29	2.27	2.26	2.24	2.23	2.15	2.10	2.06	2.01
0.975		2.79	2.75	2.72	2.70	2.67	2.65	2.63	2.62	2.50	2.44	2.38	2.32
0.95	18	2.31	2.29	2.27	2.25	2.23	2.22	2.20	2.19	2.11	2.06	2.02	1.97
0.975		2.73	2.70	2.67	2.64	2.62	2.60	2.58	2.56	2.44	2.38	2.32	2.26
0.95	19	2.28	2.26	2.23	2.21	2.20	2.18	2.17	2.16	2.07	2.03	1.98	1.93
0.975		2.68	2.65	2.62	2.59	2.57	2.55	2.53	2.51	2.39	2.33	2.27	2.20
0.95	20	2.25	2.22	2.20	2.18	2.17	2.15	2.14	2.12	2.04	1.99	1.95	1.90
0.975		2.64	2.60	2.57	2.55	2.52	2.50	2.48	2.46	2.35	2.29	2.22	2.16
0.95	25	2.14	2.11	2.09	2.07	2.05	2.04	2.02	2.01	1.92	1.87	1.82	1.77
0.975		2.48	2.44	2.41	2.38	2.36	2.34	2.32	2.30	2.18	2.12	2.05	1.98
0.95	30	2.06	2.04	2.01	1.99	1.98	1.96	1.95	1.93	1.84	1.79	1.74	1.68
0.975		2.37	2.34	2.31	2.28	2.26	2.23	2.21	2.20	2.07	2.01	1.94	1.87
0.95	40	1.97	1.95	1.92	1.90	1.89	1.87	1.85	1.84	1.74	1.69	1.64	1.58
0.975		2.25	2.21	2.18	2.15	2.13	2.11	2.09	2.07	1.94	1.88	1.80	1.72
0.95	60	1.89	1.86	1.84	1.82	1.80	1.78	1.76	1.75	1.65	1.59	1.53	1.47
0.975		2.13	2.09	2.06	2.03	2.01	1.98	1.96	1.94	1.82	1.74	1.67	1.58
0.95	120	1.80	1.78	1.75	1.73	1.71	1.69	1.67	1.66	1.55	1.50	1.43	1.35
0.975		2.01	1.98	1.94	1.92	1.89	1.87	1.84	1.82	1.69	1.61	1.53	1.43
0.95	∞	1.72	1.69	1.67	1.64	1.62	1.60	1.59	1.57	1.46	1.39	1.32	1.22
0.975		1.90	1.87	1.83	1.80	1.78	1.75	1.73	1.71	1.57	1.48	1.39	1.27

参 考 文 献

[1] 刘剑平,等. 概率论与数理统计. 上海:华东理工大学出版社,2009.

[2] 刘剑平,等. 应用数理统计. 2 版. 上海:华东理工大学出版社,2014.

[3] 刘剑平,等. 概率论与数理统计方法. 2 版. 上海:华东理工大学出版社,2004.

[4] 刘剑平,等. 工程数学. 上海:华东理工大学出版社,2003.

[5] 陆元鸿,等. 概率统计. 上海:华东理工大学出版社,2003.

[6] 刘剑平,等. 概率统计精析与精练. 上海:华东理工大学出版社,2005.

[7] 刘剑平,等. 工程数学习题解答与复习指南. 上海:华东理工大学出版社,2003.

[8] 沈恒范. 概率论与数理统计教程. 3 版. 北京:高等教育出版社,1995.

[9] 复旦大学. 概率论. 北京:人民教育出版社,1979.

[10] 魏宗舒,等. 概率论与数理统计教程. 北京:高等教育出版社,1983.

[11] 李贤平,等. 概率论与数理统计简明教程. 北京:高等教育出版社,1988.

[12] 华东师范大学数学系. 概率论与数理统计教程. 北京:高等教育出版社,1983.

[13] SHELDON ROSS. 概率论初级教程. 李漳南,等译. 北京:人民教育出版社,1981.

[14] WADSWORTH G P,等. 应用概率. 林少宫,等译. 北京:高等教育出版社,1982.

[15] 中山大学数学力学系. 概率论与数理统计. 北京:人民教育出版社,1980.

[16] 浙江大学数学系. 概率论与数理统计. 北京:人民教育出版社,1979.

[17] 于寅. 高等工程数学. 2 版. 武汉:华中理工大学出版社,1995.

[18] 廖昭燹,等. 概率论与数理统计. 北京:北京师范大学出版社,1988.

[19] 周概容. 概率论与数理统计. 北京:高等教育出版社,1988.

[20] 颜钰芬,等. 数理统计. 上海:上海交通大学出版社,1992.

关键词索引

内 容 提 要

　　本书是根据教育部 1998 年颁布的全国继续教育概率论与数理统计课程教学基本要求,结合作者多年的教学实践经验编写而成的.它由概率论、数理统计两部分组成,内容有:随机事件及其概率,一维随机变量,多维随机变量,随机变量的数字特征,极限定理初步,数理统计的基本概念,假设检验和区间估计.

　　本书力求简明扼要,避免烦琐,突出通俗性、直观性,通过配以涉及多种领域的例题,强调其应用性.为了便于教学,每章后配有精选的习题,书末还附有习题答案,同时每章还配有小结和自测题及答案.

　　本书可作为网络教育本科、专升本、专科学生的概率论与数理统计教材,也可作为继续教育、函授教育、自学考试学生的概率论与数理统计教材.